"十四五"职业教育国家规划教材

AutoCAD
机械制图教程（第四版）

附微课视频

◉ 主　编　王技德　王　艳

　副主编　赫焕丽　张晓娟　李园奇

　　　　　郝利梅　李　智

U0244105

大连理工大学出版社

图书在版编目(CIP)数据

AutoCAD 机械制图教程 / 王技德，王艳主编. --4 版
. --大连 : 大连理工大学出版社，2022.1(2024.6 重印)
ISBN 978-7-5685-3723-0

Ⅰ. ①A… Ⅱ. ①王… ②王… Ⅲ. ①机械制图－
AutoCAD 软件－高等职业教育－教材 Ⅳ. ①TH126

中国版本图书馆 CIP 数据核字(2022)第 019999 号

大连理工大学出版社出版
地址：大连市软件园路 80 号　邮政编码：116023
发行：0411-84708842　邮购：0411-84708943　传真：0411-84701466
E-mail：dutp@dutp.cn　　URL：https://www.dutp.cn
辽宁星海彩色印刷有限公司印刷　　大连理工大学出版社发行

幅面尺寸：185mm×260mm　　印张：18　　字数：432 千字
2010 年 2 月第 1 版　　　　　　2022 年 1 月第 4 版
2024 年 6 月第 6 次印刷

责任编辑：吴媛媛　　　　　　　　　责任校对：陈星源
封面设计：张　莹

ISBN 978-7-5685-3723-0　　　　　　定　价：56.80 元

本书如有印装质量问题，请与我社发行部联系更换。

前言

《AutoCAD 机械制图教程》(第四版)是"十四五"职业教育国家规划教材、"十三五"职业教育国家规划教材,是面向工科类各专业工程素质教育的技能训练型教材。

本教材此次修订继续围绕"AutoCAD 在机械制图中的应用"这一主题,按照"做中学"、"做中教"及"任务驱动教学法"的高等职业教育教学理念,全面贯彻落实党的二十大精神,融入课程思政元素(包括劳动教育)和信息化技术,重视过程性考核,追踪知识与技术的更新,将 AutoCAD 2013 版升级为 AutoCAD 2021 版,符合"三教"改革的要求。教材修订后力求突出以下特点:

1. 任务目标采用 ABCD 表述法

任务目标采用教学对象(A)、行为(B)、条件(C)、标准(D)的 ABCD 表述法,这样不但保留了原有的知识目标和技能目标,而且增加了课程思政目标和职业素养目标,将价值塑造、知识传授和能力培养三者融为一体,实现全程育人、全方位育人。还明确了教学对象、行为、条件和标准,使目标更有度量性。

2. 与时俱进,升级软件版本

为了追踪新知识与新技能,将原来的 AutoCAD 2013 版升级为 AutoCAD 2021 版。软件升级后,任务采用草图与注释工作界面进行讲解,软件的操作图片及内容都做了相应的更新。因为默认情况下没有经典工作界面,所以为了方便习惯使用经典工作界面的用户操作,任务 1 中增加了经典工作界面的设置步骤与方法,所有任务中也都保留了使用工具栏和菜单执行命令的方式,很好地解决了版本升级后学习新知识的需要与适应低版本和教学条件之间的矛盾。

3. 优化教材内容,避免知识重复

删除了 UG、Pro/E 等三维软件课程中必讲的平面图形的参数化绘制内容,即原来的任务 8,避免了本课程与后续课程的内容重复。

4. 强调学以致用,突出实践

本教材中设计的 12 个任务,使枯燥的国家标准《机械制图》与《技术制图》以及绘图命令、编辑命令、文本的输入

与编辑、尺寸标注、块与属性、表格绘制与编辑、设计中心等得以应用在实践中,这样既能培养学生的实践能力,又贯彻了学以致用的思想,从而激发了学生的学习兴趣。

5.重视学习者的认知规律

本教材在每个任务的内容编排上,首先通过典型实例引出问题,然后针对问题对理论知识进行深入浅出的讲解,从而使问题得到解决,能力得到提高,这不仅符合当今高等职业教育的发展方向,还符合学习者的认知规律。

6.满足"互联网+职业教育"的需求

将"互联网+"的理念融入教材,通过扫描书中的二维码就可观看相应的微课视频和三维动画,让学生随时随地利用手机进行自主学习,实现线上、线下混合式教学。

7.实现"课岗对接、课证融合、课赛融通"的育人模式

为适应高职院校教育发展的要求,按照"课岗对接、课证融合、课赛融通"的要求精选实际工程案例(具体体现在任务8至任务12之中),实现精准育人。

本教材适用于高职院校机械制造及自动化、机电一体化技术、数控技术、模具设计与制造、电气自动化技术、汽车制造与试验技术、新能源汽车技术等装备制造大类各专业教学,也可供相关工程技术人员学习、培训时使用。同时考虑到不同专业的具体需求,本教材设计的教学内容与教学任务均留有适当的裕量,使用时可根据具体专业和课时安排情况进行取舍。

本教材由兰州职业技术学院王技德、王艳任主编,咸宁职业技术学院赫焕丽、安徽工商职业学院张晓娟、重庆机电职业技术大学李园奇、甘肃长风电子科技有限责任公司郝利梅与李智任副主编。具体编写分工如下:任务1、8、9和附录由王技德编写;任务2、3由张晓娟编写;任务4由李园奇编写;任务5～7由王艳编写;任务10由李智编写;任务11、12由赫焕丽编写;案例素材由郝利梅提供。王技德负责设计教材结构、任务内容、知识点与技能点的分布及资源配置,并进行统稿和定稿。王艳负责微课视频的制作。兰州职业技术学院胡宗政对本教材的编写提供了技术支持和建设性意见,在此深表感谢!

在编写本教材的过程中,我们参考、引用和改编了国内外出版物中的相关资料以及网络资源,在此对这些资料的作者表示深深的谢意!请相关著作权人看到本教材后与出版社联系,出版社将按照相关法律的规定支付稿酬。

最后,恳请使用本教材的广大读者在使用过程中,对书中的错误和不足予以关注,并将意见和建议及时反馈给我们,以便修订时完善。

编　者

所有意见和建议请发往:dutpgz@163.com

欢迎访问职教数字化服务平台:https://www.dutp.cn/sve/

联系电话:0411-84707424　84708979

目　录

本书配套数字资源列表

资源名称	资源类型	扫描页码	资源名称	资源类型	扫描页码
创建样板文件	微课	23	填充剖面线	微课	134
使用相对直角坐标绘制三角形	微课	23	平面图形的尺寸标注	微课	166
使用相对极坐标绘制三角形	微课	24	绘制主视图	微课	186
设置图层	微课	45	绘制轴肩局部放大图	微课	187
绘制 A3 图纸边界线	微课	46	绘制键槽断面图	微课	187
使用"正交"功能绘制 A3 图纸图框线	微课	46	带直径符号的线性尺寸标注	微课	188
绘制标题栏	微课	47	局部放大图的尺寸标注	微课	188
绘制菱形	微课	48	倒角的尺寸标注	微课	188
绘制六边形外框	微课	64	尺寸公差的标注	微课	188
使用"极轴追踪"功能绘制多边形	微课	64	几何公差的标注	微课	189
绘制 φ8 的圆	微课	65	沉孔尺寸的标注	微课	209
绘制多边形	微课	65	基准代号的标注	微课	209
绘制椭圆	微课	65	表面粗糙度的标注	微课	209
绘制矩形和倒角矩形	微课	66	书写技术要求	微课	224
绘制其他圆	微课	67	填写标题栏	微课	225
绘制圆弧	微课	67	装配图视图及尺寸标注	微课	265
绘制中心线和圆	微课	87	零件序号及明细栏的填写	微课	265
绘制两圆之间的多边形	微课	88	油封盖立体展示	三维动画	194
绘制左上角图形	微课	89	阀盖立体展示	三维动画	211
使用"镜像""修剪"等命令绘制图形	微课	91	支架立体展示 1	三维动画	213
绘制已知线段	微课	110	支架立体展示 2	三维动画	227
绘制中间线段及连接线段	微课	111	支架立体展示 3	三维动画	228
绘制基准线及辅助线	微课	130	铣刀头底座立体展示	三维动画	230
绘制底板上波浪线	微课	131	泵体立体展示 1	三维动画	245
绘制圆柱套筒	微课	131	泵体立体展示 2	三维动画	246
绘制支承板	微课	132	千斤顶立体展示	三维动画	249
绘制肋板	微课	133	凹缘联轴器立体展示	三维动画	270
绘制剖切符号	微课	134	铣刀头立体展示	三维动画	273

本教材符号约定

　　为了方便读者学习,本教材采用了一些符号和不同的字体表示不同的含义。在学习时应注意以下规则:

　　1.〖　〗表示功能区选项卡及其面板与命令按钮,或工具栏及其命令按钮,如〖默认〗→〖绘图〗→〖圆弧〗指单击功能区"默认"选项卡下"绘图"面板上的"圆弧"命令按钮;再如〖快速访问〗→〖💾〗指单击"快速访问"工具栏中的"保存"命令按钮。

　　2.【　】表示菜单及其命令,如【🅐】→【保存】指单击"应用程序"按钮🅐,从弹出的"应用程序"菜单中选择"保存"命令;如【绘图】→【直线】,指单击"绘图"菜单,从弹出的下拉菜单中选择"直线"命令;如【开始】→【AutoCAD 2021-简体中文(Simplified Chinese)】,指单击"开始"按钮,从弹出的菜单中选择"AutoCAD2021-简体中文(Simplified Chinese)"命令。

　　3."→"表示操作顺序。

　　4."↙"表示按 Enter 键,简称回车。

　　5.功能键由 ☐ 标识,如 Ctrl 指键盘上的"Ctrl"键。

　　6.在命令的操作中,楷体描述的部分表示系统提示信息,后面加粗黑体描述的部分为用户的操作,"//"之后的楷体描述的部分为注释。如:

命令:**L**↙

指定第一个点:**在屏幕上单击一点**　　　　　　　　//用鼠标拾取第一点

指定下一点或 [放弃(U)]:**@100,172**↙　　　　//输入第二点的相对直角坐标

指定下一点或 [放弃(U)]:**@80,−102**↙　　　　//输入第三点的相对直角坐标

指定下一点或 [闭合(C)/放弃(U)]:**C**↙　　　　//闭合三角形

任务 1
简单直线图形的绘制

任务描述

按 1∶1 的比例绘制图 1-1 所示的三角形。要求:用绝对直角坐标输入法、相对直角坐标输入法、相对极坐标输入法和绝对极坐标输入法分别绘制。

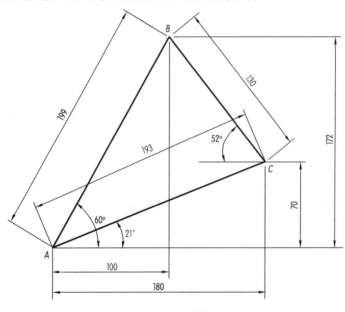

图 1-1　三角形

任务目标

学生通过绘制如图 1-1 所示的三角形,认识 AutoCAD 2021 的工作界面,掌握 Auto CAD 2021 的启动、退出及文件、命令的操作方法,图形的缩放与平移方法,点坐标的输入方法;能熟练应用直线命令及点坐标的输入方法绘制图 1-1 所示的图形,及时完成任务检测与技能训练,达到正确率 90% 以上,按时完成率 90% 以上;培育和践行社会主义核心价值观,培养诚实守信、按时、准确的职业素养。

素养提升

知识储备

一、鼠标的用法

1. 左键

左键用于选择对象、菜单及其命令选项,单击工具栏按钮、功能区面板按钮、选项板按钮及在绘图过程中指定点的位置等。

2. 右键

在 AutoCAD 的绘图区单击鼠标右键,系统将弹出快捷菜单,供用户选择并执行相应的命令;当使用 Shift 键和鼠标右键的组合时,弹出的快捷菜单可用于设置捕捉点;在执行编辑命令时,如果选择对象后单击鼠标右键,可结束对象选择。

3. 滚轮

向前滚动滚轮可放大图形显示,向后滚动滚轮可缩小图形显示,按住滚轮移动鼠标可平移图形,双击滚轮则将所有图形全部显示在屏幕上。

二、AutoCAD 2021 的启动

当成功安装 AutoCAD 2021 软件后,可通过以下三种方法进行启动:

(1)在默认情况下,双击桌面上 AutoCAD 2021-简体中文的快捷图标**A**。

(2)单击【开始】→【AutoCAD 2021-简体中文(Simplified Chinese)】或者【开始】→【所有程序】→【Autodesk】→【AutoCAD 2021-简体中文(Simplified Chinese)】→【**A** AutoCAD 2021-简体中文(Simplified Chinese)】。

(3)双击已经存盘的任意一个后缀为 *.dwg 的文件。

用前两种方法启动 AutoCAD 2021 简体中文版软件后,将弹出如图 1-2 所示的 AutoCAD 2021 初始界面,单击该界面中的"开始绘制"图标,即可进入如图 1-3 所示的 AutoCAD 2021 默认工作界面,即"草图与注释"工作界面。用第三种方法启动该软件后,直接进入如图 1-3 所示的"草图与注释"工作界面。

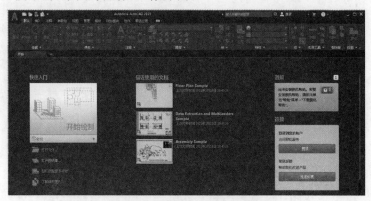

图 1-2　AutoCAD 2021 初始界面

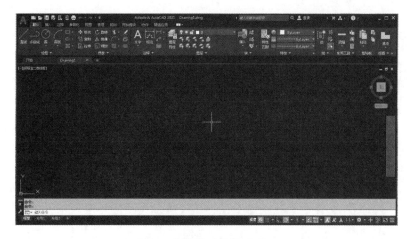

图 1-3　"草图与注释"工作界面

三、AutoCAD 2021 的退出

在 AutoCAD 2021 中可使用以下方法退出程序：

(1)"应用程序"按钮：【A】→【退出 Autodesk AutoCAD 2021】。

(2)键盘输入："Ctrl＋Q"或"Alt＋F4"或 EXIT ↙ 或 QUIT ↙。

(3)标题栏：单击右侧的"关闭"按钮 ✕。

在退出程序时，如果用户对图形所做的修改尚未保存，则弹出如图 1-4 所示的"AutoCAD"对话框，提示用户保存文件。如果文件已命名，直接单击【是】按钮，AutoCAD 将以原名保存文件，然后退出程序；单击【否】按钮，不保存直接退出程序；单击【取消】按钮，取消该对话框，重新回到编辑状态。如果当前图形文件从未保存过，单击【是】按钮，AutoCAD 会弹出如图 1-5 所示的"图形另存为"对话框，要求用户确定图形文件存放的位置、名称和文件类型等选项，之后单击【保存】按钮，AutoCAD 将以用户确定的文件名保存文件并退出程序。

图 1-4　"AutoCAD"对话框　　　　　　　　图 1-5　"图形另存为"对话框

四、AutoCAD 2021 的工作界面

1. AutoCAD 2021 的工作界面模式

AutoCAD 2021 的工作界面是标题栏、功能区、绘图区、命令行窗口、状态栏以及可以调出的工具栏和菜单栏的集合。AutoCAD 2021 提供了如图 1-3 所示的"草图与注释"工作界面，如图 1-6 所示的"三维基础"工作界面和如图 1-7 所示的"三维建模"工作界面三种模式。不同的工作界面，所显示的工具、功能区选项卡及其面板也不同，在默认打开的"草图与注释"工作界面中主要显示二维绘图特有的工具；在"三维基础"工作界面中主要显示特定于三维建模的基础工具，用于初学者进行三维实体建模；在"三维建模"工作界面中则显示的是三维建模特有的、修改和渲染等工具，用于三维实体、曲面及网格建模。本书内容均在"草图与注释"工作界面内完成。

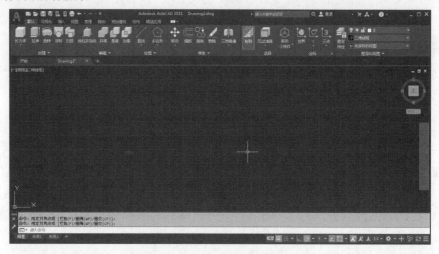

图 1-6　"三维基础"工作界面

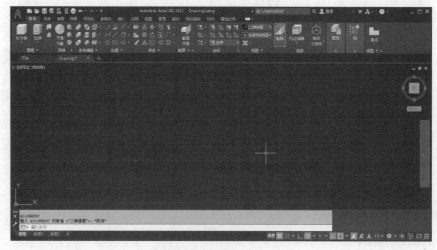

图 1-7　"三维建模"工作界面

2. AutoCAD 2021 工作界面的组成

AutoCAD 2021 简体中文版的默认工作界面由标题栏、功能区、绘图区、命令行窗口与文本窗口、状态栏等组成。

(1)标题栏

标题栏位于工作界面的顶部,包括"应用程序"按钮、"快速访问"工具栏、程序名称显示区和窗口控制按钮等内容,如图 1-8 所示。

图 1-8 标题栏

"应用程序"按钮:位于工作界面的左上角,是选择及搜索命令的工具,单击该按钮,展开如图 1-9 所示的下拉菜单,可进行新建、打开、保存、输出和打印文件及查找命令等操作。将光标放在有小箭头的菜单项上,会在右侧显示子菜单,通过该菜单可执行对应的操作;顶部设置搜索栏,在搜索栏中输入关键字,就可以显示与关键字相关的命令。

"快速访问"工具栏:默认情况下,位于"应用程序"按钮右侧,有使用频率较高的"新建""打开""保存""另存为""打印""放弃""重做"等命令按钮。需要在该工具栏中显示或隐藏命令按钮,只要单击其右侧的"自定义"按钮,在弹出的下拉菜单中选择或者取消相应的命令选项即可。

图 1-9 "应用程序"下拉菜单

程序名称显示区:位于标题栏的中间位置,用于显示当前正在运行的 AutoCAD 2021 应用程序名称和文件名等信息,默认新建的文件名是 Drawing1.dwg,如图 1-8 所示。

窗口控制按钮:位于标题栏的最右端,可以分别控制 AutoCAD 窗口的最小化、最大化和关闭。

(2)功能区

功能区位于绘图区的上方,它由选项卡、面板和命令按钮组成。单击某个选项卡标签,可切换到该选项卡。每个选项卡中包含若干个面板,每个面板中又包含许多由图标表示的命令按钮,如图 1-10 所示。利用这些命令按钮可以完成绘图过程中的大部分工作。

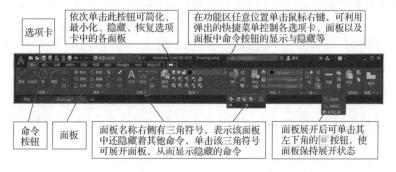

图 1-10 功能区组成及其功能说明

依次单击功能区选项卡右侧的三角形按钮 ▲ ，可简化、最小化、隐藏、恢复选项卡中的各面板。即单击此按钮，可显示选项卡中各面板的名称和命令按钮的缩略图，再次单击此按钮，可显示选项卡中各面板的名称，第三次单击此按钮，不显示选项卡中的各面板，第四次单击此按钮，可显示选项卡及其面板与命令按钮。

若要显示或隐藏功能区某选项卡或某面板，可在功能区任意位置单击鼠标右键，然后在弹出的"显示选项卡"或"显示面板"的子菜单中选择或取消其名称即可。

面板名称右侧有三角符号，表示该面板中还隐藏着其他命令，单击该三角符号可展开面板，从而显示隐藏的命令。默认情况下，在单击其他面板时，展开的面板会自动关闭。若要使面板处于展开状态，需要展开面板后单击其左下角的 按钮。

如果拖动面板名称栏，将其从功能区拉出放入绘图区中，则该面板将在放置的位置浮动。浮动面板将一直处于打开状态，直到被放回功能区。

打开功能区的方法有两种：一是单击【工具】→【选项板】→【功能区】；二是在命令行输入"menu"命令，弹出如图 1-11 所示的"选择自定义文件"对话框，从中选择"acad.CUIX"文件，之后单击【打开】按钮，即可显示功能区。使用第一种方法也可关闭功能区。

图 1-11　"选择自定义文件"对话框

（3）绘图区

绘图区是用户绘制和编辑图形的工作区域，默认情况下，AutoCAD 2021 的绘图区是黑色的。如果想调整背景颜色，如白色，可依次单击【A】→【选项】或【工具】→【选项】或【绘图区的快捷菜单】→【选项】，打开如图 1-12 所示的"选项"对话框，在"显示"选项卡中单击【颜色】按钮，打开如图 1-13 所示的"图形窗口颜色"对话框，再单击右上角的"颜色"选项框，从弹出的下拉列表中选择适当的颜色，如白色，单击【应用并关闭】按钮后绘图区域变成了白色，如图 1-14 所示，再单击【确定】按钮关闭"选项"对话框即可。

> 温馨提示：如果想将绘图区上方的背景颜色调整为亮色，则单击图 1-12 所示"选项"对话框中的"颜色主题"下拉列表框，从弹出的下拉列表中选择"明"，单击【确定】按钮关闭"选项"对话框即可。

　　在状态栏上单击"全屏显示"按钮![icon]或者按组合键"Ctrl＋0",可以使工作界面全屏显示,此时绘图区将最大化显示。

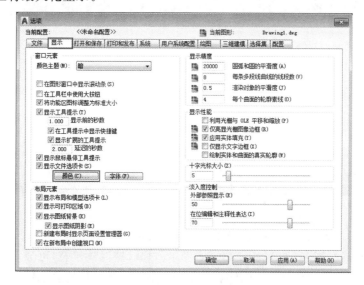

图1-12　"选项"对话框

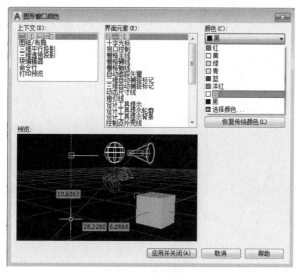

图1-13　"图形窗口颜色"对话框

　　绘图区除了显示图形外,通常还会显示十字光标、坐标系图标、视口控件、视图方位显示工具(ViewCub)、导航栏等。

　　光标:当光标位于AutoCAD的绘图区时为十字形状,十字线的交点为光标的当前位置。AutoCAD的光标用于绘图、选择对象等操作。

　　坐标系图标:坐标系图标通常位于绘图区的左下角,表示当前绘图所使用的坐标系的形式以及坐标方向等。AutoCAD 2021中文版提供有世界坐标系(WCS)和用户坐标系(UCS)两种坐标系,世界坐标系为默认坐标系。

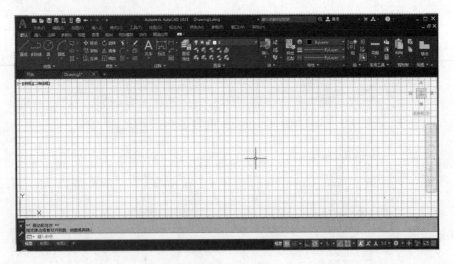

图 1-14　绘图区域颜色改变成白色

视口控件:默认状态下,绘图区左上角的"[－][俯视][二维线框]"是视口控件,提供更改视口、视图、视觉样式和其他设置的便捷方式。单击视口控件"[－]",可显示如图 1-15(a)所示的选项菜单,用于最大化视口、更改视口配置和控制导航工具的显示;单击视口控件"[俯视]",可显示如图 1-15(b)所示的选项菜单,用于在几个标准和自定义视图之间选择视图;单击视口控件"[二维线框]",可显示如图 1-15(c)所示的选项菜单,用来选择一种视觉样式。除"二维线框"外,其他视觉样式用于三维可视化。

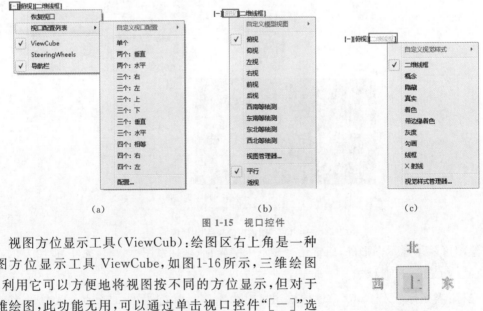

(a)　　　　　　　　　　　(b)　　　　　　　　　　　(c)

图 1-15　视口控件

视图方位显示工具(ViewCub):绘图区右上角是一种视图方位显示工具 ViewCube,如图1-16所示,三维绘图时,利用它可以方便地将视图按不同的方位显示,但对于二维绘图,此功能无用,可以通过单击视口控件"[－]"选项菜单中的"ViewCub"选项将其关闭。

（4）命令行窗口与文本窗口

命令行窗口是 AutoCAD 进行人机交互、输入命令和显示相关信息与提示的区域。在默认情况下位于绘图区

图 1-16　视图方位显示工具(ViewCub)

下方和状态栏的上方,通过拖动命令行窗口左边的"移动控制柄"(双行点),可将其移至绘图区的任意位置。

命令行窗口分为命令行和命令历史窗口两部分。下面一行是命令行,用于输入命令或命令选项;上面两行是命令历史窗口,用于记录执行过的命令或提示信息。

命令行窗口可以通过按"Ctrl＋9"组合键或单击【工具】→【命令行】打开或关闭。

文本窗口是记录 AutoCAD 历史命令的窗口,是放大的命令行窗口。按 F2 键可显示文本窗口,如图 1-17 所示,再按 F2 键,则关闭文本窗口。

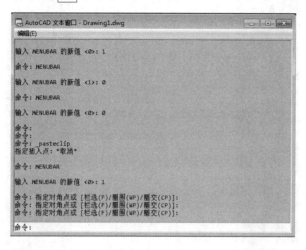

图 1-17　文本窗口

(5)状态栏

状态栏位于工作界面的最底端,默认情况下,它由"模型/布局"选项卡、"模型/图纸"选项卡、辅助功能区和"自定义"按钮组成。辅助功能区的左端和中部的按钮颜色呈天蓝色状态表示功能打开,当其呈灰色状态表示功能关闭,如图 1-18 所示,打开和关闭按钮功能的方法是单击该按钮。

图 1-18　状态栏

状态栏上位于左侧的"模型""布局 1""布局 2"及中部的"模型/图纸"选项卡,用于实现模型界面与图纸界面的切换;辅助功能区的左端铵钮是辅助绘图工具,从左到右分别表示当前是否启用了栅格显示、捕捉模式、正交模式、极轴追踪、等轴测草图、对象捕捉追踪、对象捕捉等,它们主要用于控制点的精确定位和追踪。中部铵钮主要是注释工具,用于显示注释性对象和注释比例等;右端铵钮主要用于切换工作空间、注释监视器、隔离对象、全屏显示绘图区等;状态栏最右端是"自定义"按钮▤,可对状态栏显示的内容进行设置,其方法是单击"自定义"按钮▤,弹出如图 1-19 所示的"状态栏自定义"菜单,带有"✔"的选项表示已在状态栏中显示,这时可以根据需要单击选择显示或隐藏的选项,如图 1-20 所示。

图 1-19　默认的"状态栏自定义"菜单　　　　图 1-20　"状态栏自定义"菜单的选项设置

3.经典工作界面的设置

默认情况下,AutoCAD 2021 没有经典工作界面,习惯使用经典工作界面的用户可以采用下述的步骤与方法设置。

（1）显示菜单栏

默认情况下,AutoCAD 2021 的工作界面不显示菜单栏。如果让其显示,则单击"快速访问"工具栏右侧的"自定义"按钮，打开如图 1-21 所示的"自定义快速访问工具栏"菜单,从中单击【显示菜单栏】,即可将菜单栏显示在标题栏下方、功能区上方,如图 1-22所示;如果要隐藏菜单栏,同样单击"自定义"按钮，在打开的菜单中单击【隐藏菜单栏】,或右击菜单栏,再单击弹出的"显示菜单栏"选项,取消其前面的勾选标记。

图 1-21　"自定义快速访问工具栏"菜单

菜单栏共有"文件""编辑""视图"等12个菜单项目,单击某一个菜单项目,会弹出相应的下拉菜单,其中的命令选项有三种形式:一是命令选项的右侧没有内容,单击后直接执行相应命令;二是命令选项的右侧有向右的箭头符号,表示它还有子菜单,光标放在此命令选项上时将弹出下一级菜单,如图1-23所示的"缩放"命令选项;三是命令选项的右侧有三个小点,表示单击该命令选项将弹出对话框,如图1-23所示的"命名视图"命令选项。

图1-22 显示出的菜单栏

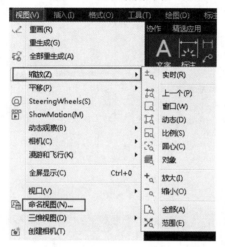

图1-23 "视图"菜单与"缩放"子菜单

温馨提示:默认设置下,变量MENUBAR的值为0,菜单栏是隐藏的,要显示菜单栏,将变量MENUBAR的值设为1即可。

(2)关闭功能区

方法是单击菜单栏中的【工具】→【选项板】→【功能区】,如图1-24所示。

图1-24 关闭功能区的方法

(3)调出工具栏

方法是依次单击菜单栏中的【工具】→【工具栏】→【AutoCAD】→【修改】【图层】【标准】【样式】【特性】【绘图】等命令,如图1-25所示。

(4)保存为AutoCAD经典模式

方法是单击状态栏中的"切换工作空间"按钮 ⚙▾,打开如图1-26(a)所示的菜单,再单击"将当前工作空间另存为"命令,这时弹出如图1-26(b)所示的"保存工作空间"对话框,在"名称"文本框中输入"AutoCAD经典模式"后单击【保存】按钮,即可完成经典工作界面的设置,之后,喜欢经典工作界面的用户就可切换使用了。

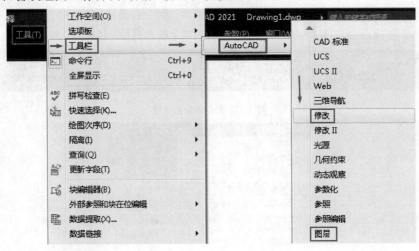

图1-25　调出工具栏的方法

(a)　　　　　　　　　　　　　　(b)

图1-26　保存经典工作界面的方法

4. AutoCAD 2021 的工作界面的切换

方法一:单击状态栏中的"切换工作空间"按钮![icon] ,在弹出的如图1-27(a)所示的菜单中选择对应的工作界面。

方法二:首先单击"快速访问"工具栏右侧的"自定义"按钮![icon],在弹出的如图1-21所示的菜单中选择【工作空间】,然后单击"快速访问"工具栏中的"工作空间"选项框,从弹出的如图1-27(b)所示的菜单中选择对应的工作界面。

方法三:单击【工具】→【工作空间】子菜单中对应的工作界面,如图1-27(c)所示。

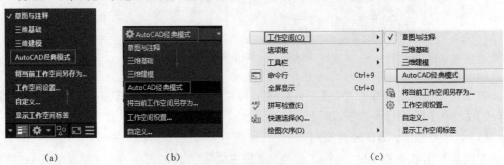

(a)　　　　　　　　　　(b)　　　　　　　　　　(c)

图1-27　"工作界面"的切换方法

五、命令的操作

1. 执行命令的方式

(1)单击功能区面板上的命令按钮：在功能区面板上单击命令按钮，则启动相应命令。例如单击〖默认〗→〖绘图〗→〖／〗，即可启动"直线"命令。

(2)键盘输入命令：用键盘输入命令的英文全名或快捷命令(英文不区分大小写)，在命令行或者光标附近显示命令列表，按 Enter 键或 空格 键确认，即可执行相应命令。例如用键盘输入"直线"命令的英文全名"LINE"或快捷命令"L"后回车，即可启动"直线"命令。有些命令在键盘上按快捷键即可执行，例如在键盘上按组合键" Ctrl ＋S"，即可执行"保存"命令。

(3)单击菜单栏中的命令：单击菜单栏中某个菜单项目，在其下拉菜单中单击需要的命令选项，即可执行对应命令。例如单击【绘图】→【直线】，即可启动"直线"命令。

(4)单击工具栏中的命令按钮：在工具栏中单击命令按钮，则启动相应命令。例如单击〖快速访问〗→〖　〗，即可启动"另存为"命令。

(5)按 Enter 键或 空格 键执行命令：当完成某一命令的执行后，如果需要重复执行该命令，可以直接按键盘上的 Enter 键或 空格 键。

(6)在快捷菜单中执行命令：快捷菜单就是单击鼠标右键弹出的菜单。当光标位于绘图区时，单击鼠标右键，从弹出的快捷菜单中单击相应命令，即可启动该命令。

2. 响应命令的方式

(1)在绘图区操作：在执行命令后，根据命令行的提示，在十字光标附近的提示框中输入坐标值或选择对象或选择选项来响应命令。

(2)在命令行操作：在执行命令后，根据命令行的提示，用键盘输入坐标值或选择选项后再按 Enter 键或 空格 键来响应命令。

3. 放弃命令的方式

放弃命令可以实现从最后一个命令开始，逐一取消前面已经执行了的命令。执行"放弃"命令的方式如下：

(1)工具栏：〖快速访问〗→〖　〗。

(2)键盘输入：UNDO↙或 U↙或组合键" Ctrl ＋Z"。

(3)菜单栏：【编辑】→【放弃】。

4. 重做命令的方式

重做命令可以恢复刚执行的"放弃"命令所放弃的操作。执行"重做"命令的方式如下：

(1)工具栏：〖快速访问〗→〖　〗。

(2)键盘输入：REDO↙。

(3)菜单栏：【编辑】→【重做】。

5. 中止命令的方式

命令的中止即中断正在执行的命令，回到等待命令状态。执行"中止"命令的方式如下：

（1）键盘输入：$\boxed{\text{Esc}}$键。

（2）右键菜单：单击鼠标右键→【取消】。

（3）执行另外一个命令，将自动中止正在执行的命令。

6. 重复命令的方式

使用命令的重复方式能快速调用刚执行完的命令，提高操作速度。执行"重复"命令的方式如下：

（1）键盘输入：$\boxed{\text{Enter}}$键或$\boxed{\text{空格}}$键。

（2）右键菜单：单击鼠标右键→【重复××】。

7. 透明命令

在 AutoCAD 中，透明命令是指在执行其他命令的过程中可以执行的命令。例如，在绘制直线过程中进行缩放，该"缩放"命令就是透明命令。透明命令多为修改图形设置的命令以及绘图辅助工具命令，例如捕捉（SNAP）、栅格（GRID）、缩放（ZOOM）等命令。

若在命令行输入透明命令，则应先输入一个单引号"'"。在命令行中，透明命令的提示符前有一个双折号"＞＞"。透明命令执行结束，将继续执行原命令。

六、点坐标的输入方法

在 AutoCAD 中，点坐标的输入既可使用鼠标拾取或捕捉，也可通过键盘输入。

1. 鼠标输入点坐标的方法

（1）拾取点的方法

在绘图区的合适位置单击鼠标左键来确定坐标点即完成点的拾取。

（2）捕捉点的方法

当光标移动到已有图形对象的特殊点位置（如圆心、切点、中点、交点等）且对应捕捉功能开启时，就会出现捕捉标记，这时单击鼠标左键来确定坐标点，即完成点的捕捉，详见任务2的对象捕捉功能。

2. 键盘输入点坐标的方法

（1）绝对直角坐标法

绝对直角坐标是当前点相对于坐标原点的坐标。其输入格式为"X,Y,Z"，即坐标值"X,Y,Z"之间用英文逗号"，"隔开，绘制二维图形时，Z坐标默认为0，不用输入，所以在下面的叙述中不再表示Z坐标。例如"17,28"表示当前点相对于坐标原点的 X 坐标为 17，Y 坐标为 28，Z 坐标为 0。

> 温馨提示：默认情况下，动态输入功能是开启的，在绘图和编辑图形时，将在光标附近显示关于该命令的提示信息、光标当前所在位置的坐标、尺寸标注、长度和角度变化等内容。使用绝对坐标法输入点坐标时，需要按 $\boxed{\text{F12}}$ 键或者单击状态栏上$\boxed{+}$按钮关闭动态输入功能，或在坐标值前加"♯"号。关于动态输入功能的详细内容在任务2中介绍。

（2）相对直角坐标法

相对直角坐标表示当前点相对于前一点的 X 方向和 Y 方向的坐标差。其输入格式为"@ΔX，ΔY"，即坐标差前加"@"，"ΔX，ΔY"之间用英文逗号"，"隔开，例如 A 点的绝对直角坐标为"10，15"，B 点的绝对直角坐标为"25，10"，则 B 点相对于 A 点的相对直角坐标为"@15，-5"。相对直角坐标也可理解为：假设将前一点看作坐标原点时当前点的坐标值。当前点在前一点的右方时"X"为正值，左方时"X"为负值，上方时"Y"为正值，下方时"Y"为负值。

> **温馨提示**：使用相对坐标法输入点坐标时，当动态输入功能开启时，输入的第二点和后续点，系统都自动以相对坐标点表示，即在输入的坐标值前自动加入一个"@"符号。当动态输入功能关闭时，需要在输入坐标值前先输入"@"或者按 F12 键或者单击状态栏上 ⊢ 按钮，打开动态输入功能。

（3）相对极坐标法

相对极坐标法是以当前点相对于前一点的长度和角度来确定点的坐标。其输入格式为"@长度＜角度"。这里的长度是指当前点和前一点之间的距离，角度是指当前点与前一点的连线与 X 轴正方向之间的夹角，默认逆时针为正，顺时针为负。"长度和角度"之间用小于号"＜"隔开，例如"@8＜40"表示当前点到前一点的距离为8，当前点和前一点的连线与 X 轴正方向夹角为40°。

> **温馨提示**：默认情况下，AutoCAD 是以逆时针来测量角度的。水平向右为0°方向，90°垂直向上，180°水平向左，270°垂直向下。指定坐标时输入的"，"和"＜"决定了坐标的类型为直角坐标还是极坐标。

（4）绝对极坐标法

绝对极坐标法是以当前点相对于坐标原点的长度和角度来确定点的坐标。其输入格式为"长度＜角度"。这里的长度是指当前点与坐标原点的距离，角度是指当前点和坐标原点的连线与 X 轴正方向之间的夹角，默认逆时针为正，顺时针为负。"长度和角度"之间用小于号"＜"隔开，如"50＜75"表示当前点与坐标原点的距离为50，当前点和坐标原点的连线与 X 轴正方向之间的夹角为75°。

> **温馨提示**：实际绘图时，为了输入方便，常常开启动态输入功能，采用相对坐标法，而很少采用绝对坐标法。

3. 综合应用鼠标与键盘输入点坐标的方法

该方法就是在命令执行过程中，系统提示指定点时，可先移动光标，出现确定方向的追踪线（虚线）后，再用键盘输入距离而得到点坐标的方法，这种方法也可称为距离输入法或追踪点法。

七、直线命令的操作方法

"直线"命令可以绘制一条或多条直线，但每条直线都被看作一个独立的对象。执行"直线"命令的方式如下,其中前两种用于在"草图与注释"工作界面下使用,后三种用于在"AutoCAD 经典模式"下使用,本书的绘图命令、标注命令、修改命令等操作与之相同,不再赘述。

(1)功能区面板:〖默认〗→〖绘图〗→〖╱〗。

(2)键盘输入:LINE↙或 L↙。

(3)菜单栏:【绘图】→【直线】。

(4)工具栏:〖绘图〗→〖╱〗。

"直线"命令的操作方法是根据命令行的提示,输入点的坐标即可。

八、夹点的概念与位置

所谓"夹点"(又称为特征点),是指在图形对象上显示出的一些实心小方框,即在命令行中没有输入任何命令时,单击图形对象,该图形对象上会出现若干特征点(蓝色小方框),即夹点,不同对象上的夹点的位置和数量都不相同,如图 1-28 所示。夹点在对象上的位置见表 1-1。

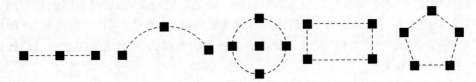

图 1-28　不同对象上的夹点

表 1-1　　　　　　　　　　　　　　夹点在对象上的位置

对象类型	夹点的位置
线段	两端点和中点
多段线	直线段的两端点,圆弧段的中点和两端点
样条曲线	拟合点和控制点
射线	起始点和射线上的一个点
构造线	控制点和线上邻近两点
圆弧	圆心、两端点和中点
圆	各象限点和圆心
椭圆	各象限点和中心点
椭圆弧	端点、中点和中心点
尺寸	尺寸线端点和尺寸界线的起始点、尺寸文字的中心点

九、图形对象的选择方法

在输入一条编辑命令之后,系统会提示选择对象,这时光标会变成小方块形状,叫作拾取框,选择后的对象会以虚线形式高亮显示,并出现蓝色的夹点,如图 1-28 所示。下面介绍最常用的三种图形对象的选择方法,其他方法在任务 3 中介绍。

1.拾取方式

这是一种通过鼠标单击图形对象来选择对象的方式。这种方式一次仅能选择一个图形对象。

2.窗口方式

使用窗口方式选择对象的操作过程为:首先将光标移到图形的左上角或左下角的位置单击,然后向图形的右下角或右上角移动光标,此时出现内部为浅蓝色而边框为实线的矩形窗口,如图 1-29(a)所示,在合适位置单击,位于窗口内部的对象均被选中,而位于窗口外部以及与窗口边界相交的对象不被选中,其结果如图 1-29(b)所示。

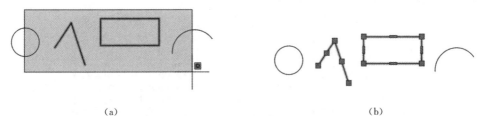

(a)　　　　　　　　　　　　　　　　　(b)

图 1-29　使用"窗口方式"选择图形对象的方法

3.窗交方式

使用窗交方式选择对象的操作过程为:首先将光标移到图形的右上角或右下角的位置单击,然后向图形的左下角或左上角移动光标,此时出现内部为浅绿色而边框为虚线的矩形窗口,如图 1-30(a)所示,在合适位置单击,不仅位于窗口内部的对象被选中,与窗口边界相交的那些对象也均被选中,其结果如图 1-30(b)所示。

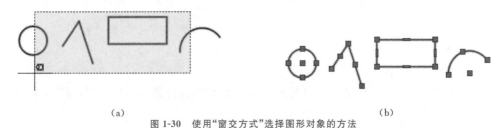

(a)　　　　　　　　　　　　　　　　　(b)

图 1-30　使用"窗交方式"选择图形对象的方法

十、删除命令的操作方法

"删除"命令用于将不需要的图形对象删除。执行"删除"命令的方式如下:

(1)功能区面板:〖默认〗→〖修改〗→〖✎〗。

(2)键盘输入:Erase↙或 E↙或 Delete 键。

(3)菜单栏:【修改】→【删除】。

(4)工具栏:〖修改〗→〖✎〗。

"删除"命令的操作方法有两种:一是先执行"删除"命令,然后选择要删除的对象,并按 Enter 键或 空格 键进行删除;另一种是先选择要删除的对象,再执行删除命令进行删除。

十一、图形文件的操作方法

1.新建图形文件

新建图形文件就是从无到有创建一个新的图形文件。执行"新建"命令的方式如下:

(1)工具栏:〖快速访问〗→〖▢〗。

(2)"应用程序"按钮:【A】→【新建】→【图形】。

(3)菜单栏:【文件】→【新建】。

(4)"文件"选项卡:右击"文件"选项卡→【新建】。

(5)键盘输入:NEW ✓或组合键"Ctrl＋N"。

无论使用以上哪种方法,均会弹出如图 1-31 所示的"选择样板"对话框,在"名称"列表框中选中某一样板文件(二维图形选择"acadiso.dwt",三维图形选择"acadiso 3D.dwt"),然后单击【打开】按钮,即可创建新图形文件。

图 1-31　"选择样板"对话框

2.打开图形文件

打开图形文件就是将原来已保存的图形文件打开以进行操作。执行"打开"命令的方式如下:

(1)工具栏:〖快速访问〗→〖▷〗。

(2)"应用程序"按钮:【A】→【打开】→【图形】,或【A】→"最近使用的文档"列表中显示的最近使用过的文件。

(3)菜单栏:【文件】→【打开】。

(4)"文件"选项卡:右击"文件"选项卡→【打开】。

(5)键盘输入:OPEN ✓或组合键"Ctrl＋O"。

(6)双击原来已保存的".dwg"格式的文件。

无论使用以上前五种方法中的哪种,均会弹出如图 1-32 所示的"选择文件"对话框。在该对话框中选择已有的图形文件,在右面的"预览"框中将显示出该图形的预览图像,单击【打开】按钮或双击文件名即可打开图形文件。默认情况下,打开的图形文件的格式为.dwg。

在 AutoCAD 中,也可以单击【打开】按钮右侧的下拉按钮▾,从其下拉菜单中选择"打开"、"以只读方式打开""局部打开"和"以只读方式局部打开"四种不同的方式打开图形文件。当以"打开""局部打开"方式打开图形时,可以对打开的图形进行编辑,如果采用"以只读方式打开""以只读方式局部打开"方式打开图形时,则无法对打开的图形进行编辑。

如果选择"局部打开""以只读方式局部打开"方式打开图形,系统将弹出"局部打开"对话框。可以在"要加载几何图形的视图"选项组中选择要打开的视图,在"要加载几何图形的图层"选项组中选择要打开的图层,然后单击【打开】按钮,即可在视图中打开选中图层上的对象。

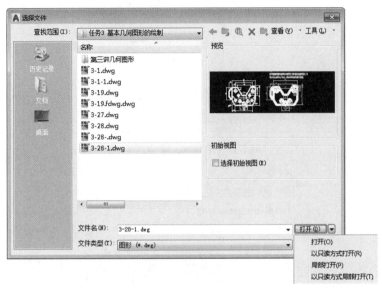

图 1-32　"选择文件"对话框

3. 保存图形文件

保存图形文件就是将当前的图形文件保存在存储器中,以保证数据的安全,或便于以后再次使用。执行"保存"命令的方式如下:

(1)工具栏:〖快速访问〗→【 】。

(2)"应用程序"按钮:【A】→【保存】。

(3)菜单栏:【文件】→【保存】。

(4)"文件"选项卡:右击"文件"选项卡→【保存】。

(5)键盘输入:SAVE✓或组合键"Ctrl+S"。

若当前图形文件曾经保存过,则直接使用当前图形文件名称保存在原路径下。若当前图形文件从未保存过,则弹出"图形另存为"对话框,在"保存于"下拉列表框中指定文件保存的文件夹,如"D:\2021CAD教程",在"文件名"文本框中输入图形文件的名称,如"任务 1-1",如图 1-33 所示,在"文件类型"下拉列表中选择保存文件的版本和类型,默认的版本和类型是"AutoCAD 2018 图形(∗.dwg)",可以选择低版本的文件类型,如"AutoCAD 2007/LT2007 图形(∗.dwg)",最后单击【保存】按钮。

若将以后保存的所有图形文件在低版本的 AutoCAD 中使用,则单击图 1-33 所示的"图形另存为"对话框右上角的【工具】→【选项】,系统弹出"另存为选项"对话框,在"所有图形另存为"下拉列表中选择低版本的文件类型,如"AutoCAD 2007/LT2007 图形(∗.dwg)",单击【确定】按钮,如图 1-34 所示。

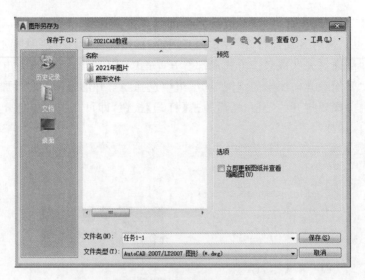

图 1-33   "图形另存为"对话框

图 1-34   "文件类型"下拉列表

4. 改名另存图形文件

改名另存图形文件就是对已保存过的当前图形文件的文件名、保存路径、文件类型进行修改。执行"另存为"命令的方式如下：

(1)工具栏：〖快速访问〗→〖📥〗。

(2)"应用程序"按钮：【A】→【另存为】。

(3)菜单栏：【文件】→【另存为】。

(4)"文件"选项卡：右击"文件"选项卡→【另存为】。

(5)键盘输入：SAVEAS✓。

执行"另存为"命令后，AutoCAD 弹出如图 1-33 所示的"图形另存为"对话框，要求用户确定文件的保存位置及文件名，用户响应即可。

5. 关闭图形文件

单击"应用程序"按钮 A，在弹出的菜单中选择【关闭】→【当前图形】，或在绘图区中单击"关闭"按钮 ⊠，可以关闭当前图形文件。

任务实施

第1步:创建新图形文件并保存为"三角形"

首先在D盘新建一个文件夹"2021CAD图形文件",然后单击〖快速访问〗→〖▢〗,系统弹出如图1-31所示的"选择样板"对话框,选择"acadiso.dwt"样板文件,单击〖打开〗按钮;再单击〖Ⓐ〗→〖另存为〗,系统弹出如图1-33所示的"图形另存为"对话框,单击"保存于"下拉列表框,从中选择文件"D:\2021CAD图形文件",在"文件名"文本框中输入"三角形",在"文件类型"下拉列表中选择"AutoCAD 2007/LT2007 图形(＊.dwg)",最后单击〖保存〗按钮。

第2步:使用绝对直角坐标绘制图1-1所示的三角形

方法1:关闭"动态输入"功能的绘制方法(默认情况下此功能是打开的,需要按 F12 键关闭)

创建样板文件

命令:〖默认〗→〖绘图〗→〖╱〗	//启动直线命令
指定第一个点:**0,0** ✓	//输入A点的绝对直角坐标
指定下一个点或[放弃(U)]:**100,172** ✓	//输入B点的绝对直角坐标
指定下一点或[放弃(U)]:**180,70** ✓	//输入C点的绝对直角坐标
指定下一点或[闭合(C)/放弃(U)]:**c** ✓	//结束命令并闭合三角形

> 🔲 温馨提示:绘图时灵活使用滚轮进行视图缩放与平移,输入错误可单击〖↩〗或按"Ctrl＋Z"组合键放弃或按 Delete 键删除或按 Esc 键中止命令。

方法2:打开"动态输入"功能的绘制方法(按 F12 键打开"动态输入"功能)

命令:〖默认〗→〖绘图〗→〖╱〗	//启动直线命令
指定第一个点:**0,0** ✓	//输入A点的绝对直角坐标
指定下一点或[放弃(U)]:**100,172** ✓	//输入B点的绝对直角坐标
指定下一点或[放弃(U)]:♯**180,70** ✓	//输入C点的绝对直角坐标
指定下一点或[闭合(C)/放弃(U)]:**c** ✓	//结束命令并闭合三角形

第3步:使用相对直角坐标绘制图1-1所示的三角形

方法1:关闭"动态输入"功能的绘制方法

使用相对直角坐标绘制三角形

命令:〖默认〗→〖绘图〗→〖╱〗	//启动直线命令
指定第一个点:**在绘图区的合适位置单击拾取A点**	
指定下一点或[放弃(U)]:**@100,172** ✓	//输入B点的相对直角坐标
指定下一点或[放弃(U)]:**@80,－102** ✓	//输入C点的相对直角坐标
指定下一点或[闭合(C)/放弃(U)]:**C** ✓	//结束命令并闭合三角形

方法 2：打开"动态输入"功能的绘制方法

命令：**L** ✓　　　　　　　　　　　　　　　// 启动直线命令

指定第一个点：**在绘图区的合适位置单击拾取 A 点**

指定下一点或 [放弃(U)]：**100,172** ✓　　　// 输入 B 点的相对直角坐标

指定下一点或 [放弃(U)]：**80，−102** ✓　　// 输入 C 点的相对直角坐标

指定下一点或 [闭合(C)/放弃(U)]：**C**✓　　// 结束命令并闭合三角形

第 4 步：使用相对极坐标绘制图 1-1 所示的三角形

方法 1：关闭"动态输入"功能的绘制方法

命令：**L** ✓　　　　　　　　　　　　　　　// 启动直线命令

指定第一个点：**在绘图区的合适位置单击拾取 A 点**

指定下一点或 [放弃(U)]：**@199＜60** ✓　　// 输入 B 点的相对极
　　　　　　　　　　　　　　　　　　　　　　　坐标

指定下一点或 [放弃(U)]：**@130＜−52** ✓　// 输入 C 点的相对极坐标

指定下一点或 [闭合(C)/放弃(U)]：**C**✓　　// 结束命令并闭合三角形

方法 2：打开"动态输入"功能的绘制方法

命令：**L** ✓　　　　　　　　　　　　　　　// 启动直线命令

指定第一点：**在绘图区的合适位置单击拾取 A 点**

指定下一点或 [放弃(U)]：**199＜60** ✓　　　// 输入 B 点的相对极坐标

指定下一点或[放弃(U)]：**130＜−52** ✓　　// 输入 C 点的相对极坐标

指定下一点或 [闭合(C)/放弃(U)]：**C**✓　　// 结束命令并闭合三角形

第 5 步：使用绝对极坐标绘制图 1-1 所示的三角形

方法 1：关闭"动态输入"功能的绘制方法

命令：**L** ✓　　　　　　　　　　　　　　　// 启动直线命令

指定第一点：**0,0** ✓　　　　　　　　　　　// 输入 A 点的绝对直角坐标

指定下一点或 [放弃(U)]：**199＜60** ✓　　　// 输入 B 点的绝对极坐标

指定下一点或 [放弃(U)]：**193＜21** ✓　　　// 输入 C 点的绝对极坐标

LINE 指定下一点或 [闭合(C)/放弃(U)]：**C**✓ // 结束命令并闭合三角形

方法 2：打开"动态输入"功能的绘制方法

命令：**L** ✓　　　　　　　　　　　　　　　// 启动直线命令

指定第一点：**0,0** ✓　　　　　　　　　　　// 输入 A 点的绝对直角坐标

指定下一点或 [放弃(U)]：**199＜60** ✓　　　// 输入 B 点的绝对极坐标

指定下一点或[放弃(U)]：**♯193＜21** ✓　　// 输入 C 点的绝对极坐标

指定下一点或 [闭合(C)/放弃(U)]：**C**✓　　// 结束命令并闭合三角形

第 6 步：保存文件

单击【**A**】→【保存】或〖快速访问〗→〖**🖫**〗。

微课

使用相对极坐标
绘制三角形

任务检测与技能训练

1.用直线命令和相对极坐标法绘制图 1-35 所示的图形。

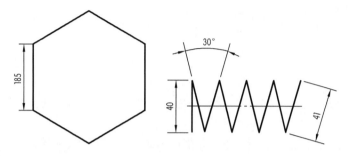

图 1-35　1 题图

2.选择合适的方法绘制图 1-36 所示的图形。

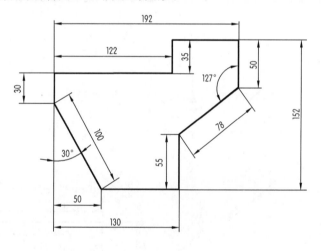

图 1-36　2 题图

复杂直线图形的绘制

任务描述

用 1∶1 的比例绘制图 2-1 所示的 A3 横放留装订边的图幅、标题栏及图形。要求：布图匀称，图形正确，线型符合国家标准规定，不标注尺寸，不填写标题栏。

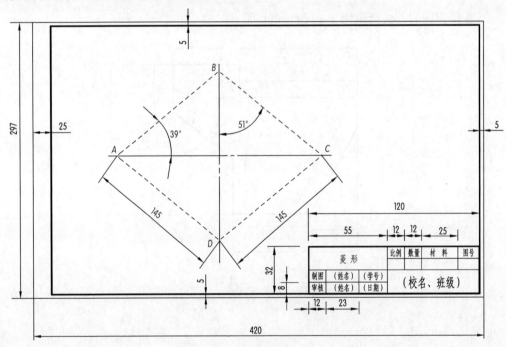

图 2-1　直线图形

任务目标

学生通过绘制如图 2-1 所示的直线图形，掌握创建与设置图层的方法，"栅格""正交""极轴追踪""对象捕捉""对象捕捉追踪""动态输入"等绘图工具的使用；能按照制图规范设置绘图环境，熟练应用直线命令、图层和绘图工具绘制图 2-1 所示图形，及时完成任务检测与技能训练，达到正确率 90% 以上，按时完成率 90% 以上；培养遵纪守规的法治观念和团结协作的职业素养。

素养提升

知识储备

一、图层的设置与管理

在机械、建筑等工程制图中，图形主要由中心线、轮廓线、虚线、剖面线、尺寸标注以及文字说明等元素构成。而图层可以想象为既没有厚度又完全透明的一张图纸，多个图层叠加起来时，它们都具有相同的坐标、图形界限及显示时的缩放倍数。如果用图层来管理图形，不仅能使图形的各种信息清晰、有序、便于观察，而且也会给图形的编辑和输出带来很大的方便。图层设置与管理包括创建新图层、设置图层属性、设置图层状态和管理图层等内容。

1. 图层特点

(1)用户可以在一幅图中指定任意数量的图层。系统对图层数没有限制，对每一图层上的对象数也没有任何限制。

(2)每一个图层有一个名称，便于区别。当开始绘制一幅新图时，AutoCAD 自动创建名为 0 的图层，这是 AutoCAD 的默认图层，其余图层需用户来定义。

(3)一般情况下，位于一个图层上的对象应该是一种绘图线型、一种绘图颜色。用户可以改变各图层的线型、颜色等特性。

(4)虽然 AutoCAD 允许用户建立多个图层，但只能在当前图层上绘图。

(5)各图层具有相同的坐标系和相同的显示缩放倍数。用户可以对位于不同图层上的对象同时进行编辑操作。

(6)用户可以对各图层进行打开、关闭、冻结、解冻、锁定与解锁等操作，以决定各图层的可见性与可操作性。

2. 创建新图层

默认情况下，AutoCAD 自动创建一个图层名为"0"的图层，用户不能删除或重命名该图层。在绘图过程中，如果用户要使用更多的图层来组织图形，就需要先创建新图层，"图层"命令可实现这一功能。执行"图层"命令的方式如下：

(1)功能区面板：〖默认〗→〖图层〗→〖绢〗。

(2)键盘输入：LAYER↙或 LA↙。

(3)菜单栏：【格式】→【图层】。

(4)工具栏：〖图层〗→〖绢〗。

执行"图层"命令后，系统打开如图 2-2 所示的"图层特性管理器"选项板，单击"新建图层"按钮㖟，或单击鼠标右键，从弹出的快捷菜单中选择【新建图层】命令，这时在图层列表中将出现一个名称为"图层 1"的新图层，如图 2-3 所示。如果要更改图层名称，可在"名称"编辑框中输入新图层的名称(如虚线)并按 Enter 键即可。默认情况下，新建图层与当前图层的状态、颜色、线型、线宽等设置相同。

3. 设置图层属性

所谓图层属性，通常是指该图层所特有的线型、颜色、线宽等。设置图层的属性，可更好地组织不同的图形信息。例如，将机械图样中各种不同的线型设置在不同的图层中，赋予不同的颜色，可增加图形的清晰性。将图形绘制与尺寸标注及文字注释分层进行，并利用图层

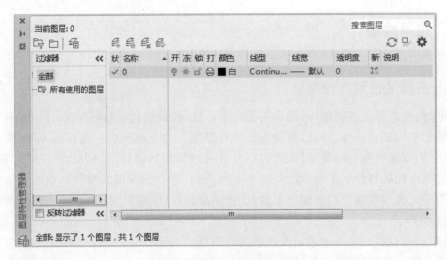

图 2-2　"图层特性管理器"选项板

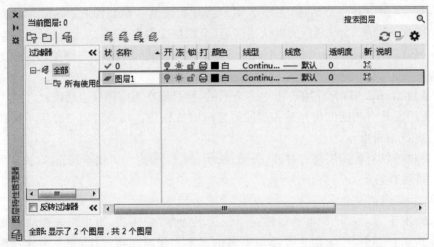

图 2-3　新建图层

状态控制各种图形信息的显示、修改与输出等,会给图形的编辑带来很大的方便。

　　(1)设置图层颜色

　　在"图层特性管理器"选项板中单击要设置图层颜色的图层所在行的颜色块,或执行〖默认〗→〖特性〗→〖■ ■ ByLayer ▾〗→〖更多颜色〗或者〖格式〗→〖颜色〗命令,系统将弹出"选择颜色"对话框,如图 2-4 所示,该对话框中有"索引颜色""真彩色"和"配色系统"3 个选项卡,分别用于以不同的方式确定绘图颜色,其中最常用的颜色方案是索引颜色,即用自然数表示的颜色,共有 255 种,其中 1~7 号为标准颜色,对应的颜色为:1 表示红色,2 表示黄色,3 表示绿色,4 表示青色,5 表示蓝色,6 表示洋红,7 表示白色(如果绘图背景的颜色是白色,7 号颜色显示成黑色)。单击所要选择的颜色如"绿",再单击【确定】按钮即可。

　　(2)设置图层线型

　　默认情况下,图层的线型为 Continuous(连续线型)。要改变线型,可在"图层特性管理器"选项板的图层列表中单击相应的线型名,如"Continuous",系统弹出"选择线型"对话框,如图 2-5 所示。如果"已加载的线型"列表中没有满意的线型,可单击【加载】按钮,打开"加

图 2-4 "选择颜色"对话框

载或重载线型"对话框,从当前线型库中选择需要加载的线型,如图 2-6 所示。之后单击【确定】按钮,该线型即被加载到"选择线型"对话框中,选择好线型后单击【确定】按钮,完成该图层的线型设置。

图 2-5 "选择线型"对话框

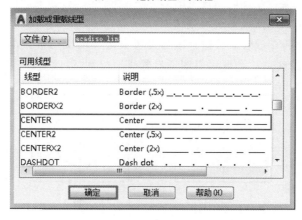

图 2-6 "加载或重载线型"对话框

（3）设置图层线宽

在"图层特性管理器"选项板的图层列表中单击其对应的"线宽"项，如"— 默认"，打开"线宽"对话框，如图 2-7 所示，在"线宽"列表中选择合适的线宽后单击【确定】按钮，完成该图层的线宽设置。

执行〖默认〗→〖特性〗→〖▤————ByLayer ▼〗→〖线宽设置〗或者【格式】→【线宽】命令，系统将弹出"线宽设置"对话框，如图 2-8 所示。用户可在"线宽"列表框中选择"ByLayer（随层）"、"ByBlock（随块）"或某一具体线宽。其中，"ByLayer"表示绘图线宽始终与图形对象所在图层设置的线宽一致，这也是最常用的设置。还可以通过此对话框进行其他设置，如单位、显示比例等。如果选中"显示线宽"复选框，设置"默认"线宽为 0.25 mm，则系统将在屏幕上显示线宽设置效果。调节"调整显示比例"滑块，也可以调整线宽显示效果。另外，单击用户界面状态栏中的"线宽"按钮▤，可以打开或关闭线宽的显示。

图 2-7 "线宽"对话框　　图 2-8 "线宽设置"对话框

（4）设置线型比例

在 AutoCAD 中，系统提供了大量的非连续线型，如虚线、点画线等。通常，非连续线型的显示和实线线型不同，要受绘图时所设置图形界限尺寸的影响，如图 2-9 所示。其中图 2-9(a)所示的虚线圆是按 A4 图幅设置图形界限时的显示效果；图 2-9(b)所示的虚线圆则是按 A2 图幅设置图形界限时的显示效果。这是因为设置大尺寸的图形界限时，非连续线型的间距太小，从而显示为连续线型。为此可对图形设置线型比例，以改变非连续线型的外观。

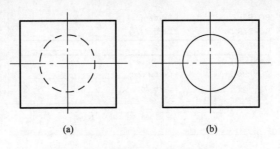

(a)　　　　　(b)

图 2-9 非连续线型受图形界限尺寸的影响

设置线型比例的方法是执行〖默认〗→〖特性〗→〖▤————ByLayer ▼〗→〖其他〗或者【格

式】→【线型】命令，系统弹出"线型管理器"对话框，如图 2-10(a)所示。单击【显示细节】按钮，对话框变为图 2-10(b)所示的形式，在"线型"列表中选择某一线型，然后在"详细信息"选项组的"全局比例因子"文本框中输入适当的比例系数，即可设置图形中所有非连续线型的外观。利用"当前对象缩放比例"文本框，可以设置将要绘制的非连续线型的外观，而原来绘制的非连续线型的外观并不受影响。

　　另外，在 AutoCAD 中，也可以使用 Ltscale 命令来设置全局线型比例，使用 Celtscale 命令来设置当前对象线型比例。

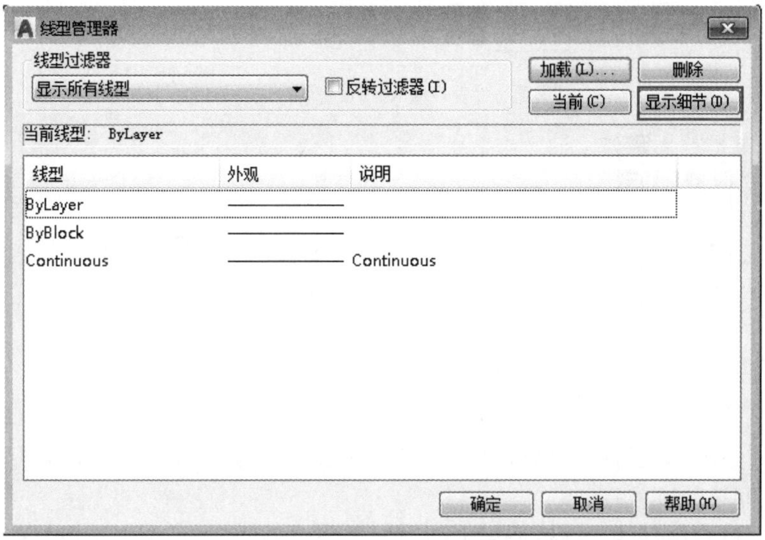

(a)

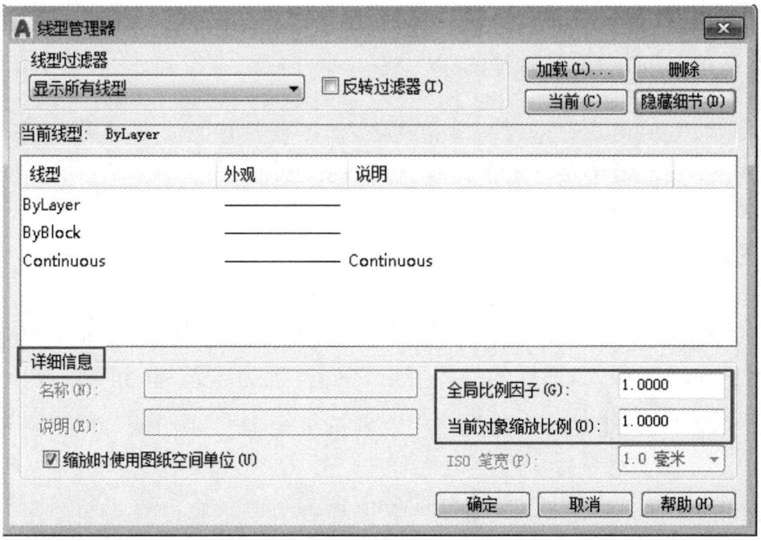

(b)

图 2-10　"线型管理器"对话框

4. 设置图层状态

　　图层的状态是指图层的打开/关闭、冻结/解冻、锁定/解锁状态等。可通过单击如

图 2-11(a)所示的"图层特性管理器"选项板中的状态特征图标,或如图 2-11(b)所示的〖默认〗→〖图层〗→"图层"下拉列表中的状态特征图标,或如图 2-11(c)所示的〖默认〗→〖图层〗→相关命令按钮,进行图层状态设置。如图 2-11(a)所示,图层 01 为打开、解冻、解锁状态;图层 02 为关闭、冻结、锁定状态。

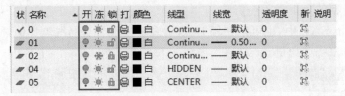

(a)"图层特性管理器"选项板中的状态特征图标

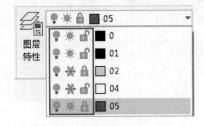

(b)"图层"下拉列表中的特征图标

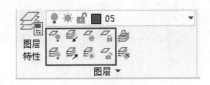

(c)图层状态命令按钮

图 2-11　设置图层状态

(1)打开/关闭:图层打开时,可显示和编辑图层上的内容;图层关闭时,图层上的内容全部隐藏,且不可被编辑或打印。

(2)冻结/解冻:冻结图层时,图层上的内容全部隐藏,且不可被编辑或打印,也不参与运算处理,可加快视图缩放、平移及其他操作的处理速度,从而减少复杂图形的重生成时间。

(3)锁定/解锁:锁定图层时,图层上的内容仍然可见,并且能被捕捉或添加新对象,但不能被编辑。默认情况下,图层是解锁的。

> 温馨提示:当前图层可以被关闭和锁定,但不能被冻结。已冻结的图层不能设置为当前图层,但锁定的图层可设置为当前图层并进行绘图。

5.管理图层

(1)切换当前图层

方法 1:在"图层特性管理器"选项板的图层列表中,单击要将其设置为当前图层的图层名称或其右侧的空白区域,即选择某一图层后,单击"置为当前"按钮 ,或单击鼠标右键,从弹出的快捷菜单中选择【置为当前】命令,或者按组合键"$\boxed{\text{Alt}}$＋C",即可将该图层设置为当前图层。

方法 2:单击〖默认〗→〖图层〗→"图层"下拉列表中要将其设置为当前图层的图层名称或其右侧的空白区域,即可将该图层设置为当前图层。

方法 3:选择图形对象后,单击〖默认〗→〖图层〗→〖 〗,即可将该对象所在的图层设置为当前图层。

(2)删除图层

在"图层特性管理器"选项板中,选中要删除的图层后,单击"删除图层"按钮 ,或按键盘上的 Delete 键或按组合键"Alt ＋D",或单击鼠标右键,从弹出的快捷菜单中选择【删除图层】命令,可删除该图层。但是,当前层、0 层、Defpoints 层(对图形标注尺寸时,系统自动生成的层)、参照层和包含图形对象的层不能被删除。

（3）重命名图层

在"图层特性管理器"选项板中,选中要重命名的图层后,慢双击图层的名称,或者右击该图层,从弹出的快捷菜单中选择【重命名图层】命令,使其变为待修改状态时再重新输入新名称。

（4）改变对象所在图层

在实际绘图中,如果绘制完某一图形对象后,发现该对象并没有绘制在预先设置的图层上,可采用以下三种方法改变对象所在的图层:

方法 1:首先选中要更改图层的图形对象,其次单击〖默认〗→〖图层〗→"图层"下拉列表中预设的图层名来改变其所在的图层。

方法 2:首先选中要更改图层的图形对象,其次单击〖默认〗→〖图层〗→〖🖳〗,启动"匹配图层"命令,再选择目标图层上的图形对象来改变其所在的图层。

方法 3:首先单击〖默认〗→〖图层〗→〖🖳〗,其次选中要更改图层的图形对象,再单击鼠标右键或按 Enter 键或 空格 键确认,最后选择目标图层上的图形对象来改变其所在的图层。

（5）隔离图层

"隔离"命令用于将选定对象的图层之外的所有图层都隐藏或锁定,以达到隔离图层的目的。其操作方法是先选择要隔离的图层上的对象,之后执行"隔离"命令,或者先执行"隔离"命令,之后选择要隔离的图层上的对象,都可隔离图层。执行"隔离"命令的方式如下:

①功能区面板:〖默认〗→〖图层〗→〖🖳〗。

②键盘输入:LAYISO✓。

③菜单栏:【格式】→【图层工具】→【隔离】。

> **温馨提示**:执行"隔离"命令后,系统提示"选择要隔离的图层上的对象或[设置(S)]:"时,选择"设置(S)"选项可设定"隐藏"或"锁定"选定对象的图层之外的所有图层。

（6）取消隔离图层

"取消隔离"命令可取消图层的隔离,将被关闭或锁定图层打开或解锁。其操作方法是执行"取消隔离"命令即可,具体方式如下:

①功能区面板:〖默认〗→〖图层〗→〖🖳〗。

②键盘输入:LAYUNISO✓。

③菜单栏:【格式】→【图层工具】→【取消隔离】。

二、修改对象属性

如上所述,AutoCAD 中所有的图形对象都是在某一图层上绘制的,因此,图形使用的是其所在图层的属性,如颜色、线宽、线型等,那么,如何单独修改对象的某个属性呢? 下面介绍几种方法。

1.利用"特性"面板的下拉列表

单击"默认"选项卡下"特性"面板上的"颜色"、"线宽"、"线型"列表框,打开它们的下拉列表,选择其中的颜色、线宽、线型,可修改已经选择的图形对象和当前准备绘制的图形对象的颜色、线宽以及线型等属性。系统默认为"ByLayer",即图形与所在图层的属性一致,如图 2-12 所示。

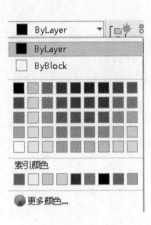

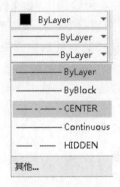

(a)"颜色"下拉列表　　　　(b)"线宽"下拉列表　　　　(c)"线型"下拉列表

图 2-12　"特性"面板上的下拉列表

2.利用"特性匹配"命令

"特性匹配"命令用于将源对象的图层、颜色、线型、线宽、线型比例等属性一次性复制给目标对象,而不需要逐项设定,这样可大大提高绘图速度,节省时间。执行"特性匹配"命令的方式如下:

(1)功能区面板:〖默认〗→〖特性〗→〖📋〗。

(2)键盘输入:MATCHPROP↙或 PAINTER↙或 MA↙。

(3)菜单栏:【修改】→【特性匹配】。

执行该命令后,首先选择源对象,然后选择目标对象,则目标对象的部分或者全部属性和源对象相同。当命令行提示"选择目标对象或 [设置(S)]:"时,选择"设置(S)"选项,系统将弹出如图 2-13 所示的"特性设置"对话框,从中可设置匹配源对象的特性。如果没有全部选择,则目标对象匹配源对象部分属性,反之,则目标对象匹配源对象全部属性。

3.利用"特性"选项板

利用"特性"选项板可以修改图形对象的图层、颜色、线型、线宽、线型比例等属性。要修改图形对象的某一属性,可选中图形对象后,打开"特性"选项板,然后在要修改的属性右侧的列表框中进行修改即可。例如,要调整已有图形中某一非连续线型的外观,可以首先选中要调整的对象,打开"特性"选项板,修改其中的"线型比例"因子即可,如图 2-14 所示。打开"特性"选项板方式如下:

(1)功能区面板:〖默认〗→〖特性〗→〖 ↘ 〗或〖视图〗→〖选项板〗→〖📋〗。

(2)键盘输入:PROPERTIES↙或 PR↙或组合键" Ctrl +1"。

（3）菜单栏:【修改】→【特性】。

（4）快捷菜单:单击鼠标右键→【特性】。

图 2-13　"特性设置"对话框　　　　　　　　图 2-14　特性"选项板

4. 快捷特性

单击状态栏上的"快捷特性"按钮,可以控制快捷特性的打开与关闭。当"快捷特性"按钮为选中状态即启用"快捷特性"功能,用户选择对象后即可显示"快捷特性"面板,如图2-15 所示,从而方便地修改图形的颜色、图层、线型等属性。例如,要修改该对象的某个属性,只需在其后的列表框中单击,然后在弹出的下拉列表中选择所需属性选项即可。

单击菜单栏【工具】→【绘图设置】命令,或在状态栏"快捷特性"按钮上单击鼠标右键,在弹出的快捷菜单中选择【快捷特性设置】命令,系统弹出"草图设置"对话框,打开"快捷特性"选项卡,选中"选择时显示快捷特性选项板"复选框,同样可以启用"快捷特性"功能,如图 2-16 所示。

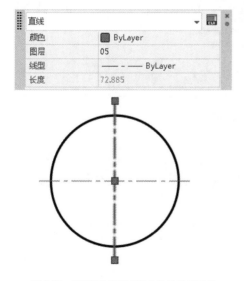

图 2-15　启用"快捷特性"功能后选择对象　　　　图 2-16　"快捷特性"选项卡

三、辅助绘图功能

1. 栅格和捕捉

栅格是按照设置的间距显示在图形区域中的点,使用栅格类似于在图形下面放置一张坐标纸。利用栅格可以对齐对象,并直观地查看对象之间的距离和位置,便于绘图时进行定位,但它不是图形的一部分,也不会被打印输出。单击状态栏中的"栅格"按钮▦或者按 F7 键,可在绘图区显示或关闭栅格。

为实现栅格的定位功能,必须将"捕捉"功能打开,使光标只能停留在图形中指定的栅格上。选择【工具】→【草图设置】命令,或在状态栏"捕捉"或"栅格"按钮上单击鼠标右键,在弹出的快捷菜单中选择【捕捉设置】或【网格设置】命令,系统弹出如图 2-17 所示的"草图设置"对话框,其中,"捕捉和栅格"选项卡用于栅格捕捉、栅格显示方面的设置;"启用捕捉"和"启用栅格"复选框分别用于启用"捕捉"和"栅格"功能;"捕捉间距"和"栅格间距"选项组分别用于设置捕捉间距和栅格间距,默认情况下,光标沿 X 轴和 Y 轴方向上的捕捉间距和栅格间距均为 10,用户可通过此对话框进行其他设置。

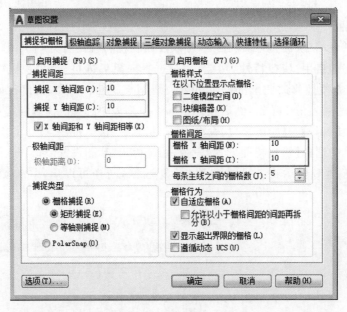

图 2-17 "草图设置"对话框

2. 正交

"正交"功能打开时,可以将光标限制在水平或竖直方向上移动,以便于快速、精确地创建或修改对象。在"正交"模式下,使用直接距离输入方法可创建指定长度的正交线或将对象移动指定的距离。

在绘图和编辑过程中,可以随时打开或关闭"正交"功能,其切换方法是单击状态栏上的"正交"按钮⌐或按 F8 键。输入坐标或指定对象捕捉时将忽略"正交"功能。

3. 极轴追踪

所谓极轴追踪,是指当 AutoCAD 提示用户指定点的位置(如指定直线的另一端点)时,拖动光标,使光标接近预先设定的方向(极轴追踪方向),AutoCAD 会自动将极轴追踪虚线吸附到该方向,同时沿该方向显示出极轴追踪矢量,并浮出一小标签,说明当前光标位置相对于前一点的极坐标,如图 2-18 所示。从图 2-18 可以看出,当前光标位置相对于前一点的极坐标为 33.3<135°,即两点之间的距离为 33.3,极轴追踪矢量与 X 轴正方向的夹角为 135°。此时单击鼠标左键,AutoCAD 会将该点作为绘图所需点;如果直接输入一个数值(如输入 50),AutoCAD 则沿极轴追踪矢量方向按此长度值确定出点的位置;如果沿极轴追踪矢量方向移动光标,AutoCAD 会通过浮出的小标签动态显示与光标位置对应的极轴追踪矢量的值(显示"距离<角度")。

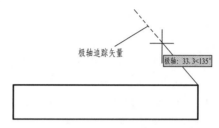

图 2-18　极轴追踪

系统默认的极轴追踪角为 90°,用户可根据需要自行设置极轴追踪角。方法是单击状态栏上"极轴追踪"按钮 ⌕ 右侧的下拉按钮 ▾,从弹出的菜单中选择需要的极轴追踪角,如图 2-19(a)所示,如果没有符合需要的极轴追踪角,可单击菜单中的【正在追踪设置】选项,或选择【工具】→【草图设置】命令,打开"草图设置"对话框,单击"极轴追踪"选项卡,从中设置"增量角"和"附加角",如图 2-19(b)所示。

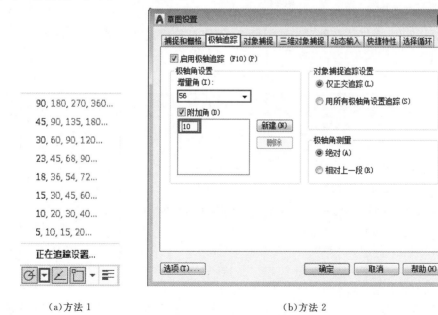

(a)方法 1　　　　　　　　　　　　　(b)方法 2

图 2-19　"极轴追踪角"的设置

"极轴追踪"选项卡各选项功能如下：

(1)"启用极轴追踪"复选框：打开或关闭"极轴追踪"功能。

(2)"增量角"下拉列表框：用于选择极轴夹角的递增值，当极轴夹角为该值整数倍时，都显示辅助线。例如，将极轴增量角设置为"56"，则极轴分别为 0°、56°、112°、168°等（56 的整数倍）。

(3)"附加角"复选框：当"增量角"下拉列表中的角度不能满足需要时，先选中该复选框，然后单击【新建】按钮增加特殊的极轴夹角。

在绘图过程中，可以随时打开或关闭"极轴追踪"功能，其方法有以下三种：

(1)"草图设置"对话框：选中或不选中图 2-19(b)所示的"启用极轴追踪"复选框。

(2)状态栏：单击"极轴"按钮 ⊙▾。

(3)键盘：按功能键 F10。

温馨提示："正交"与"极轴追踪"是 AutoCAD 的两项重要功能，主要用于控制绘图时光标移动的方向。其中，利用"正交"功能可以控制绘图时光标只沿水平或竖直（分别平行于当前坐标系的 X 轴与 Y 轴）方向移动；利用"极轴追踪"功能可控制光标沿由极轴增量角定义的极轴方向移动，常用来绘制指定角度的斜线。它们不能同时打开，即打开"正交"功能时自动关闭"极轴追踪"功能，反之也一样。

4.对象捕捉

在 AutoCAD 中，用户不仅可以通过输入点的坐标绘制图形，而且还可以使用系统提供的对象捕捉功能捕捉图形对象上的某些特征点，如圆心、端点、中点、切点、交点、垂足等，从而快速、精确地绘制图形。

(1)对象捕捉的模式

AutoCAD 2021 提供了多种对象捕捉模式，常用对象捕捉模式的名称、标记、功能和关键字见表 2-1。

表 2-1   常用对象捕捉模式

名称	标记	功能	关键字
端点		捕捉直线、曲线等对象的端点或捕捉多边形的最近一个角点	END
中点		捕捉直线、曲线等线段的中点	MID
圆心		捕捉圆、圆弧的圆心，椭圆、椭圆弧的中心点	CEN
节点		捕捉用"点"命令(POINT)绘制的点	NOD
交点		捕捉不同图形对象的交点	INT

名称	标记	功　能	关键字
象限点		捕捉圆、圆弧、椭圆、椭圆弧等图形相对于圆心 0°、90°、180°、270°处的点	QUA
延长线		捕捉直线、圆弧、椭圆弧、多段线等图形延长线上的点	EXT
插入点		捕捉插入在当前图形中的文字、块、图形或属性的插入点	INS
垂足		绘制与已知直线、圆、圆弧、椭圆、椭圆弧、多段线或样条曲线等图形相垂直的直线	PER
切点		捕捉圆、圆弧、椭圆、椭圆弧、多段线或样条曲线等的切点	TAN
平行线		用于绘制已知直线的平行线	PAR
最近点		捕捉图形上离光标位置最近的点	NEA
几何中心		捕捉由多段线和样条曲线绘制的封闭图形的中心	GCEN
两点之间的中点		捕捉指定的第一点和第二点之间的中点	M2P
捕捉自		首先捕捉一个特征点作为基点，然后输入相对坐标来定位点，详见任务 3	FROM
临时追踪点		创建对象捕捉所使用的临时点，详见任务 6	TT

（2）使用临时对象捕捉模式

所谓临时对象捕捉，就是执行某种临时捕捉模式后，系统仅能捕捉一次，如果需要多次捕捉，则需要多次执行该模式，所以也称为"覆盖捕捉"模式。用户可以采用以下三种方法使用对象捕捉模式。

①利用〖对象捕捉〗工具栏

单击菜单栏上的【工具】→【工具栏】→【AutoCAD】→【对象捕捉】命令，或者在"AutoCAD 经典模式"下右击任一工具栏，在弹出的快捷菜单中单击【对象捕捉】命令，打开如图 2-20 所示的〖对象捕捉〗工具栏。在绘图过程中，当要求用户指定点时，单击该工具栏中相应的特征点按钮，再将光标移到要捕捉对象的特征点附近，即可捕捉到所需的点。

图 2-20　〖对象捕捉〗工具栏

②利用"对象捕捉"快捷菜单

利用"对象捕捉"快捷菜单是最常用的一种临时对象捕捉模式，当要求用户指定点时，按下 Shift 键或 Ctrl 键,同时在绘图区右击,打开"对象捕捉"快捷菜单,如图 2-21 所示。利用该快捷菜单,用户可以选择相应的对象捕捉模式。在"对象捕捉"快捷菜单中,除了与〖对象捕捉〗工具栏中的模式相对应的选项外,还有【两点之间的中点】【点过滤器】【三维对象捕捉】等捕捉模式。【两点之间的中点】选项用于捕捉指定的两点之间的中点;【点过滤器】选项用于捕捉满足指定坐标条件的点;【三维对象捕捉】选项用于捕捉三维对象上满足设置条件的点。

③利用"对象捕捉"关键字

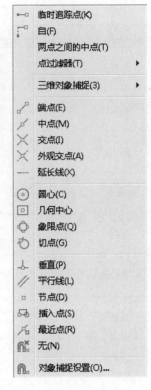

图 2-21　"对象捕捉"快捷菜单

不管当前对象捕捉模式如何,当命令行提示用户指定点时,输入对象捕捉关键字,如 END、MID、QUA 等,可分别执行端点、中点、象限点等对象捕捉模式,详见表 2-1。

例如,绘制图 2-22(a)所示直线 AB 的平行线 CD 的操作步骤是:首先执行"直线"命令,在绘图区的合适位置 C 点处单击,以指定平行线的起点,此时按住 Ctrl 键或 Shift 键右击,在弹出的快捷菜单中选择【平行线】选项,以执行临时捕捉"平行"模式,然后将光标移至线段 AB 上,此时将出现一个平行符号"∥",如图 2-22(b)所示,此时将光标移至与直线 AB 大体平行的位置,待出现图 2-22(c)所示的平行追踪线和"平行:长度＜角度"的提示时,将光标沿平行追踪线方向移动至合适位置 D 点处单击,最后按 空格 键或 Enter 键结束"直线"命令,完成直线 CD 的绘制,结果如图 2-22(a)所示。

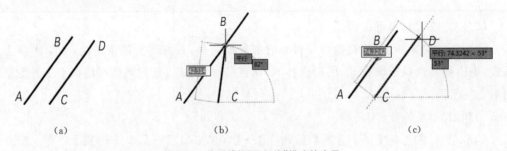

(a)　　　　　　　　　　(b)　　　　　　　　　　(c)

图 2-22　临时捕捉"平行线"模式的应用

(3)使用自动捕捉模式

所谓自动捕捉,就是在开启"自动对象捕捉"模式的情况下,当用户把光标放在一个图形对象上时,系统根据用户设置的对象捕捉模式,自动捕捉到该对象上所有符合条件的特征点,并显示出相应的标记。

①设置"自动对象捕捉"模式

默认情况下,使用"自动对象捕捉"模式只能捕捉现有图形的端点、圆心和交点,若要捕捉图形对象的中点、象限点和切点等,可采用以下两种设置"自动对象捕捉"模式的方法:

方法1：单击状态栏上"对象捕捉"按钮  右侧的下拉按钮 ⌄，从弹出的菜单中选择需要的选项（选项前有符号 ✓ 表示已选中），如图2-23（a）所示。

方法2：单击图2-23（a）所示菜单中的【对象捕捉设置】选项或选择【工具】→【草图设置】命令，系统弹出"草图设置"对话框，打开"对象捕捉"选项卡，如图2-23（b）所示，从中选择相应复选框，再选中"启用对象捕捉"复选框，之后单击【确定】按钮。

在"对象捕捉"选项卡中，可以通过"对象捕捉模式"选项组中的各复选框确定自动捕捉模式，即确定使AutoCAD将自动捕捉到哪些点；"启用对象捕捉"复选框用于确定是否启用自动捕捉功能；"启用对象捕捉追踪"复选框则用于确定是否启用对象捕捉追踪功能，后面将介绍该功能。

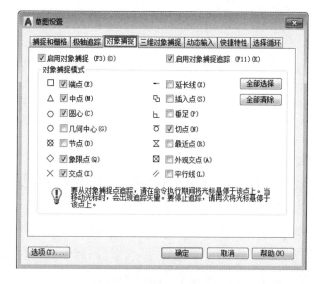

（a）方法1　　　　　　　　　　　　（b）方法2

图2-23 "自动对象捕捉"模式的设置

②使用"自动对象捕捉"模式

利用"草图设置"对话框的"对象捕捉"选项卡设置默认捕捉模式并启用自动对象捕捉功能后，在绘图过程中每当AutoCAD提示用户确定点时，如果使光标位于对象上在自动捕捉模式中设置的对应点的附近，AutoCAD会自动捕捉到这些点，并显示出捕捉到相应点的小标签，若此时单击，则AutoCAD就会以该捕捉点为确定点。

在绘图过程中，可以随时打开或关闭"自动对象捕捉"模式，方法有以下三种：

● "草图设置"对话框：选中或不选中图2-23（b）所示的"启用对象捕捉"复选框。

● 状态栏：单击"对象捕捉"按钮 。

● 键盘：功能键 F3 。

（4）对象捕捉追踪

"对象捕捉追踪"功能是利用已有图形对象上的捕捉点来捕捉其他位置点的一种快捷作图方法。该功能常用于事先不知具体的追踪方向，但已知图形对象间的某种关系（如正交）的情况下使用。使用"对象捕捉追踪"功能的方法是：首先单击状态栏中的"对象捕捉"按钮和"对象捕捉追踪"按钮，启用这两项功能；然后执行一个绘图命令后将十字光标移动到一个对象捕捉点处作为临时获取点，但此时不要点击它，当显示出捕捉点标识之后，暂时停顿片刻即可获取该点。获取点之后，当移动光标时，将显示相对于获取点的水平、竖直或极轴对齐的追踪线，在该追踪线上定位点。例如，已知图 2-24(a)中有一个圆和一条直线，当执行 LINE 命令确定直线的起点时，利用对象捕捉追踪可以找到一些特殊点，如图 2-24(b)和图 2-24(c)所示。图 2-24(b)中捕捉到的点的 X、Y 坐标分别与已有直线端点的 X 坐标和圆心的 Y 坐标相同。图 2-24(c)中捕捉到的点的 Y 坐标与圆心的 Y 坐标相同，且位于 45°的追踪线上。如果此时单击，就会得到对应的点。

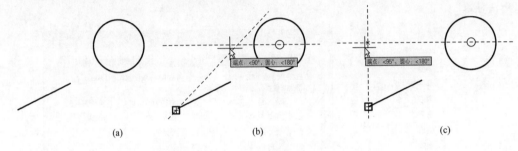

(a)　　　　　　　　　　(b)　　　　　　　　　　(c)

图 2-24　对象捕捉追踪

(5)动态输入

"动态输入"功能在光标附近提供了一个命令界面，以帮助用户专注于绘图区域。

①打开或关闭"动态输入"功能

首先单击状态栏上的"自定义"按钮，在弹出的菜单中勾选【动态输入】选项，将其显示在状态栏上，然后单击"动态输入"按钮，就可以打开或关闭"动态输入"功能。或者按 F12 键，也可以打开或关闭"动态输入"功能。

②"动态输入"功能的设置与使用

"动态输入"功能包括指针输入、标注输入和动态提示三项功能。其设置方法是：首先在状态栏的"动态输入"按钮上单击鼠标右键，在弹出的快捷菜单中单击【动态输入设置】命令，然后在打开的"草图设置"对话框的"动态输入"选项卡中设置相应选项，如图 2-25 所示。

● 指针输入

在"草图设置"对话框的"动态输入"选项卡中，选中"启用指针输入"复选框可以启用"指针输入"功能。在"指针输入"选项组中单击【设置】按钮，系统弹出"指针输入设置"对话框，在该对话框中可以设置指针的格式和可见性，如图 2-26 所示。

当启用"指针输入"功能且有命令在执行时，十字光标的位置将在光标附近的工具提示中显示为坐标。可以在工具提示中输入坐标值，而不用在命令行中输入。第二个点和后续点的默认设置为相对极坐标，不需要输入"@"符号。要输入相对极坐标，输入距第一点的距离并按 Tab 键(或<)，然后输入角度值按 Enter 键。要输入笛卡尔坐标，输入 X 坐标值和逗号(,)，然后输入 Y 坐标值按 Enter 键。如果需要使用绝对坐标，请使用井号(#)前缀。例如，要将对象移到原点，请在提示输入第二个点时，输入"#0,0"。

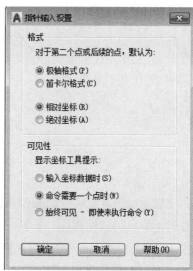

图 2-25　"草图设置"对话框的"动态输入"选项卡　　　　图 2-26　"指针输入设置"对话框

● 标注输入

在"草图设置"对话框的"动态输入"选项卡中,选中"可能时启用标注输入"复选框,可以启用"标注输入"功能。在"标注输入"选项组中单击【设置】按钮,系统弹出"标注输入的设置"对话框,在该对话框中可以设置标注的可见性,如图 2-27 所示。启用"标注输入"功能时,当命令行提示输入第二点时,工具提示将显示距离和角度值。工具提示中的值将随着光标移动而改变。在工具提示中输入距离和角度值,按 Tab 键在它们之间切换。

图 2-27　"标注输入的设置"对话框

● 动态提示

在"草图设置"对话框的"动态输入"选项卡中,选中"动态提示"选项组中的"在十字光标附近显示命令提示和命令输入"复选框,可以在光标附近显示命令提示,用户可以在工具提示(而不是在命令行)中输入响应,如图 2-28 所示。按 ↓ 键可以查看和选择选项;按 ↑ 键可以显示最近的输入。

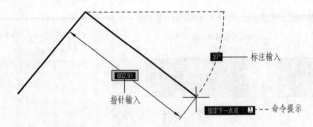

图 2-28　显示动态提示

（6）线宽

要想在绘图区显示或隐藏图形的线宽，就必须打开或关闭"线宽"功能。其方法是选中状态栏上的"线宽"按钮，若状态栏上未显示该按钮，则首先单击状态栏上的"自定义"按钮，在弹出的菜单中勾选【线宽】选项，将其显示在状态栏上，然后单击该按钮。

四、设置图形单位与图形界限

1. 设置图形单位

在 AutoCAD 中，用户一般采用 1∶1 的比例因子绘图，因此，所有的直线、圆和其他对象都可以以真实大小来绘制，在需要打印出图时，再将图形按图纸大小进行缩放。执行"单位"命令的方式如下：

（1）菜单栏：【格式】→【单位】或【　】→【图形实用工具】→【单位】。

（2）键盘输入：UNITS↙或 UN↙。

启动"单位"命令后，可打开如图 2-29 所示的"图形单位"对话框。在该对话框中用户可以选择当前图形文件的长度和角度类型以及各自的精度。

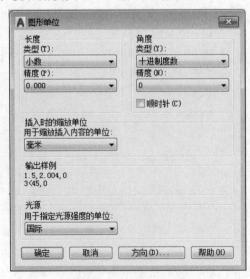

图 2-29　"图形单位"对话框

"图形单位"对话框中各选项的含义如下：

"长度"选项组：指定测量的当前单位及当前单位的精度。

"角度"选项组:指定当前角度格式和当前角度显示的精度。若勾选"顺时针"复选框,将指定以顺时针方向计算正的角度值。默认的正角度方向是逆时针方向。

2.设置图形界限

设置图形界限就是标明用户的工作区域和图纸的边界,它确定的区域是可见栅格指示的区域,也是选择【视图】→【缩放】→【全部】命令时决定显示多大图形的一个参数。

执行"图形界限"命令的方式如下:

(1)菜单栏:【格式】→【图形界限】。

(2)键盘输入:LIMITS✓。

启动"图形界限"命令后,AutoCAD 提示:

指定左下角点或［开(ON)/关(OFF)］＜0,0＞:

　　　　//输入图形界限左下角位置点的坐标,若直接按 Enter 键或 空格 键,则

　　　　采用默认值(0.000,0.000)

指定右上角点或［开(ON)/关(OFF)］＜420,297＞:

　　　　//输入图形界限的右上角位置点的坐标,若直接按 Enter 键或 空格 键,

　　　　则采用默认值(420.000,297.000)

"开(ON)":该选项用于打开图形界限检验功能。执行该选项后,用户只能在设定的图形界限内绘图,如果所绘图形超出界限,AutoCAD 将拒绝执行,并给出相应的提示信息。

"关(OFF)":该选项用于关闭 AutoCAD 的图形界限检验功能。执行该选项后,用户所绘图形的范围不再受所设图形界限的限制,系统默认为"关(OFF)"。

任务实施

第 1 步:创建新图形文件并保存为"2-1 直线型图形"。

第 2 步:设置图形单位

单击【A】→【图形实用工具】→【单位】或【格式】→【单位】命令,打开如图 2-29 所示的"图形单位"对话框,将"长度"精度设置为"0",其他采用默认值,之后单击【确定】按钮。

第 3 步:设置图形界限

(1)单击【格式】→【图形界限】命令,选择命令行提示中的"开(ON)"选项,再次执行"图形界限"命令,根据命令行的提示输入图形界限两个点的坐标"0,0"和"420,297"。

(2)打开图 2-17 所示的"草图设置"对话框,在"捕捉和栅格"选项卡中选中"显示超出界限的栅格"复选框。

(3)在命令行中输入 Z(缩放命令 ZOOM 的快捷命令)✓,再输入 A(选择"全部(A)"选项)✓,之后单击状态栏上的"栅格"按钮 ,开启"栅格"功能,使绘图界限的栅格充满显示区。

第 4 步:设置图层

执行"图层"命令,打开"图层特性管理器"选项板,设置表 2-2 所列的图层。

设置图层

表 2-2 设置图层

图层名	颜色	线型	线宽
01	黑色	Continuous	0.5 mm
02	绿色	Continuous	默认
04	黄色	HIDDEN	默认
05	红色	CENTER	默认

第 5 步：绘制图框

本任务要求绘制 A3 横放留装订边的图框,其尺寸如图 2-30 所示。操作步骤如下:

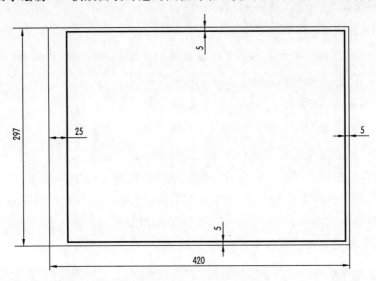

图 2-30　A3 横放留装订边的图框尺寸

(1)用绝对直角坐标绘制 A3 图纸的边界线

首先选择图层:单击〖默认〗→〖图层〗→〖 💡☀🔓⬛ 0 　▾〗,在展开的图层列表中单击"02",则"02"层变为当前层。

其次关闭"动态输入"功能,绘制 A3 图纸的边界线。

命令:**L** ↙	//输入直线命令
指定第一个点:**0,0** ↙	//指定起点
指定下一点或 [放弃(U)]:**420,0** ↙	//指定右下角点
指定下一点或 [放弃(U)]:**420,297** ↙	//指定右上角点
指定下一点或 [闭合(C)/放弃(U)]:**0,297** ↙	//指定左上角点
指定下一点或 [闭合(C)/放弃(U)]:**C** ↙	//闭合

绘制 A3 图纸边界线

(2)使用"正交"功能绘制 A3 图纸的图框线

首先绘制 A3 图纸的图框线

命令:**L** ↙	//输入直线命令
指定第一个点:**25,5** ↙	//指定起点

使用"正交"功能绘制
A3 图纸图框线

指定下一点或［放弃(U)］:**390** ✓(打开"正交"功能)

　　　　　　　　　　　　　　　　　　　　　// 沿水平向右给定长度390

指定下一点或［放弃(U)］:**287** ✓　　　　// 沿垂直向上给定长度287

指定下一点或［闭合(C)/放弃(U)］:**390** ✓　// 沿水平向左给定长度390

指定下一点或［闭合(C)/放弃(U)］:**C** ✓　　// 闭合

其次置换图层:单击图框线后,再单击〖默认〗→〖图层〗→〖 ▮ 0 ▾ 〗,在展开的图层列表中单击"01",将图框线置换为"01"层。

第 6 步:绘制标题栏

本任务要求绘制如图 2-31 所示的标题栏,操作步骤如下:

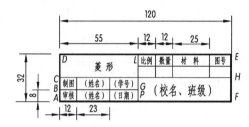

图 2-31　标题栏

绘制标题栏

(1)通过"图层"面板上的图层列表框,将"01"层设置为当前层。

命令:**L** ✓　　　　　　　　　　　　　　// 输入直线命令

指定第一个点:**295,5** ✓(打开"动态输入"功能)　// 指定起点

指定下一点或［放弃(U)］:**32** ✓(打开"正交"功能)

　　　　　　　　　　　　　　　　　　　　　// 沿垂直向上给定长度32

指定下一点或［放弃(U)］:**120** ✓　　　　// 沿水平向右给定长度120

指定下一点或［闭合(C)/放弃(U)］:✓　　　// 回车结束命令

(2)通过"图层"面板,将"02"层设置为当前层。

打开"草图设置"对话框中的"对象捕捉"选项卡,从中选择"中点"、"垂足"、"端点"和"启用对象捕捉"复选框,之后单击【确定】按钮。

命令:**L** ✓　　　　　　　　　　　　　　// 输入直线命令

指定第一个点:**移动光标到直线 AD 上捕捉中点 C**

指定下一点或［放弃(U)］:**移动光标到直线 EF 上捕捉垂足 H**

指定下一点或［闭合(C)/放弃(U)］:✓　　// 结束命令

命令:**L** ✓　　　　　　　　　　　　　　// 输入直线命令

指定第一个点:**以 D 点为临时追踪参考点,向右移动光标出现水平追踪线时输入"55 ✓"**

　　　　　　　　　　　　　　　　　　　　　// 确定点 L

指定下一点或［放弃(U)］:**向下移动光标到直线 AF 上捕捉垂足 P**

指定下一点或［闭合(C)/放弃(U)］:✓　　// 结束命令

命令：**L**↙　　　　　　　　　　　　　　　　　//输入直线命令

指定第一个点：**按住 Shift 键右击，选择快捷菜单中【两点之间的中点】命令，再单击 A 点、C 点**　　　　　　　　　　//捕捉中点 B

指定下一点或［放弃(U)］：**移动光标到直线 PL 上捕捉垂足 G**

指定下一点或［闭合(C)/放弃(U)］：↙　　//结束命令

应用同样的方法可绘出标题栏内的其他细实线。

第 7 步：绘制菱形 ABCD

首先将"04"层设置为当前层，其次绘制菱形 ABCD。

命令：**L**↙　　　　　　　　　　　　　　　　　//输入直线命令

指定第一个点：**在图框内的合适位置单击**　　//指定起点 A

指定下一点或［放弃(U)］：**145＜39**↙（打开"动态输入"功能）

　　　　　　　　　　　　　　　　　　　　　　//指定 B 点

指定下一点或［放弃(U)］：**@145＜−39**↙（关闭"动态输入"功能）

　　　　　　　　　　　　　　　　　　　　　　//指定 C 点

指定下一点或［闭合(C)/放弃(U)］：**@145＜219**↙

　　　　　　　　　　　　　　　　　　　　　　//指定 D 点

指定下一点或［闭合(C)/放弃(U)］：**C**↙　　//闭合图形，结束命令

第 8 步：绘制中心线

首先将"05"层设置为当前层，其次打开"正交""对象捕捉""对象跟踪"功能绘制中心线。

命令：**L**↙　　　　　　　　　　　　　　　　　//输入直线命令

指定第一个点：**追踪 A 点向左偏移 3～5 mm 处单击**　//指定水平中心线的左端点

指定下一点或［放弃(U)］：**追踪 C 点向右偏移 3～5 mm 处单击**

　　　　　　　　　　　　　　　　　　　　　　//指定水平中心线的右端点

指定下一点或［放弃(U)］：↙　　　　　　　　//结束命令

同理绘制竖直中心线。

第 9 步：保存文件

单击【Ａ】→【保存】或〖快速访问〗→〖💾〗。

任务检测与技能训练

1.用直线命令绘制图 2-32 所示图形。要求：图形正确，线型符合国家标准规定，不标注尺寸，不填写标题栏。

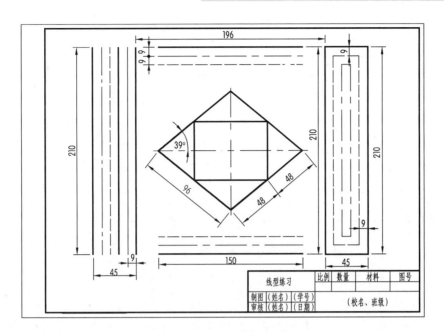

图 2-32　1 题图

2.选择合适的图幅用 1：1 的比例绘制图 2-33 所示图形。要求:布图匀称,图形正确,线型符合国家标准规定,不标注尺寸。

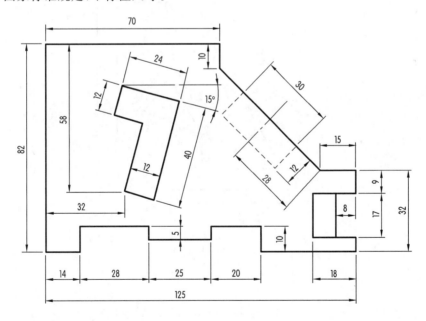

图 2-33　2 题图

3.选择合适的图幅用 1：1 的比例绘制图 2-34 所示图形。要求:布图匀称,图形正确,线型符合国家标准规定,不标注尺寸。

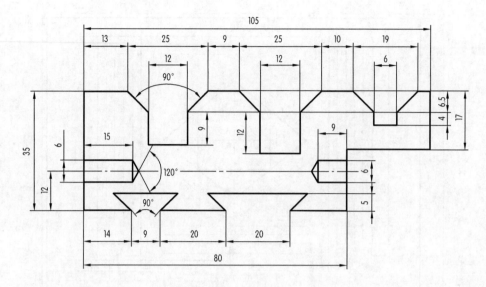

图 2-34   3 题图

4.选择合适的图幅用 1∶1 的比例绘制图 2-35 所示图形。要求:布图匀称,图形正确,线型符合国家标准规定,不标注尺寸。

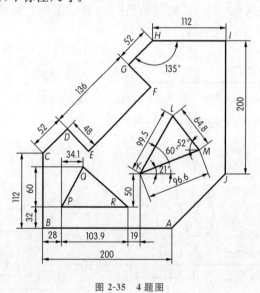

图 2-35   4 题图

基本几何图形的绘制

用 1:1 的比例绘制图 3-1 所示图形。要求:图形正确,线型符合国家标准规定,不标注尺寸。

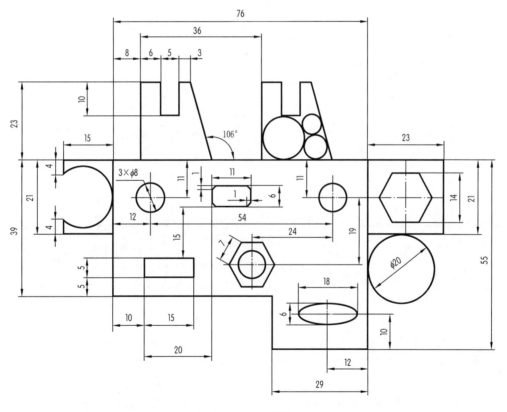

图 3-1　平面图形

学生通过绘制如图 3-1 所示的平面图形,掌握圆、圆弧、正多边形、矩形、椭圆等的绘制方法,平面图形的基本绘图方法和步骤;能正确使用绘图命令画出基本几何图形,熟练应用 AutoCAD 辅助绘图功能绘制图 3-1 所示图形,及时完成任务检测与技能训练,达到正确率 90% 以上,按时完成率 90% 以上;

素养提升

培养精益求精的工匠精神和团结协作的职业素养。

知识储备

一、圆的绘制

圆是绘图过程中使用最多的基本图形元素之一。执行"圆"命令的方式如下：

(1)功能区面板：〖默认〗→〖绘图〗→〖"圆"按钮⊙或其下拉按钮▣〗→〖下拉菜单中的圆命令〗，如图 3-2(a)所示。

(2)键盘输入：CIRCLE ✓或 C ✓。

(3)菜单栏：〖绘图〗→〖圆〗→〖子菜单中的圆命令〗，如图 3-2(b)所示。

(4)工具栏：〖绘图〗→〖⊙〗。

(a)

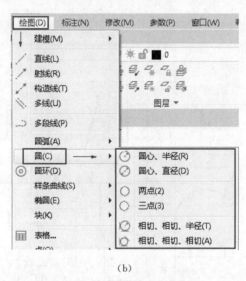

(b)

图 3-2　绘制"圆"的菜单

AutoCAD 提供了六种画圆的方式，如图 3-2 所示，每种方式的操作如下：

(1)用"圆心和半径"方式画圆

步骤如下：

命令：〖默认〗→〖绘图〗→〖⊙〗　　　　　　　　　　//输入圆命令

指定圆的圆心或 [三点(3P)/两点(2P)/切点、切点、半径(T)]：0,0 ✓

　　　　　　　　　　　　　　　　　　　　　　　//输入圆心坐标

指定圆的半径或 [直径(D)]：20 ✓　　　　　　//输入圆的半径并回车结束命令

绘制结果如图 3-3 所示。

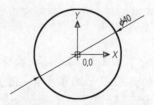

图 3-3　用"圆心和半径"方式画圆

(2)"圆心和直径"方式画圆

步骤如下：

命令：**C** ↙　　　　　　　　　　　　　　　　　//执行圆命令

指定圆的圆心或［三点(3P)/两点(2P)/切点、切点、半径(T)］：**0,80** ↙

　　　　　　　　　　　　　　　　　　　　　　　　//输入圆心坐标

指定圆的半径或［直径(D)］<20.000>：**D** ↙　　　//选择"直径"选项

指定圆的直径 <40.000>：**30** ↙　　　　　　//输入圆的直径并回车结束命令

(3)用"两点"方式画圆

步骤如下：

命令：**CIRCLE** ↙　　　　　　　　　　　　　　//执行圆命令

指定圆的圆心或［三点(3P)/两点(2P)/切点、切点、半径(T)］：**2p** ↙**或单击"两点(2P)"选项**　　　　　　　　　　　　　　//选择"两点"方式画圆

指定圆直径的第一个端点：**捕捉并单击图3-4中点A**　//指定第一个点

指定圆直径的第二个端点：**捕捉并单击图3-4中点B**　//指定第二个点

系统将以点A、B的连线为直径绘出所需的圆。绘制结果如图3-4所示。

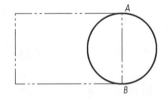

图3-4　用"两点"方式画圆

(4)用"三点"方式画圆

步骤如下：

命令：**【绘图】→【圆】→【三点】**　　　　　//执行"三点"方式的圆命令

指定圆的圆心或［三点(3P)/两点(2P)/切点、切点、半径(T)］：_3p

指定圆上的第一个点：**捕捉并单击图3-5中点A**　//指定第一个点

指定圆上的第二个点：**捕捉并单击图3-5中点B**　//指定第二个点

指定圆上的第三个点：**捕捉并单击图3-5中点C**　//指定第三个点

绘制结果如图3-5所示。

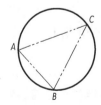

图3-5　用"三点"方式画圆

(5)用"相切、相切、半径"方式画圆

步骤如下：

命令：**〖默认〗→〖绘图〗→〖圆〗→〖相切,相切,半径〗**　//执行"相切、相切、半径"方式的圆命令

指定圆的圆心或［三点(3P)/两点(2P)/切点、切点、半径(T)］：_ttr

指定对象与圆的第一个切点:**捕捉并单击图 3-6 中的切点 A**

//在直线上选取切点 A

指定对象与圆的第二个切点:**捕捉并单击图 3-6 中的切点 B**

//在圆 1 上选取切点 B

指定圆的半径 <20.000>:**20** ✓   //输入圆的半径

绘制结果如图 3-6 中的圆 2 所示。

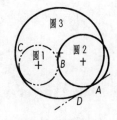

图 3-6　用"相切、相切、半径"方式画圆

命令:按 Enter 键或 空格 键   //执行圆命令

指定圆的圆心或 [三点(3P)/两点(2P)/切点、切点、半径(T)]:**T** ✓ 或单击"切点、切点、半径(T)"选项   //选择"相切、相切、半径(T)"方式画圆

指定对象与圆的第一个切点:**捕捉并单击图 3-6 中的切点 D**

//在直线上选取切点 D

指定对象与圆的第二个切点:**捕捉并单击图 3-6 中的切点 C**

//在圆 1 上选取切点 C

指定圆的半径 <20.000>:**35** ✓   //输入圆的半径

绘制结果如图 3-6 中的圆 3 所示。

> 温馨提示:使用这种方法绘制圆时要注意切点的捕捉,有时会有多个圆符合指定条件,在不同的位置捕捉可以得到不同的相切圆,系统将绘制其切点与选定点的距离最近的圆。

(6)用"相切、相切、相切"方式画圆

步骤如下:

命令:【绘图】→【圆】→【相切、相切、相切】   //执行"相切、相切、相切"方式的圆命令

指定圆的圆心或 [三点(3P)/两点(2P)/切点、切点、半径(T)]:_3p

指定圆上的第一个点:_tan 到:**捕捉并单击图 3-7 中的切点 C**

//在直线上选取切点 C

指定圆上的第二个点:_tan 到:**捕捉并单击图 3-7 中的切点 A**

//在圆 1 上选取切点 A

指定圆上的第三个点:_tan 到:**捕捉并单击图 3-7 中的切点 B**

//在圆 2 上选取切点 B

绘制结果如图 3-7 中的圆 3 所示。

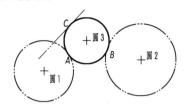

图 3-7　用"相切、相切、相切"方式画圆

二、圆弧的绘制

圆弧也是绘制图形时使用最多的基本图形之一,它在实体元素之间起着光滑的过渡作用。执行"圆弧"命令的方式如下:

(1)功能区面板:〖默认〗→〖绘图〗→〖"圆弧"按钮 ⌒ 或其下拉按钮 ⌒〗→〖下拉菜单中的圆弧命令〗,如图 3-8(a)所示。

(2)键盘输入:ARC✓ 或 A✓。

(3)菜单栏:【绘图】→【圆弧】→【子菜单中的圆弧命令】,如图 3-8(b)所示。

(4)工具栏:〖绘图〗→〖⌒〗。

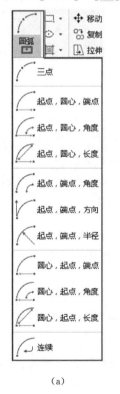

(a)

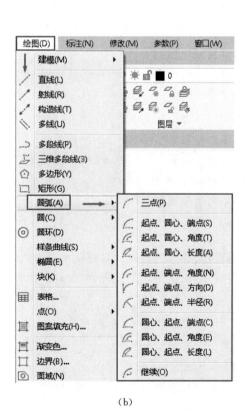

(b)

图 3-8　绘制"圆弧"的菜单

AutoCAD 提供了 11 种画圆弧的方式,如图 3-8 所示,每种方式的操作如下:

(1)用"三点"方式画圆弧

若已知圆弧的起点、终点和圆弧上任一点,则可用 ARC 命令的默认方式"三点"画圆

弧。例如依次选取 A、B、C 三点，即可绘制如图 3-9(a)所示圆弧，具体步骤如下：

命令：〖默认〗→〖绘图〗→〖⌒〗　　　　　// 执行"三点"方式的圆弧命令

指定圆弧的起点或 ［圆心(C)］:**A 处单击**　// 确定圆弧的起点

指定圆弧的第二个点或 ［圆心(C)/端点(E)］:**B 处单击**

　　　　　　　　　　　　　　　　　// 确定圆弧上的任一点

指定圆弧的端点:**C 处单击**　　　　　// 确定圆弧的终点

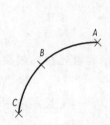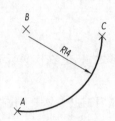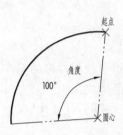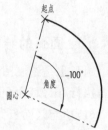

(a) 用"三点"方式画圆弧　　(b) 用"起点、圆心、端点"方式画圆弧　　(c) 用"起点、圆心、角度"方式画圆弧

图 3-9　绘制圆弧(1)

(2)用"起点、圆心、端点"方式画圆弧

若已知圆弧的起点、圆心和终点，则可以通过这种方式画圆弧。例如依次选取起点 A、圆心 B 和终点 C，即可绘制如图 3-9(b)所示圆弧，具体步骤如下：

命令：〖默认〗→〖绘图〗→〖⌒〗→〖⌒起点,圆心,端点〗或【绘图】→【圆弧】→【起点、圆心、端点】

　　　　　　　　　　　　　　　　　// 执行"起点、圆心、端点"方式的圆弧
　　　　　　　　　　　　　　　　　　 命令

指定圆弧的起点或 ［圆心(C)］:**A 处单击**　// 确定圆弧的起点

指定圆弧的第二个点或 ［圆心(C)/端点(E)］:_c　// 系统提示

指定圆弧的圆心:**B 处单击**　　　　　// 确定圆弧的圆心

指定圆弧的端点或(按住 Ctrl 键以切换方向) ［角度(A)/弦长(L)］:**C 处单击**

　　　　　　　　　　　　　　　　　// 确定圆弧的终点

> 温馨提示:从几何的角度，用"起点、圆心、端点"方式可以在图形上形成两段圆弧，为了准确绘图，默认情况下，系统将按逆时针方向截取所需的圆弧。

(3)用"起点、圆心、角度"方式画圆弧

若已知圆弧的起点、圆心和圆心角的度数，则可以利用这种方式画圆弧。例如绘制如图 3-9(c)所示圆弧，具体步骤如下：

命令：〖默认〗→〖绘图〗→〖⌒〗→〖⌒起点,圆心,角度〗或【绘图】→【圆弧】→【起点、圆心、角度】

　　　　　　　　　　　　　　　　　// 执行"起点、圆心、角度"方式的圆弧
　　　　　　　　　　　　　　　　　　 命令

指定圆弧的起点或 ［圆心(C)］:**在起点处单击**　// 确定圆弧的起点

指定圆弧的第二个点或 ［圆心(C)/端点(E)］:_c　// 系统提示

指定圆弧的圆心:**在圆心处单击**　　　　// 确定圆弧的圆心

指定圆弧的端点(按住 Ctrl 键以切换方向)或［角度(A)/弦长(L)］:_a

　　　　　　　　　　　　　　　　　　//系统提示

指定夹角(按住 Ctrl 键以切换方向):**100** ✓　　　//指定圆心角的度数

命令:〖**默认**〗→〖**绘图**〗→〖▢〗→〖╭起点,圆心,角度〗或【**绘图**】→【**圆弧**】→【**起点、圆心、角度**】

　　　　　　　　　　　　　　　　　//执行"起点、圆心、角度"方式的圆弧
　　　　　　　　　　　　　　　　　命令

指定圆弧的起点或［圆心(C)］:**在起点处单击**　　//确定圆弧的起点

指定圆弧的第二个点或［圆心(C)/端点(E)］:_c　//系统提示

指定圆弧的圆心:**在圆心处单击**　　　　　　//确定圆弧的圆心

指定圆弧的端点(按住 Ctrl 键以切换方向)或［角度(A)/弦长(L)］:_a

　　　　　　　　　　　　　　　　　//系统提示

指定夹角(按住 Ctrl 键以切换方向):**-100** ✓　　//指定圆心角的度数

(4)用"起点、圆心、长度"方式画圆弧

　　若已知圆弧的起点、圆心和所绘圆弧的弦长,则可以利用这种方式画圆弧。例如绘制如图 3-10 所示圆弧,具体步骤如下:

命令:单击〖**默认**〗→〖**绘图**〗→〖▢〗→〖╱起点,圆心,长度〗或【**绘图**】→【**圆弧**】→【**起点、圆心、长度**】

　　　　　　　　　　　　　　　　　//执行"起点、圆心、长度"方式的圆弧
　　　　　　　　　　　　　　　　　命令

指定圆弧的起点或［圆心(C)］:**在起点处单击**　　//确定圆弧的起点

指定圆弧的第二个点或［圆心(C)/端点(E)］:_c　//系统提示

指定圆弧的圆心:**在圆心处单击**　　　　　　//确定圆弧的圆心

指定圆弧的端点(按住 Ctrl 键以切换方向)或［角度(A)/弦长(L)］:_l

　　　　　　　　　　　　　　　　　//系统提示

指定弦长(按住 Ctrl 键以切换方向):**25** ✓　　　//指定弦长

🅰 **温馨提示**:给定弦的长度应小于圆弧所在圆的直径,否则系统将给出错误提示。默认情况下,系统同样按逆时针方向截取圆弧,弦长为正绘制劣弧(图 3-10(b)),弦长为负绘制优弧(图 3-10(c))。

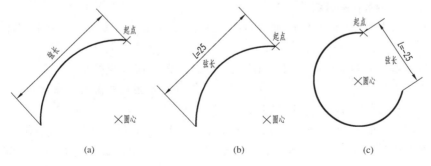

(a)　　　　　　　　(b)　　　　　　　　(c)

图 3-10　用"起点、圆心、长度"方式画圆弧

(5)用"起点、端点、角度"方式画圆弧

若已知圆弧的起点、终点和圆心角的度数,则可以利用这种方式画圆弧。例如绘制如图 3-11(a)所示圆弧,具体步骤如下:

命令:〖默认〗→〖绘图〗→〖 圆弧 〗→〖 起点,端点,角度 〗或【绘图】→【圆弧】→【起点、端点、角度】

　　　　　　　　　　　　　　　　　　　　//执行"起点、端点、角度"方式的圆弧命令

指定圆弧的起点或[圆心(C)]:**在起点处单击**　　//确定圆弧的起点

指定圆弧的第二个点或[圆心(C)/端点(E)]:_e　　//系统提示

指定圆弧的端点:**在端点处单击**　　　　　　//确定圆弧的终点

指定圆弧的中心点(按住 Ctrl 键以切换方向)或[角度(A)/方向(D)/半径(R)]:_a

　　　　　　　　　　　　　　　　　　　　//系统提示

指定夹角(按住 Ctrl 键以切换方向):**100**↙　　//指定圆心角的度数

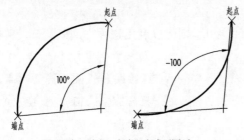
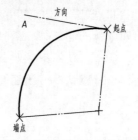

(a)用"起点、端点、角度"方式画圆弧　　　　(b)用"起点、端点、方向"方式画圆弧

图 3-11　绘制圆弧(2)

(6)用"起点、端点、方向"方式画圆弧

若已知圆弧的起点、终点和所画圆弧起点的切线方向,则可利用这种方式画圆弧。例如绘制如图 3-11(b)所示圆弧,具体步骤如下:

命令:〖默认〗→〖绘图〗→〖 圆弧 〗→〖 起点,端点,方向 〗或【绘图】→【圆弧】→【起点、端点、方向】

　　　　　　　　　　　　　　　　　　　　//执行"起点、端点、方向"方式的圆弧命令

指定圆弧的起点或[圆心(C)]:**在起点处单击**　　//确定圆弧的起点

指定圆弧的第二个点或[圆心(C)/端点(E)]:_e　　//系统提示

指定圆弧的端点:**在端点处单击**　　　　　　//确定圆弧的终点

指定圆弧的中心点(按住 Ctrl 键以切换方向)或[角度(A)/方向(D)/半径(R)]:_d

　　　　　　　　　　　　　　　　　　　　//系统提示

指定圆弧起点的相切方向(按住 Ctrl 键以切换方向):**在 A 点处单击**

　　　　　　　　　　　　　　　　　　　　//指定圆弧的起点切向

(7)用"起点、端点、半径"方式画圆弧

若已知圆弧的起点、终点和该段圆弧所在圆的半径,则可利用这种方式画圆弧,绘制优弧还是劣弧由半径的正负决定,半径为正绘制劣弧,为负绘制优弧。例如绘制如图 3-12 所示圆弧,具体步骤如下:

命令:〖默认〗→〖绘图〗→〖 圆弧 〗→〖 起点,端点,半径 〗或【绘图】→【圆弧】→【起点、端点、半径】

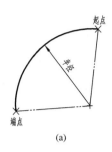

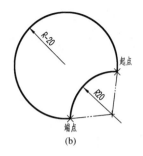

(a) (b)

图 3-12 用"起点、端点、半径"方式画圆弧

//执行"起点、端点、半径"方式的圆
弧命令

指定圆弧的起点或［圆心(C)］：**在起点处单击** //确定圆弧的起点

指定圆弧的第二个点或［圆心(C)/端点(E)］：_e //系统提示

指定圆弧的端点：**在端点处单击** //确定圆弧的终点

指定圆弧的中心点(按住 Ctrl 键以切换方向)或［角度(A)/方向(D)/半径(R)］：_r
//系统提示

指定圆弧的半径(按住 Ctrl 键以切换方向)：**20** ↙
//输入圆弧的半径值

命令：〖默认〗→〖绘图〗→〖ᵍᵘ 圆弧〗→〖 ⌒ 起点,端点,半径〗或【绘图】→【圆弧】→【起点、端点、半径】
//执行"起点、端点、半径"方式的圆
弧命令

指定圆弧的起点或［圆心(C)］：**在起点处单击** //确定圆弧的起点

指定圆弧的第二个点或［圆心(C)/端点(E)］：_e //系统提示

指定圆弧的端点：**在端点处单击** //确定圆弧的终点

指定圆弧的中心点(按住 Ctrl 键以切换方向)或［角度(A)/方向(D)/半径(R)］：_r
//系统提示

指定圆弧的半径(按住 Ctrl 键以切换方向)：**—20** ↙
//输入圆弧的半径值

(8)用"圆心、起点、端点"方式画圆弧

(9)用"圆心、起点、角度"方式画圆弧

(10)用"圆心、起点、长度"方式画圆弧

以上三种方式都可以归结为用"圆心、起点"方式画圆弧，如图 3-13 所示，具体步骤略。

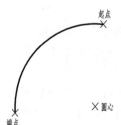
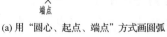

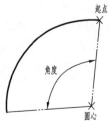

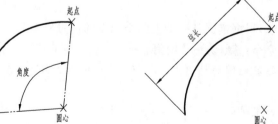

(a) 用"圆心、起点、端点"方式画圆弧　(b) 用"圆心、起点、角度"方式画圆弧　(c) 用"圆心、起点、长度"方式画圆弧

图 3-13 用"圆心、起点"方式画圆弧

（11）用"继续"方式画圆弧

该方式以刚画完的直线或圆弧的终点为起点绘制与该直线或圆弧相切的圆弧，如图 3-14 所示。

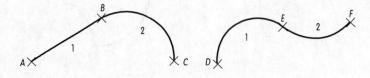

图 3-14　用"继续"方式画圆弧

三、椭圆的绘制

利用"椭圆"命令可以绘制椭圆。执行"椭圆"命令的方式如下：

（1）功能区面板：〖默认〗→〖绘图〗→〖⊙或其右侧下拉按钮·〗→〖⊙〗。

（2）键盘输入：ELLIPSE✓ 或 EL✓。

（3）菜单栏：【绘图】→【椭圆】→【圆心】或【轴、端点】。

（4）工具栏：〖绘图〗→〖⊙〗。

AutoCAD 提供了三种绘制椭圆的方式，下面分别介绍。

（1）根据椭圆的圆心和半轴长度绘制椭圆，操作步骤如下：

命令：〖默认〗→〖绘图〗→〖⊙〗	//执行椭圆命令
指定椭圆的轴端点或［圆弧（A）/中心点（C）］:_c	//系统提示
指定椭圆的中心点：**在屏幕上拾取一点**	//确定椭圆的中心点
指定轴的端点：**25**✓	//水平向右追踪，输入椭圆长半轴长度
指定另一条半轴长度或［旋转（R）］：**15**✓	//竖直向上或向下追踪，输入椭圆短半轴长度

绘制结果如图 3-15(a)所示。

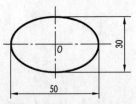

(a)根据椭圆的圆心和半轴长度绘制椭圆

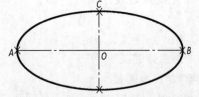

(b)根据某一轴两端点及另一半轴长度绘制椭圆

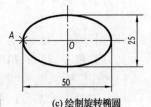

(c)绘制旋转椭圆

图 3-15　绘制椭圆

（2）根据椭圆某一轴上两个端点的位置以及另一轴的半长绘制椭圆，操作步骤如下：

命令：〖默认〗→〖绘图〗→〖⊙〗	//执行"椭圆"命令
指定椭圆的轴端点或［圆弧（A）/中心点（C）］:**在 A 处单击**	//确定椭圆的一条轴的左端点
指定轴的另一个端点：**在 B 处单击**	//确定椭圆该轴的右端点
指定另一条半轴长度或［旋转（R）］：**在 C 处单击**	//确定椭圆另一条半轴长度

绘制结果如图 3-15(b)所示。

(3)绘制旋转椭圆,操作步骤如下:

命令:**EL**↙　　　　　　　　　　　　　　　　//执行"椭圆"命令

指定椭圆的轴端点或[圆弧(A)/中心点(C)]:**在 A 处单击**

　　　　　　　　　　　　　　　　　　　　　　//确定椭圆的长轴的左端点

指定轴的另一个端点:**50**↙　　　　　　　　//水平向右追踪,输入椭圆长轴

　　　　　　　　　　　　　　　　　　　　　　长度

指定另一条半轴长度或[旋转(R)]:**R**↙或单击"旋转(R)"选项

　　　　　　　　　　　　　　　　　　　　　　//选择"旋转"选项

指定绕长轴旋转的角度:**60**↙　　　　　　　//输入旋转角度

用户输入的角度的范围是:$0° \leqslant \alpha \leqslant 89.4°$,如果直接回车或输入的旋转角度值为"0"、"180"以及"180"的倍数,则所绘的是圆。该选项通过绕第一条轴旋转定义椭圆的长短轴比例。该值(从 $0°$ 到 $89.4°$)越大,短轴对长轴的比例就越大。$89.4°$ 到 $90.6°$ 之间的值无效,因为此时椭圆将显示为一条直线。当输入角度为 $60°$ 时,效果如图3-15(c)所示。

> 温馨提示:若设置环境变量 Pellipse 的值为 1,则可以捕捉其切点。

▋四、椭圆弧的绘制

椭圆弧就是部分椭圆。在 AutoCAD 中,椭圆弧的绘制命令和椭圆的绘制命令都是 ELLIPSE,但命令行的提示不同。执行"椭圆弧"命令的方式如下:

(1)功能区面板:〖默认〗→〖绘图〗→〖⊙①右侧的下拉按钮·〗→〖⊙〗。

(2)键盘输入:ELLIPSE↙或 EL↙。

(3)菜单栏:【绘图】→【椭圆】→【圆弧】。

(4)工具栏:〖绘图〗→〖⊙〗。

该命令的使用方法类似于椭圆命令,具体应用请参照椭圆绘制部分。

▋五、矩形的绘制

利用"矩形"命令可以绘制多种类型的矩形,是绘制平面图形的常用命令,在 AutoCAD 中矩形作为一个整体,是构成复杂图形的基本图形元素。执行"矩形"命令的方式如下:

(1)功能区面板:〖默认〗→〖绘图〗→〖▭〗。

(2)键盘输入:RECTANGLE↙或 REC↙。

(3)菜单栏:【绘图】→【矩形】。

(4)工具栏:〖绘图〗→〖▭〗。

绘制矩形的步骤如下:

(1)输入命令:RECTANGLE↙

(2)命令提示:

指定第一个角点或[倒角(C)/标高(E)/圆角(F)/厚度(T)/宽度(W)]:

各选项的含义及功能说明如下:

―――――――――――――

① 若未显示该按钮,可单击同类椭圆按钮的下拉按钮。

● 指定第一个角点：该选项用于确定矩形第一个角点的位置，是系统的默认选项，当用户指定完第一个角点之后，系统随后会提示：

指定另一个角点或［面积(A)/尺寸(D)/旋转(R)］：

在该提示下指定另一个角点后，AutoCAD 将利用这两个对角点绘制所需的矩形。其中，"面积(A)"选项用来根据给定的"面积"以及"长度"或"宽度"计算出另一边的长度，从而绘制矩形；"尺寸(D)"选项根据给定的"长度"或者"宽度"绘制矩形，第一个角点的位置决定了矩形的位置；"旋转(R)"选项用来指定矩形的旋转角度。如果需要根据已有的直线确定矩形的旋转角度，则可选择"旋转(R)"选项后再选择"拾取点(P)"选项，系统会根据先后拾取的两个点来确定矩形的旋转角度，如图 3-16(a)所示。

● 倒角(C)：该选项用于确定矩形的倒角尺寸。选择此选项后系统提示：

指定矩形的第一个倒角距离 ＜0.000＞：**2.0**↙　　//输入第一个倒角距离

指定矩形的第二个倒角距离 ＜2.000＞：**4.0**↙　　//输入第二个倒角距离

提示用户通过设定矩形每个顶点的两个倒角距离来确定倒角尺寸。

● 标高(E)：该选项用于确定矩形的绘图标高(一般用于三维图形)。

● 圆角(F)：该选项用于确定矩形的圆角尺寸。选择此选项后系统提示"指定矩形的圆角半径 ＜4.000＞："，在此输入矩形的圆角半径，绘制带圆角的矩形。

● 厚度(T)：该选项用于确定矩形的厚度(一般用于三维图形)。

● 宽度(W)：该选项用于确定矩形的线宽。选择此选项后系统提示"指定矩形的线宽 ＜0.000＞："，在此输入矩形的线宽值，绘制指定线宽的矩形。

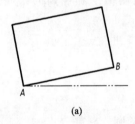
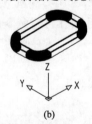
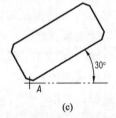

(a)　　　　　　　　　(b)　　　　　　　　　(c)

图 3-16　矩形绘制

【例 3-1】　绘制如图 3-16(b)所示矩形。

操作步骤如下：

命令：〖默认〗→〖绘图〗→〖▭〗

指定第一个角点或［倒角(C)/标高(E)/圆角(F)/厚度(T)/宽度(W)］：**W**↙或单击"宽度(W)"选项

指定矩形的线宽 ＜2.000＞：**6**↙

指定第一个角点或［倒角(C)/标高(E)/圆角(F)/厚度(T)/宽度(W)］：**F**↙或单击"圆角(F)"选项

指定矩形的圆角半径 ＜10.000＞：**12**↙

指定第一个角点或［倒角(C)/标高(E)/圆角(F)/厚度(T)/宽度(W)］：**E**↙或单击"标高(E)"选项

指定矩形的标高 ＜0.000＞：**50**↙

指定第一个角点或［倒角(C)/标高(E)/圆角(F)/厚度(T)/宽度(W)］：**T**↙或单击"厚度(T)"选项

指定矩形的厚度 ＜0.000＞：**5**↙

指定第一个角点或［倒角(C)/标高(E)/圆角(F)/厚度(T)/宽度(W)］:**选择左上角点**

指定另一个角点或［面积(A)/尺寸(D)/旋转(R)］:**选择右下角点**

单击绘图区左上角的视图控件"［俯视］",从弹出的下拉菜单中选择【西南等轴测】选项,可观察图 3-16(b)所示的效果。

【例 3-2】　绘制如图 3-16(c)所示矩形。

操作步骤如下:

命令:〖默认〗→〖绘图〗→〖▭〗

指定第一个角点或［倒角(C)/标高(E)/圆角(F)/厚度(T)/宽度(W)］:**C✓或单击"倒角(C)"选项**

指定矩形的第一个倒角距离 <10.000>:**3✓**

指定矩形的第二个倒角距离 <3.000>:**3✓**

指定第一个角点或［倒角(C)/标高(E)/圆角(F)/厚度(T)/宽度(W)］:**选择 A 点**

指定另一个角点或［面积(A)/尺寸(D)/旋转(R)］:**R✓或单击"旋转(R)"选项**

指定旋转角度或［拾取点(P)］<0>:**30✓**

指定另一个角点或［面积(A)/尺寸(D)/旋转(R)］:**A✓或单击"面积(A)"选项**

输入以当前单位计算的矩形面积 <600.000>:**600✓**

计算矩形标注时依据［长度(L)/宽度(W)］<长度>:**L✓或单击"长度(L)"选项**

输入矩形长度 <40.000>:**40✓**

六、正多边形的绘制

正多边形是指由三条或三条以上各边长相等的线段构成的封闭实体。AutoCAD 2021 中,用户可以利用此命令方便地绘出边数为 3～1024 的正多边。执行"多边形"命令的方式如下:

(1)功能区面板:〖默认〗→〖绘图〗→〖▭ 右侧的下拉按钮⊡〗→〖⬠〗。

(2)键盘输入:POLYGON✓或 POL✓。

(3)菜单栏:【绘图】→【多边形】。

(4)工具栏:〖绘图〗→〖⬠〗

AutoCAD 中正多边形的画法主要有三种:

(1)定边法

系统要求指定正多边形的边数及一条边的两个端点,然后系统从边的第二个端点开始按逆时针方向画出该正多边形,如图 3-17(a)所示。

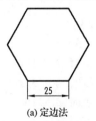
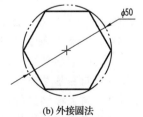
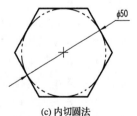

(a)定边法　　　　　　　(b)外接圆法　　　　　　　(c)内切圆法

图 3-17　绘制正六边形

(2)外接圆法

AutoCAD 要求指定该正多边形的边数、外接圆的圆心和半径。通过该外接圆,系统绘制所需的正多边形,如图 3-17(b)所示

（3）内切圆法

AutoCAD要求指定正多边形的边数、内切圆的圆心和半径。通过该内切圆，系统来绘制所需要的正多边形，如图3-17(c)所示

七、捕捉自

"捕捉自"工具并不是对象捕捉模式，但它经常与"对象捕捉"功能一起使用，在使用相对坐标指定下一个点时，"捕捉自"工具可以提示用户输入基点（通常捕捉一个特征点作为基点），并将该点作为临时参照点，然后输入下一点相对这个临时参照点的带前缀"@"的相对坐标，即不管"动态输入"按钮 ┊┅ 是否激活，都必须在相对坐标前输入前缀"@"。具体用法详见任务实施的第4步（绘制 $\phi8$ 的圆）和第6步（绘制椭圆）。

任务实施

第1步：创建新图形文件，设置图形单位、图形界限和图层

详细步骤见任务2。

第2步：绘制如图3-18所示的六边形

微课

绘制六边形外框

首先将"01"层设置为当前层，然后用"直线"命令绘制，操作过程如下：

命令：**L** ✓

指定第一个点：**0，0** ✓

指定下一点或［放弃(U)］：**@−47，0** ✓　　　　//输入相对直角坐标

指定下一点或［放弃(U)］：**@0，39** ✓　　　　　//输入相对直角坐标

指定下一点或［放弃(U)］：**@76，0** ✓　　　　　//输入相对直角坐标

指定下一点或［闭合(C)/放弃(U)］：**@0，−55** ✓　//输入相对直角坐标

指定下一点或［闭合(C)/放弃(U)］：**@−29，0** ✓　//输入相对直角坐标

指定下一点或［闭合(C)/放弃(U)］：**C** ✓　　　　//闭合图形

第3步：使用"极轴追踪"功能绘制多边形

微课

使用"极轴追踪"功能绘制多边形

首先调出"草图设置"对话框，然后打开"极轴追踪"选项卡，在"增量角"下拉列表中新建附加角−74°，同时勾选"启动极轴追踪"复选框，然后用"直线"命令绘制，如图3-19所示，操作过程如下：

命令：**L** ✓

指定第一个点：**将光标移至图3-19所示的 B 点附近，捕捉 B 点后向右移动光标，出现追踪虚线时输入 8** ✓

指定下一点或［放弃(U)］：**向上移动光标，出现追踪虚线时输入 23** ✓

指定下一点或［放弃(U)］：**向右移动光标，出现追踪虚线时输入 6** ✓

指定下一点或［闭合(C)/放弃(U)］：**向下移动光标，出现追踪虚线时输入 10** ✓

指定下一点或［闭合(C)/放弃(U)］：**向右移动光标，出现追踪虚线时输入 5** ✓

指定下一点或［闭合(C)/放弃(U)］：**向上移动光标，出现追踪虚线时输入 10** ✓

指定下一点或［闭合(C)/放弃(U)］：**向右移动光标，出现追踪虚线时输入 3** ✓

指定下一点或［闭合(C)/放弃(U)］：**捕捉沿−74°的追踪线与 BC 的交点 E 并单击**

绘图结果如图3-20所示。用类似的方法绘制另一个相同图形，绘制结果如图3-21所示。

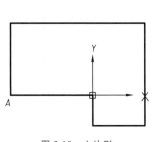

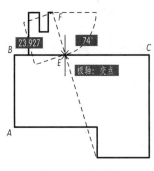

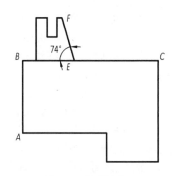

图 3-18　六边形　　　　　　　图 3-19　极轴追踪　　　　　　图 3-20　绘制结果 1

第 4 步:绘制 ϕ8 的圆

首先启动"圆"命令,按下 Shift 键的同时右击,从弹出的快捷菜单中单击【自】命令,捕捉图 3-21 所示 B 点为参照点,输入@12,－11✓,指定圆心,再输入半径 4✓,绘制出六边形内左上角 ϕ8 的圆。用同样方法绘制另两个 ϕ8 的圆。

绘制 ϕ8 的圆　　　　　　　　绘制多边形　　　　　　　　　绘制椭圆

其次用"直线"命令绘制 3 个 ϕ8 圆的中心线,之后将中心线的图层调整为"05"层,结果如图 3-22 所示。

第 5 步:绘制多边形

执行"多边形"和"直线"命令,绘制四边形、正六边形和中心线,并将中心线的图层调整为"05"层,结果如图 3-23 所示。

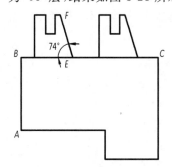

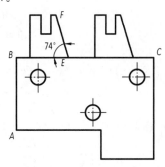

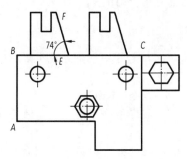

图 3-21　绘制结果 2　　　　　图 3-22　绘制 ϕ8 的圆　　　　　图 3-23　绘制多边形

第 6 步:绘制椭圆

首先用"捕捉自"工具与"椭圆"命令绘制椭圆,操作过程如下:

命令:【默认】→【绘图】→【⊙】　　　　　　　//根据椭圆的中心和半轴长度绘制
　　　　　　　　　　　　　　　　　　　　　　　椭圆

指定椭圆的轴端点或〖圆弧(A)/中心点(C)〗:_c //系统提示

指定椭圆的中心点:**按下** Shift **键的同时右击,从弹出的快捷菜单中单击【自】命令**
　　　　　　　　　　　　　　　　　　　　　//利用"捕捉自"工具确定椭圆中心点

指定椭圆的中心点:_from 基点:**捕捉并单击 D 点**　//捕捉图 3-24 中 D 点为"捕捉自"参
　　　　　　　　　　　　　　　　　　　　　　　　照点

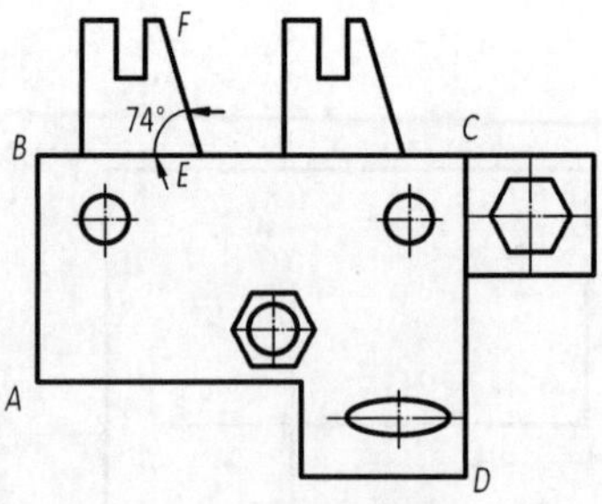

指定椭圆的中心点:_from 基点:<偏移>:@−12,10 ✔
　　　　　　//输入相对坐标确定椭圆中心点

指定轴的端点:**移动光标,当出现水平追踪虚线时输入
9** ✔　　　　　　//确定水平轴的半轴长度

指定另一条半轴长度或[旋转(R)]:**3** ✔
　　　　　　//指定竖直轴的半轴长度

　　其次将"05"层设置为当前层,用"直线"命令绘制中心
线,完成椭圆的绘制,结果如图 3-24 所示。

　　第 7 步:绘制矩形和倒角矩形

　　将"01"层设置为当前层,用"捕捉自"工具与"矩形"命令绘制矩形和倒角
矩形,操作过程如下:

命令:【默认】→【绘图】→【▭】　　　　　//执行"矩形"命令

当前矩形模式:倒角=9.000×23.457

指定第一个角点或[倒角(C)/标高(E)/圆角(F)/厚度(T)/宽度(W)]:
C ✔**或单击"倒角(C)"选项**　　　　　//选择"倒角"选项

指定矩形的第一个倒角距离<9.000>:**0** ✔　//输入第一个倒角距离

指定矩形的第二个倒角距离<23.457>:**0** ✔　//输入第二个倒角距离

指定第一个角点或[倒角(C)/标高(E)/圆角(F)/厚度(T)/宽度(W)]:**按下 Shift 键的
同时右击,从弹出的快捷菜单中单击【自】命令**　　//利用"捕捉自"工具确定矩形的第一
　　　　　　个角点

指定第一个角点或[倒角(C)/标高(E)/圆角(F)/厚度(T)/宽度(W)]:_from 基点:**捕
捉并单击 A 点**　　　　　//捕捉图 3-25 所示 A 点为"捕捉自"参
　　　　　　照点

指定第一个角点或[倒角(C)/标高(E)/圆角(F)/厚度(T)/宽度(W)]:_from 基点:<
偏移>:**@10,5** ✔　　　　　//输入相对参照点的坐标,确定矩形左
　　　　　　下角点

指定另一个角点或[面积(A)/尺寸(D)/旋转(R)]:**@15,5** ✔
　　　　　　//输入矩形右上角点的坐标

命令:**REC** ✔　　　　　//执行"矩形"命令

指定第一个角点或[倒角(C)/标高(E)/圆角(F)/厚度(T)/宽度(W)]:**C** ✔
　　　　　　//选择"倒角"选项

指定矩形的第一个倒角距离<0.000>:**1** ✔　//输入第一个倒角距离

指定矩形的第二个倒角距离<0.000>:**1** ✔　//输入第二个倒角距离

指定第一个角点或[倒角(C)/标高(E)/圆角(F)/厚度(T)/宽度(W)]:**按下 Shift 键的
同时右击,从弹出的快捷菜单中单击【自】命令**　　//利用"捕捉自"工具确定矩形的第一
　　　　　　个角点

指定第一个角点或[倒角(C)/标高(E)/圆角(F)/厚度(T)/宽度(W)]:_from 基点:**捕
捉并单击 A 点**　　　　　//捕捉图 3-25 所示 A 点为"捕捉自"参
　　　　　　照点

指定第一个角点或[倒角(C)/标高(E)/圆角(F)/厚度(T)/宽度(W)]:_from 基点:<
偏移>:**@30,25** ✔　　　　　//输入相对参照点的坐标,确定倒角矩
　　　　　　形左下角点

图 3-24　绘制椭圆

微课

绘制矩形和
倒角矩形

指定另一个角点或［面积（A）/尺寸（D）/旋转（R）］：@11,6↙

//输入倒角矩形右上角点的坐标

完成矩形的绘制，结果如图 3-25 所示。

第 8 步：绘制图 3-1 所示 φ20 圆和多边形内无尺寸的三个圆

用"相切、相切、半径"方式的"圆"命令绘制 φ20 圆；用"相切、相切、相切"方式的"圆"命令分别绘制大、中、小三个圆，如图 3-26 所示。

第 9 步：用"直线"命令、"三点"方式的"圆弧"命令与快捷菜单中"两点之间的中点"命令画出图 3-1 所示最左侧的图形。

绘制其他圆

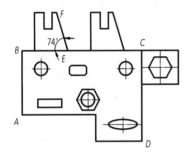

图 3-25 绘制矩形和倒角矩形

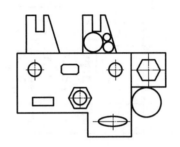

图 3-26 绘制圆

绘制圆弧

第 10 步：保存图形文件。

任务检测与技能训练

1.利用圆、多边形、直线命令等绘制如图 3-27 所示各图形。要求：图形正确，线型符合国家标准规定。

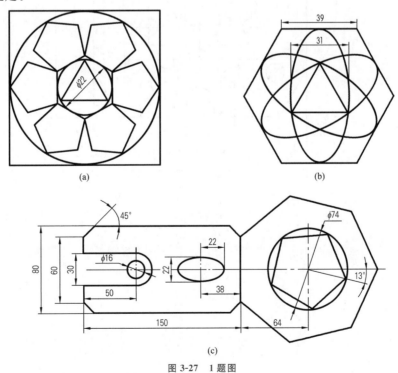

(a)   (b)

(c)

图 3-27 1 题图

2.选择合适的图幅用 1︰1 的比例绘制如图 3-28 和图 3-29 所示图形。要求：图形正确，线型符合国家标准规定，不标注相关尺寸。

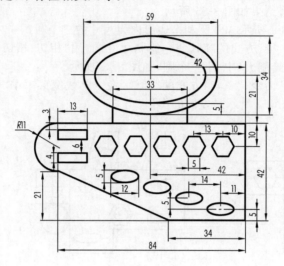

图 3-28　2 题(1)图

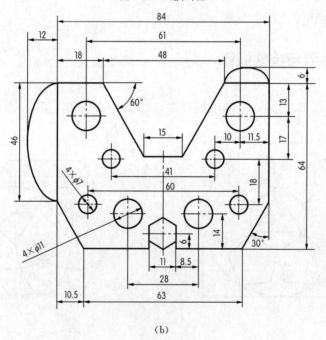

(b)

图 3-29　2 题(2)图

任务 4

均匀及对称图形的绘制

根据图形尺寸选择适当图幅以及绘图比例绘制图 4-1 所示图形。要求：图形正确，线型符合国家标准规定，不标注尺寸。

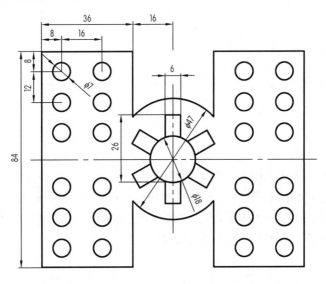

图 4-1　均匀及对称图形

任务目标

学生通过绘制如图 4-1 所示的均匀及对称图形，掌握偏移、阵列、镜像、修剪、复制、夹点编辑等编辑命令的使用与均匀及对称图形的绘制方法和步骤；能正确应用 AutoCAD 2021 的相关绘图命令、编辑命令和绘图辅助工具绘制如图 4-1 所示均匀及对称图形，及时完成任务检测与技能训练，达到正确率 90% 以上，按时完成率 90% 以上；培养高效工作的职业素养。

素养提升

知识储备

一、选择对象

在对图形进行编辑之前,一般首先需要选择这些图形对象,然后才能对其进行编辑操作。选择图形对象的方法在任务 1 中介绍了最常用的三种,下面再介绍几种。

1. 矩形窗口方式

该拾取方式会选中位于矩形拾取窗口内的所有对象。在"选择对象:"提示下输入 W 后按 Enter 键,AutoCAD 会依次提示用户确定矩形拾取窗口的两个对角点,位于由这两个对角点确定的矩形窗口之内的所有对象将被选中。

这种方式与任务 1 中介绍的窗口、窗交方式的区别在于:在"指定第一个角点:"提示下确定矩形窗口的第一个角点位置时,无论拾取框是否压住对象,AutoCAD 均将拾取点看成拾取窗口的第一个角点,而不会选中所压对象。另外,在该选择方式中,无论是从左向右还是从右向左定义窗口,被选中的对象均为位于窗口内的对象。

2. 栏选方式

使用这种选择方式很容易选中复杂图形中的对象,选择栏看起来像一条多段线,只要选择栏经过的对象都将被选取。当命令行提示"选择对象:"时,按如下步骤操作:

选择对象:**F** ↙   //输入 F 后回车

指定第一个栏选点: //单击拾取第一点

指定下一个栏选点或［放弃(U)］:   //单击拾取第二点

……

指定下一个栏选点或［放弃(U)］:**找到 7 个**   //总共选择了 7 个对象

这种选择方法可以拾取多个点,通过各点构造一条折线,与折线相交的对象将被选中,直至回车结束拾取。如图 4-2 所示,若要选取图形中的圆,可以利用该工具在适当的地方单击确定选择栏的转折点,利用折线准确地选取圆形。

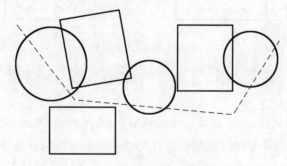

图 4-2   使用"栏选方式"选择对象

3. 全选方式

在"选择对象:"提示下输入 ALL 后按 Enter 键或组合键"Ctrl＋A",即可选取不在已经锁定或已经冻结、关闭图层上的所有对象。

4.上一个方式

在"选择对象:"提示下输入 P 后按 Enter 键,AutoCAD 会选中在当前操作之前进行的操作中在"选择对象:"提示下所选择的对象。

5.最后一个方式

在"选择对象:"提示下输入 L 后按 Enter 键,AutoCAD 将选中最后创建的对象。

6.不规则区域方式

在"选择对象:"提示下,单击预选对象右侧并从右向左拖动光标,在拖出的区域内或与区域相交的对象均被选中;若从左向右拖动光标,则只有位于区域内的对象被选中。

7.快速选择

在 AutoCAD 中,当需要选择具有某些共同特性的对象时,可利用"快速选择"对话框,根据对象的图层、线型、颜色、图案填充等特性和类型,创建选择集。选择【工具】→【快速选择】命令,可打开如图 4-3 所示的"快速选择"对话框,从中选择具有某些共同特性的对象。

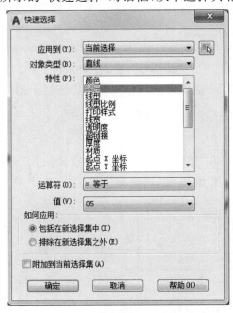

图 4-3　"快速选择"对话框

8.结束选择方式

在"选择对象:"提示下,直接按 Enter 键或 空格 键或右击响应,将结束对象选择操作,进入指定的编辑操作。

9.取消选择方式

在"选择对象:"提示下,输入 Undo(或 U)后按 Enter 键,将取消最后一次进行的对象选择操作。

二、选择循环

"选择循环"可选择重叠的对象,并且可以配置"选择循环"列表框的显示设置。为实现重叠对象的选择功能,必须将"选择循环"功能打开。利用"草图设置"对话框中的"选择循环"选项卡可进行"选择循环"列表框显示方面的设置,如图4-4所示。

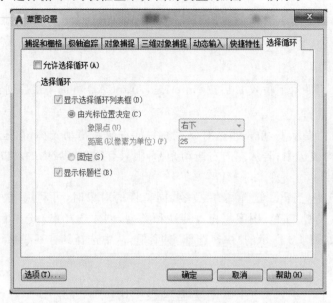

图4-4 "草图设置"对话框

　　打开或关闭"选择循环"功能的方法是首先单击状态栏上的"自定义"按钮 ☰ ,在弹出的菜单中单击【选择循环】选项,使其处于勾选状态,然后单击状态栏上的"选择循环"按钮 ⬚ ,或按组合键"$\boxed{\text{Ctrl}}$+W"。

　　重叠对象的选取方法是在"选择对象:"提示下,首先启用"选择循环"功能,在重叠对象上看到双矩形图标时单击,系统弹出"选择集"列表框,从中单击所需对象即可,如图4-5所示。

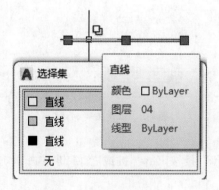

图4-5 "选择集"列表框

三、复制对象

　　利用"复制"命令可以将一个或多个图形对象复制到指定位置,与一般软件中的复制不同的是,它可以将所选的图形对象进行多次复制。执行"复制"命令的方式如下:

　　(1)功能区面板:〖默认〗→〖修改〗→〖ᵒᵍ 复制 〗。

　　(2)键盘输入:COPY↙或CO↙。

（3）菜单栏：【修改】→【复制】。

（4）工具栏：〖修改〗→〖⅍〗。

执行该命令时，首先需要选择对象，然后指定位移的基点和位移矢量（相对于基点的方向和大小）或指定位移的方式复制对象。使用"复制"命令可以同时创建多个副本，在"指定第二个点或［阵列（A）］＜使用第一个点作为位移＞："和"指定第二个点或［阵列（A）／退出（E）／放弃（U）］＜退出＞："提示下：通过连续指定位移的第二点来创建该对象的其他副本，直到按 Enter 键或 空格 键结束。

【例 4-1】　利用"复制"命令将图 4-6 中 φ8 圆用指定位移的基点和位移矢量的方式复制到 A、B 两点；利用指定位移的方式复制到 C 点。

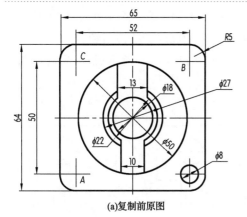
(a)复制前原图

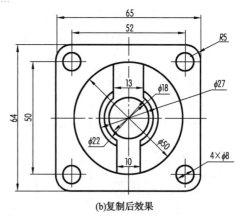
(b)复制后效果

图 4-6　复制圆

命令：〖默认〗→〖修改〗→〖⅍ 复制 〗　　　　　　//启动"复制"命令

选择对象：**选择 φ8 的圆**　　　　　　　　　　//选择 φ8 圆

选择对象：**✓**　　　　　　　　　　　　　　//回车，结束对象选择

指定基点或［位移（D）／模式（O）］＜位移＞：**捕捉 φ8 圆的圆心并单击**

　　　　　　　　　　　　　　　　　　//指定位移基点

指定第二个点或［阵列（A）］＜使用第一个点作为位移＞：**捕捉交点 A 并单击**

　　　　　　　　　　　　　　　　　　//指定位移的第二个点

指定第二个点或［阵列（A）／退出（E）／放弃（U）］＜退出＞：**捕捉交点 B 并单击**

　　　　　　　　　　　　　　　　　　//指定位移的第二个点

指定第二个点或［阵列（A）／退出（E）／放弃（U）］＜退出＞：**✓**

　　　　　　　　　　　　　　　　　　//回车结束命令

命令：**CO ✓**　　　　　　　　　　　　　//启动"复制"命令

选择对象：**选择 φ8 的圆**　　　　　　　　　//选择 φ8 圆

选择对象：**✓**　　　　　　　　　　　　　//回车结束对象选择

指定基点或［位移（D）／模式（O）］＜位移＞：**D ✓**　　//选择位移复制方式

指定位移 ＜0.0000，0.0000，0.0000＞：**−52，50 ✓**　//输入复制的距离

四、镜像对象

"镜象"命令以选定的镜像线为对称轴,生成与编辑对象完全对称的镜像实体,原来的编辑对象可以删除,也可以保留。执行"镜像"命令的方式如下:

(1)功能区面板:〖默认〗→〖修改〗→〖 ⚠ 镜像 〗。

(2)键盘输入:MIRROR↙或 MI↙。

(3)菜单栏:【修改】→【镜像】。

(4)工具栏:〖修改〗→〖⚠〗。

执行该命令时,需要选择要镜像的对象,然后依次指定镜像线上的两个端点,命令行将显示"删除源对象吗?〔是(Y)/否(N)〕<N>:"提示信息。如果直接按 Enter 键,则镜像复制对象,并保留源对象;如果输入 Y↙,则在镜像复制对象的同时删除源对象。

【例 4-2】 利用"镜像"命令以直线 AB 为镜像轴,复制图 4-7(a)所示图形,完成效果如图 4-7(b)、图 4-7(c)所示。

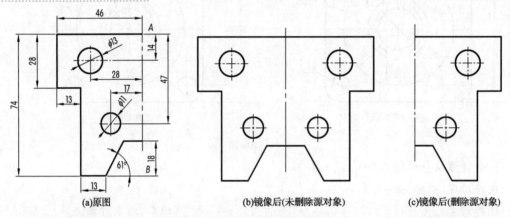

(a)原图   (b)镜像后(未删除源对象)   (c)镜像后(删除源对象)

图 4-7 执行镜像命令

操作步骤如下:

命令:〖默认〗→〖修改〗→〖 ⚠ 镜像 〗   //启动"镜像"命令

选择对象:用窗口方式选择图 4-7(a)中心线左侧图形   //选择镜像对象

选择对象:↙   //回车结束对象选择

指定镜像线的第一点:捕捉 A 点并单击   //指定镜像线的第一点

指定镜像线的第二点:捕捉 B 点并单击   //指定镜像线的第二点

要删除源对象吗?〔是(Y)/否(N)〕<N>:↙   //选择"否"选项,保留源对象

结果如图 4-7(b)所示。

命令:mirror↙   //启动"镜像"命令

选择对象:用窗口方式选择图 4-7(a)中心线左侧图形   //选择镜像对象

选择对象:↙   //回车结束对象选择

指定镜像线的第一点:捕捉 A 点并单击   //指定镜像线的第一点

指定镜像线的第二点:捕捉 B 点并单击   //指定镜像线的第二点

要删除源对象吗?〔是(Y)/否(N)〕<N>:Y↙   //选择"是"选项,删除源对象

结果如图 4-7(c)所示。

温馨提示:在 AutoCAD 中,使用系统变量 MIRRTEXT 可以控制文字对象的镜像方向。如果 MIRRTEXT 的值为 0,则文字对象方向不镜像,如图 4-8(a)所示;如果 MIRRTEXT 的值为 1,则文字对象完全镜像,镜像出来的文字变得不可读,如图 4-8(b) 所示。

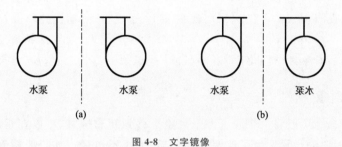

图 4-8　文字镜像

五、偏移对象

在 AutoCAD 中,可以使用"偏移"命令对指定的直线、圆弧、圆等对象进行偏移复制。在实际应用中,常利用"偏移"命令的特性创建同心圆、平行线或等距离分布图形。执行"偏移"命令的方式如下:

(1)功能区面板:〖默认〗→〖修改〗→〖⟅〗。

(2)键盘输入:OFFSET✓或 O✓。

(3)菜单栏:【修改】→【偏移】。

(4)工具栏:〖修改〗→〖⟅〗。

默认情况下,执行"偏移"命令后,首先指定偏移距离,再选择要偏移复制的对象,然后指定偏移方向,就可以完成对象的偏移复制。也可以根据 AutoCAD 提示中的"[通过(T)]"选项完成对象的偏移复制,如图 4-9 所示,如果要绘制过 C 点且平行于 AB 的直线,由于两直线之间的距离在图样中没有明确给出,所以通过这种方式选取 AB 直线为偏移对象,选取 C 点为通过点,能高效快捷地完成图示平行线的绘制。

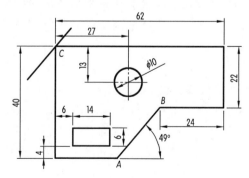

图 4-9　偏移直线到指定位置

具体步骤如下：

命令：〖默认〗→〖修改〗→〖⊆〗　　　　　　　　　　　//执行"偏移"命令

指定偏移距离或[通过(T)/删除(E)/图层(L)]＜通过＞:✓

　　　　　　　　　　　　　　　　　　　　　　　　//选择"通过"选项

选择要偏移的对象或[退出(E)/放弃(U)]＜退出＞:**单击直线AB**

　　　　　　　　　　　　　　　　　　　　　　　　//选择要偏移的对象

指定通过点或[退出(E)/多个(M)/放弃(U)]＜退出＞:**捕捉并单击C点**

　　　　　　　　　　　　　　　　　　　　　　　　//选择通过点

选择要偏移的对象或[退出(E)/放弃(U)]＜退出＞:✓　　//回车结束命令

▌六、移动对象 ▌

使用"移动"命令可以将一个或者多个对象平移到新的位置，可以在指定方向上按指定距离移动对象，对象的位置发生了改变，但方向和大小不改变。如果要精确地移动对象，需配合使用捕捉、坐标、夹点和对象捕捉模式。执行"移动"命令的方式如下：

(1)功能区面板：〖默认〗→〖修改〗→〖✛ 移动〗。

(2)键盘输入：MOVE✓或M✓。

(3)菜单栏：【修改】→【移动】。

(4)工具栏：〖修改〗→〖✛〗。

执行MOVE命令，AutoCAD提示：

选择对象：　　　　　//选择要移动位置的对象

选择对象：✓　　　　// 回车结束对象选择，也可以继续选择对象

指定基点或 [位移(D)]＜位移＞：

在该提示下有两种操作方式，分别介绍如下：

(1)指定基点

用鼠标单击或坐标输入的方法确定移动基点后，AutoCAD提示：

指定第二个点或 ＜使用第一个点作为位移＞：

在此提示下直接按Enter键或空格键，将第一点的各坐标分量(也可以看成位移量)作为移动位移量移动对象；如果用鼠标单击的方式指定一点或者输入相对于基点的坐标值作为位移的第二点，系统会自动计算这两点之间的位移，并将其作为所选对象移动的位移进行移动。

(2)位移

根据位移量移动对象。执行该选项，AutoCAD提示：

指定位移＜0.0000，0.0000，0.0000＞：

如果在此提示下输入目标位置相对于所选对象中心的坐标值(直角坐标或极坐标)，AutoCAD将所选对象按与各坐标值对应的坐标分量作为移动位移量移动对象。

另外，还可以使用夹点进行移动。当对所操作的对象选取基点后，按空格键以切换到"移动"模式，AutoCAD提示：

指定移动点或[基点(B)/复制(C)/放弃(U)/退出(X)]：

这时用鼠标单击的方式指定一点或者输入相对于基点的坐标值作为位移的第二点,系统会自动计算这两点之间的位移,并将其作为所选对象移动的位移进行移动。

【例4-3】 把图4-9中的圆和矩形移动到如图4-10所示位置。

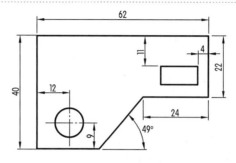

图4-10 对象的移动

①用"指定基点"的方式移动对象,操作步骤如下:

命令:〖默认〗→〖修改〗→〖✛ 移动 〗   //启动"移动"命令

选择对象:**单击圆与中心线**   //选择移动对象

选择对象:✓   //回车结束对象选择

指定基点或 [位移(D)] <位移>:**捕捉并单击圆心**   // 指定基点

指定第二个点或 <使用第一个点作为位移>:**@ −15,−18** ✓

                                                   //输入相对于基点的坐标值作为
                                                      位移的第二点移动对象

②用"位移"的方式移动对象,操作步骤如下:

命令:**m** ✓   //启动"移动"命令

选择对象:**选择矩形**   //选择移动对象

选择对象:✓   //回车结束对象选择

指定基点或 [位移(D)] <位移>:✓   //选择位移方式

指定位移 <0.0000,0.0000,0.0000>:**38,19** ✓   //输入相对于原位置的坐标值作
                                                      为位移移动对象

七、修剪对象

"修剪"命令是指将选定的对象在指定边界一侧的部分剪切掉,即对选定的对象沿事先确定的边界进行裁剪,实现部分擦除。执行"修剪"命令的方式如下:

(1)功能区面板:〖默认〗→〖修改〗→〖✂ 修剪 〗。

(2)键盘输入:TRIM ✓或 TR ✓。

(3)菜单栏:【修改】→【修剪】。

(4)工具栏:〖修改〗→〖✂〗。

"修剪"命令的操作方法是执行命令后,首先选择剪切边界,一般按 Enter 键或 空格 键,将全部图形作为剪切边界,然后选择要修剪的对象,即可完成被剪切对象上位于拾取点一侧的部分被擦除。

执行"修剪"命令,系统提示:

当前设置:投影＝UCS,边＝无,模式＝标准　　　//显示当前修剪信息

选择剪切边...　　　　　　　　　　　　　　//选择作为剪切边界的对象

选择对象或［模式(O)］＜全部选择＞:✓　　　//选择全部图形作为剪切边界

选择要修剪的对象,或按住 Shift 键选择要延伸的对象或［剪切边(T)/栏选(F)/窗交(C)/模式(O)/投影(P)/边(E)/删除(R)/放弃(U)］:　//选择剪切对象

有关选项的说明:

● 按住 Shift 键选择要延伸的对象:系统将"修剪"命令转换成"延伸"命令。"延伸"命令详见任务 5。

● 剪切边(T):重新选择作为剪切边界的对象。

● 栏选(F):以栏选方式选择要修剪的对象。

● 窗交(C):以窗交方式选择要修剪的对象。

● 模式(O):提示用户选择修剪模式选项,包括"快速(Q)"和"标准(S)"。它们的区别是"快速(Q)"比"标准(S)"少了"栏选(F)"、"边(E)"和"放弃(U)"三个选项。

● 投影(P):用以指定修剪对象时使用的投影方式。

● 边(E):提示用户选择对象的修剪方式,即"延伸(E)"或"不延伸(N)"。在不延伸方式下,剪切边界与被修剪的对象必须相交,才能修剪,如图 4-11 所示,以矩形为边界,修剪圆 A、圆 B。在延伸方式下,剪切边界与被修剪的对象实际不相交,但是剪切边界的延长线与被修剪的对象有交点,系统会延伸剪切边与对象相交,然后将隐含的交点之间的对象修剪,如图 4-12 所示,以两条直线为剪切边界,修剪圆上隐含交点之间的部分。

● 删除(R):提示用户选择删除对象。

● 放弃(U):放弃最后一次修剪操作。

温馨提示:可以修剪的对象包括直线、射线、圆弧、椭圆弧、二维或三维多段线、构造线及样条曲线等。有效的剪切边界包括直线、射线、圆弧、椭圆弧、二维或三维多段线、构造线和填充区域等。选择剪切边界和修剪对象时,均可以使用栏选和窗交方式一次性选择多个对象,剪切边界也可以同时作为被剪切边,使对象作为剪切边界,也可以被修剪。

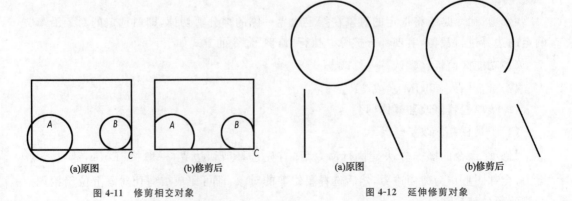

| (a)原图 | (b)修剪后 | (a)原图 | (b)修剪后 |

图 4-11　修剪相交对象　　　　　　　　图 4-12　延伸修剪对象

八、阵列对象

AutoCAD 2021 提供了环形阵列、矩形阵列和路径阵列三种阵列方式。

1. 矩形阵列对象

矩形阵列可以将选择的对象按多行和多列进行复制,并能控制行和列的数目以及行间距、列间距。

(1)创建矩形阵列

执行"矩形阵列"命令的方式如下:

①功能区面板:〖默认〗→〖修改〗→〖 품 阵列 〗。

②键盘输入:ARRAYRECT ↙。

③菜单栏:【修改】→【阵列】→【矩形阵列】。

④工具栏:〖修改〗→〖 品 〗

执行"矩形阵列"命令后,命令行提示:"选择对象:",选择要矩形阵列的对象并按 Enter 键或 空格 键,将显示 3 行 4 列的预览矩形阵列,预览阵列中显示夹点,各夹点的功能如图 4-13 所示,这时可有三种方法对预览阵列进行编辑:一是根据命令行的提示:"选择夹点以编辑阵列或〔关联(AS)/基点(B)/计数(COU)/间距(S)/列数(COL)/行数(R)/层数(L)/退出(X)〕＜退出＞:",分别选择"列数(COL)""行数(R)"" 间距(S)"等选项并输入对应的值,从而对预览阵列进行编辑。二是拖动夹点,以调整间距以及行数和列数等,从而对预览阵列进行编辑。当然,某些夹点具有多个操作,当夹点处于选定状态(变为红色)时,可以按 Ctrl 键来循环浏览这些选项,命令行显示当前操作。三是显示预览阵列的同时,在功能区自动显示矩形"阵列创建"选项卡及其面板,如图 4-14 所示,从中修改行数、列数和间距(间距在"介于"文本框中修改)等,按 Enter 键完成对预览阵列的编辑。

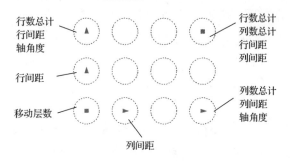

图 4-13　默认的预览矩形阵列及夹点含义

默认	插入	注释	参数化	视图	管理	输出	附加模块	协作	精选应用	阵列创建	▲

	列数:	4	行数:	3	级别:	1		
矩形	介于:	90	介于:	90	介于:	1	关联	基点
	总计:	270	总计:	180	总计:	1		
类型	列		行 ▾		层级		特性	关闭

图 4-14　矩形"阵列创建"选项卡及其面板

有关选项的功能如下:

● 关联(AS):指定阵列后得到的对象(包括源对象)是关联的还是独立的。如果选择该选项,阵列后得到的对象(包括源对象)是一个整体,否则阵列后各图形对象为独立的对象。

- 基点(B):重新定义阵列的基点。
- 计数(COU):指定阵列的行数和列数。
- 间距(S):设置阵列的列间距和行间距。
- 列数(COL):分别设置阵列的列数、列间距。
- 行数(R):分别设置阵列的行数、行间距。
- 层数(L):分别设置阵列的层数(三维阵列)、层间距。
- 轴角度:水平方向的三角形夹点上的轴角度是指与 Y 轴的夹角;竖直方向的三角形夹点上的轴角度是指与 X 轴的夹角。

(2)编辑矩形阵列

编辑矩形阵列的方法有三种:一是在选定的"矩形阵列"上使用夹点来更改阵列配置,各夹点的功能如图 4-13 所示;二是双击"矩形阵列"的对象后,在弹出的"快捷特性"选项板中修改间距以及行数和列数等;三是选择"矩形阵列"的对象后,在功能区自动显示如图 4-15 所示的矩形"阵列"选项卡及其面板,该选项卡下设的面板提供了完整范围的设置,用于调整行数、列数、间距和阵列层级等,不过要注意间距的正负。

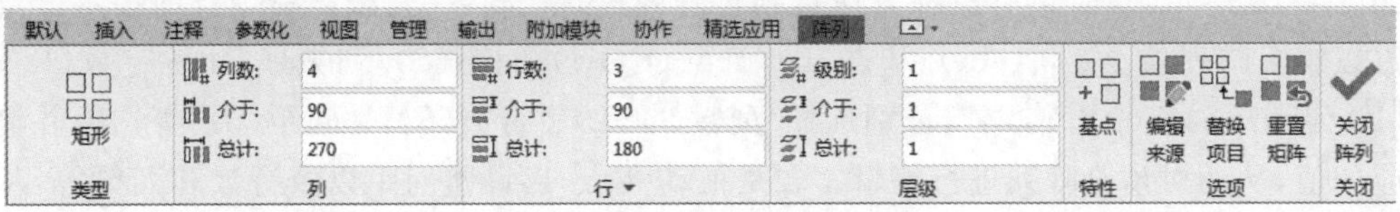

默认	插入	注释	参数化	视图	管理	输出	附加模块	协作	精选应用	阵列		
		列数:	4		行数:	3		级别:	1			
矩形		介于:	90		介于:	90		介于:	1	基点	编辑 替换 重置	关闭
		总计:	270		总计:	180		总计:	1		来源 项目 矩阵	阵列
类型		列			行			层级		特性	选项	关闭

图 4-15　矩形"阵列"选项卡及其面板

2.环形阵列对象

环形阵列能围绕指定的中心点将选定的对象做圆形或者扇形的排列,从而完成对象的复制。

(1)创建环形阵列

执行"环形阵列"命令的方式如下:

①功能区面板:〖默认〗→〖修改〗→〖"阵列"下拉按钮 · 〗→〖 环形阵列 〗。

②键盘输入:ARRAYPOLAR↙。

③菜单栏:【修改】→【阵列】→【环形阵列】。

④工具栏:〖 〗。

执行"环形阵列"命令后,命令行提示:"选择对象:",选择了阵列对象后,命令行提示:"指定阵列的中心点或 [基点(B)/旋转轴(A)]:",确定了阵列中心点后,绘图区显示围绕圆心排列的 6 个对象的预览环形阵列,这时可有三种方法对预览阵列进行编辑:一是根据命令行提示:"选择夹点以编辑阵列或 [关联(AS)/基点(B)/项目(I)/项目间角度(A)/填充角度(F)/行(ROW)/层(L)/旋转项目(ROT)/退出(X)] <退出>:",输入 I↙,然后输入要排列的对象的数量↙,再输入 A↙,并输入要填充的角度↙,从而对预览阵列进行编辑;二是拖动三角形夹点来调整填充角度和项目数等,从而对预览阵列进行编辑;三是显示预览阵列的同时,在功能区自动显示环形"阵列创建"选项卡及其面板,如图 4-16 所示,从中修改项目数、项目之间的角度(在"介于"文本框中修改)、填充角度等,按 Enter 键完成对预览阵列的编辑。

有关选项的功能如下：

● 关联（AS）：指定阵列后得到的对象（包括源对象）是关联的还是独立的。如果选择该选项，阵列后得到的对象（包括源对象）是一个整体，否则阵列后各图形对象为独立的对象。

● 基点（B）：重新定义阵列的基点。

● 项目（I）：使用值或表达式指定阵列中的项目数。

● 项目间角度（A）：使用值或表达式指定项目之间的角度。

● 填充角度（F）：使用值或表达式指定阵列中第一个和最后一个项目之间的角度。

● 行（ROW）：分别设置阵列的行数、行数之间的距离、行数之间的标高增量等。

● 层（L）：三维阵列时设置阵列的层数。

● 旋转项目（ROT）：控制在排列项目时是否旋转项目。

● 旋转轴（A）：三维阵列时设置阵列的旋转轴。

图 4-16　环形"阵列创建"选项卡及其面板

（2）编辑环形阵列

编辑环形阵列的方法有三种：一是选择环形阵列对象后，在功能区自动显示如图 4-17 所示的环形"阵列"选项卡及其面板，在该选项卡下设的面板中可以设置项目数、项目之间的角度、填充角度等。二是在选定的环形阵列上使用夹点来更改阵列配置。例如，拖动或单击三角形夹点，可以更改或输入填充角度和项目数；将光标悬停在正方形基准夹点上时，显示的选项菜单可供用户选择，若选择【拉伸半径】，然后进行拖动，可以增大或缩小阵列项目和中心点之间的间距。三是双击已经创建的环形阵列，在弹出的"快捷特性"选项板中修改项目间的角度及填充角度等。

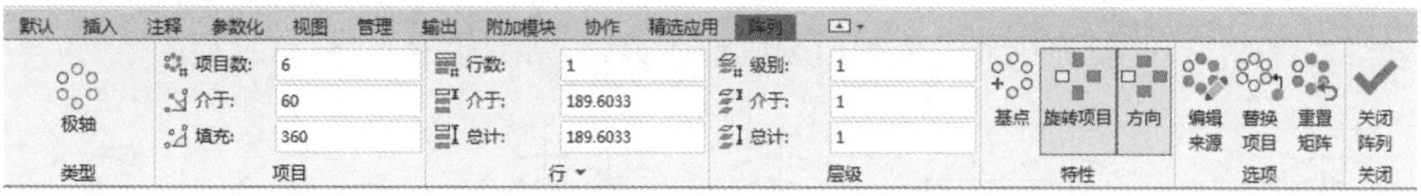

图 4-17　环形"阵列"选项卡及其面板

【例 4-4】　绘制如图 4-18（a）所示的环形阵列。

方法和步骤一：

①绘制图 4-18（b）所示的图形。打开状态栏上的"对象捕捉""对象追踪""正交""动态输入""线宽"等辅助绘图功能，采用"图层""圆""直线""偏移"等命令绘制。

②绘制预览的环形阵列。启动"环形阵列"命令，选择图 4-18（b）所示图形中两个圆之间的多边形，按 Enter 键（也可按 空格 键或单击鼠标右键）结束选择，捕捉图 4-18（b）所示图形中圆的圆心，绘图区显示预览的环形阵列，如图 4-18（c）所示，按 Enter 键即完成具有6个选定对象的环形阵列，如图 4-18（d）所示。

③编辑夹点以调整项目间的角度。首先单击图 4-18（d）中的环形阵列（6 个对象中任意一个），在环形阵列中显示夹点，如图 4-18（e）所示；其次单击图 4-18（f）所示左上角的三角形

夹点并输入 45↙,结果如图 4-18(g)所示。

④编辑夹点以指定项目数。将光标停留在环形阵列右下角的三角形夹点上,显示选项菜单,如图 4-18(h)所示,这时单击选项菜单中的【项目数】并输入 8↙,结果如图 4-18(i)所示,再按 Enter 键完成环形阵列的创建,结果如图 4-18(a)所示。

方法和步骤二:

启动"环形阵列"命令后,命令行提示:"选择对象:",这时选择图 4-18(b)所示图形中两个圆之间的多边形,按 Enter 键或 空格 键结束选择,命令行提示:"指定阵列的中心点或 [基点(B)/旋转轴(A)]:",这时捕捉图 4-18(b)所示图形中圆的圆心,绘图区显示如图 4-18(c)所示的预览环形阵列,并在命令行提示:"选择夹点以编辑阵列或 [关联(AS)/基点(B)/项目(I)/项目间角度(A)/填充角度(F)/行(ROW)/层(L)/旋转项目(ROT)/退出(X)] <退出>:",这时输入 I↙,然后输入 8↙,再输入 A↙,再输入 360↙,之后按 Enter 键完成环形阵列的创建,结果如图 4-18(a)所示。

方法和步骤三:

启动"环形阵列"命令,选择图 4-18(b)所示图形中两个圆之间的多边形,按 Enter 键或 空格 键结束选择,捕捉图 4-18(b)所示图形中圆的圆心,绘图区显示如图 4-18(c)所示预览的环形阵列,同时在功能区自动显示如图 4-16 所示的环形"阵列创建"选项卡及其面板,这时在"项目数"文本框中输入 8↙,再按 Enter 键完成环形阵列的创建,结果如图 4-18(a)所示。

方法和步骤四:

在状态栏的"快捷特性"工具打开的情况下,绘图区显示如图 4-18(c)所示的预览环形阵列的同时,或者双击已经创建的如图 4-18(d)所示的环形阵列,会弹出如图 4-18(j)所示的"快捷特性"选项板,这时在"项目间的角度"文本框中输入"45",在"填充角度"文本框中输入"360",之后按 Enter 键完成环形阵列的创建或者编辑,结果如图 4-18(a)所示。

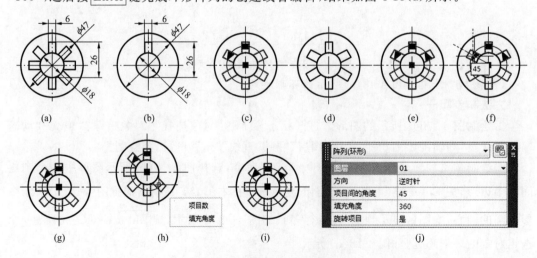

图 4-18　环形阵列的创建与编辑

3. 路径阵列对象

在路径阵列中,项目将均匀地沿路径或部分路径分布。路径可以是直线、多段线、三维多段线、样条曲线、螺旋、圆弧、圆或椭圆。

(1)创建路径阵列

使用路径阵列最简单的方法是先创建它们,然后通过功能区上路径"阵列创建"选项卡或"快捷特性"选项板来进行调整。执行"路径阵列"命令的方式如下:

①功能区面板:〖默认〗→〖修改〗→〖ooo° 路径阵列 〗。

②键盘输入:ARRAYPATH↙。

③菜单栏:【修改】→【阵列】→【路径阵列】。

执行"路径阵列"命令后,命令行提示:"选择对象:",选择了阵列对象后,命令行提示:"选择路径曲线:",选择某个对象(例如直线、多段线、三维多段线、样条曲线、螺旋、圆弧、圆或椭圆)作为阵列的路径后,绘图区显示预览阵列,这时可有三种方法对预览阵列进行编辑:一是根据命令行提示:"选择夹点以编辑阵列或〔关联(AS)/方法(M)/基点(B)/切向(T)/项目(I)/行(R)/层(L)/对齐项目(A)/z方向(Z)/退出(X)〕<退出>:",选择相关选项对预览阵列进行编辑;二是拖动三角形夹点来调整项目间的距离等,从而对预览阵列进行编辑;三是通过自动在功能区显示的路径"阵列创建"选项卡及其面板,如图4-19所示,在其上修改项目之间的距离、行数及级别等,按 Enter 键完成对预览阵列的编辑。

有关选项的功能如下:

● 方法(M):控制如何沿路径分布项目。

● 切向(T):指定相对于路径的阵列中对象的方向。

● 对齐项目(A):指定是否对齐每个项目以与路径的方向相切。

● Z方向(Z):指定是否保持原始的Z方向或沿三维路径自然倾斜项目。

● 定数等分(D):将指定数量的项目沿路径的长度均匀分布。

● 定距等分(M):将指定的项目沿路径的长度按测定间隔分布。

图4-19　路径"阵列创建"选项卡及其面板

(2)编辑路径阵列

选择路径阵列对象后,在功能区自动显示如图4-20所示的路径"阵列"选项卡及其面板,在该选项卡下设的面板中可以调整项目数、项目间的距离、行数、行间距和阵列层级等,也可以使用选定路径阵列中的夹点来更改阵列配置,如图4-21(a)所示,将光标悬停在正方形基准夹点上时,显示选项菜单供用户选择,如图4-21(b)所示,例如选择【行数】,然后进行拖动,可将更多的行添加到阵列中,如图4-21(c)所示;如果拖动三角形夹点,可以更改沿路径进行排列的项目数,如图4-21(d)所示。夹点的类型各不相同,具体取决于阵列分布方法。还可以在"快捷特性"选项板中修改相关的值,按 Enter 键完成路径阵列的编辑。

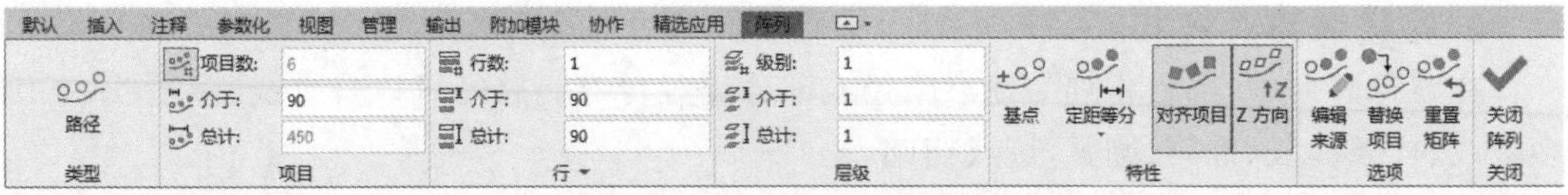

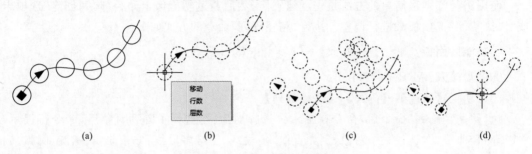

图 4-20　路径"阵列"选项卡及其面板

图 4-21　使用"夹点"更改阵列配置

（a）　　　　　　　（b）　　　　　　　（c）　　　　　　　（d）

九、夹点的编辑操作

任务 1 介绍了夹点的概念与位置，本任务介绍夹点的编辑操作。

系统提供的夹点功能，使用户可以在激活夹点的状态下，无需输入相应的编辑命令，即可运用夹点对图形进行拉伸、移动、旋转、缩放和镜像的编辑操作。

1. 使用夹点拉伸对象

在不执行任何命令的情况下选择对象，显示其夹点，然后单击其中一个夹点作为拉伸的基点（单击其中一个夹点，使之变成红色，这个夹点称为基点），命令行窗口将显示如下提示信息：

** 拉伸 **

指定拉伸点或 ［基点(B)/复制(C)/放弃(U)/退出(X)］：

默认情况下，指定拉伸点（可以通过输入点的坐标或者直接用光标指针拾取点）后，AutoCAD 将把对象拉伸或移动到新的位置。因为对于某些夹点，移动时只能移动对象而不能拉伸对象，如文字、块、直线中点、圆心、椭圆中心点和点对象上的夹点。

选项说明：

（1）指定拉伸点：该选项表示将确定的基点放置新的位置，从而使对象被拉伸或压缩。可直接移动光标拾取一点确定新位置，也可以直接输入新点的坐标值确定新位置。

（2）基点(B)：该选项表示重新选择基点。在拉伸操作中，如果要重新选择基点，需要选择此选项。

（3）复制(C)：该选项表示可以连续对拉伸对象进行编辑，在源对象的基础上产生多个被拉伸的对象。

2. 使用夹点移动对象

移动对象仅仅是位置上的平移，对象的方向和大小并不会改变。要精确地移动对象，可使用坐标和对象捕捉模式。在夹点编辑模式下确定基点后，在命令行提示下输入 MO ↙（或者通过右击基点，在弹出的快捷菜单选择【移动】命令，或者通过按 Enter 键或 空格 键，在循环切换的编辑模式中选择移动模式，下面的其他夹点操作相似，不再赘述）进入移动模式，命令行窗口将显示如下提示信息：

** 移动 **

指定移动点或[基点(B)/复制(C)/放弃(U)/退出(X)]：

通过输入点的坐标或拾取点的方式来确定平移对象的目标点后，即可以基点为平移的起点，以目标点为终点将所选对象平移到新位置。

3.使用夹点旋转对象

在夹点编辑模式下，确定基点后，在命令行提示下输入 RO✓进入旋转模式，命令行窗口将显示如下提示信息：

＊＊旋转＊＊

指定旋转角度或[基点(B)/复制(C)/放弃(U)/参照(R)/退出(X)]：

默认情况下，输入旋转的角度值后或通过拖动方式确定旋转角度后，即可将对象绕基点旋转指定的角度。也可以选择"参照(R)"选项，以参照方式旋转对象，这与"旋转"命令中的"参照(R)"选项功能相同。

4.使用夹点缩放对象

在夹点编辑模式下确定基点后，在命令行提示下输入 SC✓进入缩放模式，命令行窗口将显示如下提示信息：

＊＊比例缩放＊＊

指定比例因子或[基点(B)/复制(C)/放弃(U)/参照(R)/退出(X)]：

默认情况下，当确定了缩放的比例因子后，AutoCAD 将相对于基点进行缩放对象操作。当比例因子大于 1 时放大对象；当比例因子大于 0 而小于 1 时缩小对象。

5.使用夹点镜像对象

在夹点编辑模式下确定基点后，在命令行提示下输入 MI✓进入镜像模式，命令行窗口将显示如下提示信息：

＊＊镜像＊＊

指定第二点或[基点(B)/复制(C)/放弃(U)/退出(X)]：

指定镜像线上的第二点后，AutoCAD 将以基点和此点确定镜像线，对对象进行镜像操作并删除源对象。

【例 4-5】　用夹点编辑方法完成由图 4-22(a)所示图形到图 4-22(d)所示图形及由图 4-22(a)所示图形到图 4-22(e)所示图形的绘制过程。

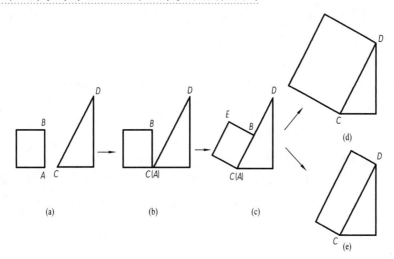

图 4-22　夹点编辑

操作步骤如下：

①绘制图 4-22(a)所示图形。

②利用夹点编辑方法将矩形移向三角形，使图中 A 点移到 C 点。

单击选择矩形，使夹点显示出来；单击 A 处的夹点，使之变成红色；单击鼠标右键，在弹出的快捷菜单中选择【移动】命令；拖动基点，在 C 点处单击；按 Esc 键，取消夹点，完成由图 4-22(a)所示图形到图 4-22(b)所示图形的绘制。

③利用夹点编辑方法将图 4-22(b)中的矩形绕 C 点旋转，使矩形的 AB 边与三角形的 CD 边重合。

单击矩形，使夹点显示出来；选取 C 处的夹点，使之变成红色；单击鼠标右键，在弹出的快捷菜单中选择【旋转】命令，命令行窗口中提示如下信息：

** 旋转 **

指定旋转角度或 [基点(B)/复制(C)/放弃(U)/参照(R)/退出(X)]：**R** ↙

　　　　　　　　　　　　//如果已知旋转角度，可直接输入角度值，此
　　　　　　　　　　　　　例中已知对象上某线的旋转前后的位置，
　　　　　　　　　　　　　故选择此选项

指定参照角 <0>：**捕捉 C 点并单击**　　//指定参照角的角点

指定第二点：**捕捉 B 点并单击**　　　　//通过 C 点和 B 点指定参照角

指定新角度或 [基点(B)/复制(C)/放弃(U)/参照(R)/退出(X)]：**捕捉 D 点并单击**

　　　　　　　　　　　　//通过 C 点和 D 点指定新角度

按 Esc 键取消夹点，完成由图 4-22(b)所示图形到图 4-22(c)所示图形的绘制。

④利用夹点编辑方法将图 4-22(c)中的矩形进行比例缩放，使矩形的 AB 边与三角形 CD 边重合。

单击矩形，使夹点显示出来；选取 C 处的夹点，使之变成红色；在命令行输入 SC ↙，命令行窗口中提示如下信息：

** 比例缩放 **

指定比例因子或 [基点(B)/复制(C)/放弃(U)/参照(R)/退出(X)]：**R** ↙

　　　　　　　　　　　　//如果已知缩放的比例因子，可直接输入其值

指定参照长度 <1.0000>：**捕捉 C 点并单击**

指定第二点：**捕捉 B 点并单击**

指定新长度或 [基点(B)/复制(C)/放弃(U)/参照(R)/退出(X)]：**捕捉 D 点并单击**

按 Esc 键取消夹点，完成由图 4-22(c)所示图形到图 4-22(d)所示图形的绘制。

⑤利用夹点编辑方法将图 4-22(c)中的矩形进行拉伸，矩形的宽度不发生变化，并使矩形的 AB 边与三角形 CD 边重合。

单击矩形,使夹点显示出来;按住Shift键,选取 B 处和 E 处的夹点,使之变成红色;释放Shift键,再单击 B 点;拖动基点,在 D 点处单击;按Esc键取消夹点。完成由图 4-22(c)所示图形到图 4-22(e)所示图形的绘制。

任务实施

第 1 步:创建新图形文件,设置图形单位、图形界限和图层

详细步骤见任务 2。

第 2 步:绘制图 4-1 中间部分的图形

(1)绘制中心线和圆

打开"正交""对象捕捉""对象追踪""线宽"功能,选择图层"05"作为当前层,用"直线"命令绘制中心线,选择图层"01"作为当前层,用"圆"命令绘制同心圆,绘制结果如图 4-23 所示。

绘制中心线和圆

(2)绘制两圆之间的多边形

①执行"偏移"命令绘制辅助线。

命令:**O**↙　　　　　　　　　　　　　　　//启动"偏移"命令

当前设置:删除源＝否 图层＝源 OFFSETGAPTYPE＝0　　//系统提示

指定偏移距离或[通过(T)/删除(E)/图层(L)]＜通过＞:**17**↙//输入偏移距离

选择要偏移的对象,或[退出(E)/放弃(U)]＜退出＞:**单击水平中心线**

指定要偏移的那一侧上的点,或[退出(E)/多个(M)/放弃(U)]＜退出＞:**在水平中心**

线上边空白处单击

选择要偏移的对象,或[退出(E)/放弃(U)]＜退出＞:↙　　//结束"偏移"命令

命令:↙　　　　　　　　　　　　　　　　　//启动"偏移"命令

当前设置:删除源＝否 图层＝源 OFFSETGAPTYPE＝0　　//系统提示

指定偏移距离或[通过(T)/删除(E)/图层(L)]＜17.0000＞:**3**↙

　　　　　　　　　　　　　　　　　　　　//输入偏移距离

选择要偏移的对象,或[退出(E)/放弃(U)]＜退出＞:**单击竖直中心线**

指定要偏移的那一侧上的点,或[退出(E)/多个(M)/放弃(U)]＜退出＞:**在竖直中心**

线左边空白处单击

选择要偏移的对象,或[退出(E)/放弃(U)]＜退出＞:**单击竖直中心线**

指定要偏移的那一侧上的点,或[退出(E)/多个(M)/放弃(U)]＜退出＞:**在竖直中心**

线右边空白处单击

选择要偏移的对象,或[退出(E)/放弃(U)]＜退出＞:↙　　//结束"偏移"命令

②用"直线"命令画出多边形,结果如图 4-24 所示,删除偏移得到的辅助直线。

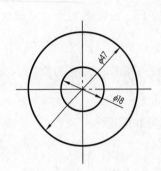

图 4-23　绘制中心线和圆

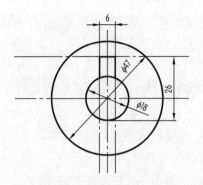

图 4-24　绘制两圆之间的多边形

③用"环形阵列"命令绘制其他多边形。

命令:〖默认〗→〖修改〗→〖ᐧᐧᐧᐧ ·〗　　　　　　　　//启动"环形阵列"命令

选择对象:**在多边形的左上角或左下角的空白位置单击后将光标移到多**
边形的右下角或右上角的空白位置并单击　　//用窗口方式选择两同心

　　　　　　　　　　　　　　　　　　　　　　　圆之间的多边形

选择对象:↙　　　　　　　　　　　　　　　//回车结束选择

指定阵列的中心点或〔基点(B)/旋转轴(A)〕:<打开对象捕捉>捕捉圆心并单击

　　　　　　　　　　　　　　　　　　　　　　//确定环形阵列中心点,绘图区显示预览

　　　　　　　　　　　　　　　　　　　　　　的环形阵列,如图 4-25 所示

选择夹点以编辑阵列或〔关联(AS)/基点(B)/项目(I)/项目间角度(A)/填充角度(F)/
行(ROW)/层(L)/旋转项目(ROT)/退出(X)〕<退出>:↙

　　　　　　　　　　　　　　　　　　　　//回车完成环形阵列创建

结果如图 4-26 所示。

微课
绘制两圆
之间的多边形

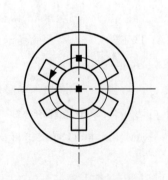

图 4-25　预览环形阵列

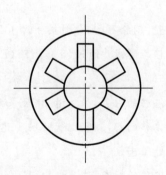

图 4-26　环形阵列

第 3 步:绘制图 4-1 左上角的部分

(1)用"直线"与"圆"命令绘制图 4-27 所示的图形。

(2)用"矩形阵列"命令绘制图 4-28 所示的图形。

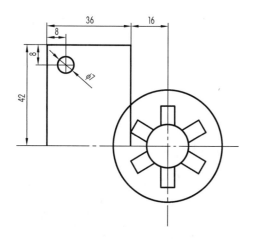

图 4-27　绘制矩形与圆

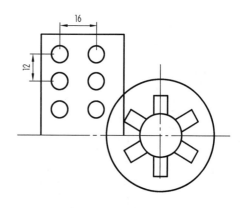

图 4-28　矩形阵列圆

命令：〖默认〗→〖修改〗→〖▦〗　　　//启动"矩形阵列"命令

选择对象：单击 φ7 的圆　　　　　　//选择 φ7 的圆

选择对象：↙　　　　　　　　　　　　//回车结束对象选择

微课

绘制左上角图形

绘图区显示如图 4-29 所示的预览矩形阵列。这时可以直接在弹出的如图 4-14 所示的矩形"阵列创建"选项卡下设的面板中，将"列数"文本框中的数值改为 2，"介于"文本框中的数值改为 16 ，"行数"文本框数值改为 3，"介于"文本框中的数值改为 —12，在绘图区单击鼠标左键，之后关闭"阵列创建"选项卡，结果如图 4-28 所示。也可以根据命令行提示进行操作，具体步骤如下：

选择夹点以编辑阵列或［关联（AS）/基点（B）/计数（COU）/间距（S）/列数（COL）/行数（R）/层数（L）/退出（X）］<退出>：单击左上角的三角形夹点

　　　　　　　　　　　　　　　//设置行数

＊＊行数＊＊　　　　　　　　　//系统提示

指定行数：向下移动光标，使预览矩形阵列显示为 3 行 4 列时单击

　　　　　　　　　　　　　　　//在预览阵列中，移动夹点以调整行数

结果如图 4-29 所示。

选择夹点以编辑阵列或［关联（AS）/基点（B）/计数（COU）/间距（S）/列数（COL）/行数（R）/层数（L）/退出（X）］<退出>：单击右上角的三角形夹点

　　　　　　　　　　　　　　　//设置列数

＊＊列数＊＊　　　　　　　　　//系统提示

指定列数：向左移动光标，使预览矩形阵列显示为图 4-30 所示的 3 行 2 列时单击

　　　　　　　　　　　　　　　//在预览阵列中，移动夹点以调整列数

选择夹点以编辑阵列或［关联（AS）/基点（B）/计数（COU）/间距（S）/列数（COL）/行数（R）/层数（L）/退出（X）］<退出>：单击如图 4-30 所示矩形阵列右上角的三角形夹点

　　　　　　　　　　　　　　　//设置列数、列间距、轴角度

＊＊列数＊＊　　　　　　　　　//系统提示

指定列数:按 Ctrl 键　　　　　　　//按 Ctrl 键可循环浏览列数、列间距和轴角度

＊＊ 列间距 ＊＊　　　　　　　　　//系统提示

指定列之间的距离或[基点(B)]:16↙　//输入列之间的距离

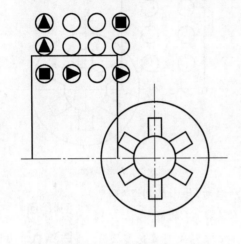

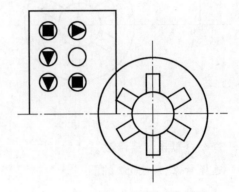

图 4-29　预览矩形阵列　　　　　　　　　　　　图 4-30　设置行数与列数

结果如图 4-31 所示。

选择夹点以编辑阵列或 [关联(AS)/基点(B)/计数(COU)/间距(S)/列数(COL)/行数(R)/层数(L)/退出(X)]＜退出＞:**单击如图 4-31 所示矩形阵列的左列中间的三角形夹点**　　　　　　　　　　　　　　//设置行间距

＊＊ 行间距 ＊＊　　　　　　　　　//系统提示

指定行之间的距离或[基点(B)]:12↙　//输入行之间的距离

结果如图 4-32 所示。

选择夹点以编辑阵列或 [关联(AS)/基点(B)/计数(COU)/间距(S)/列数(COL)/行数(R)/层数(L)/退出(X)]＜退出＞:↙　　//回车完成矩形阵列的创建

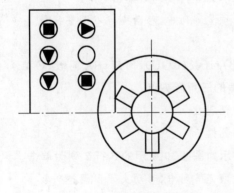

图 4-31　设置列间距　　　　　　　　　　　　　图 4-32　设置行间距

结果如图 4-28 所示。

第4步：镜像

(1)对图4-28的左上部进行上下镜像,操作如下：

命令：**MI**✓　　　　　　　　　　　　　　　//启动"镜像"命令

选择对象：指定对角点：**找到 11 个**　　　//用窗口方式选择

　　　　　　　　　　　　　　　　　　　　　　图4-28的左上部分

选择对象：✓　　　　　　　　　　　　　　//回车结束对象选择

指定镜像线的第一点：**单击水平中心线的左端点**　//指定镜像线的第一点

指定镜像线的第二点：**单击水平中心线的右端点**　//指定镜像线的第二点

要删除源对象吗？〔是(Y)/否(N)〕＜N＞：✓　//选择"否"选项,保留源对象

绘制结果如图4-33所示。

(2)对图4-33的左边部分进行镜像,操作如下：

命令：**mirror**✓　　　　　　　　　　　　　//启动"镜像"命令

选择对象：指定对角点：**找到 24 个**　　　//用窗口方式选择图4-33的左边

　　　　　　　　　　　　　　　　　　　　　　部分

选择对象：✓　　　　　　　　　　　　　　//回车结束对象选择

指定镜像线的第一点：**单击竖直中心线的下端点**　//指定镜像线的第一点

指定镜像线的第二点：**单击竖直中心线的上端点**　//指定镜像线的第二点

要删除源对象吗？〔是(Y)/否(N)〕＜N＞：✓　//选择"否"选项,保留源对象

绘制结果如图4-34所示。

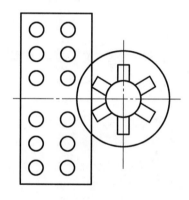

图4-33　上下镜像

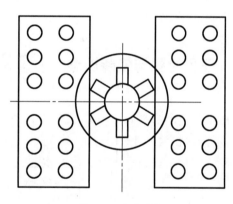

图4-34　左右镜像

第5步：修剪

命令：**TR**✓　　　　　　　　　　　　　　//启动"修剪"命令

当前设置：投影＝UCS,边＝无　　　　　　//系统提示

选择剪切边...　　　　　　　　　　　　　//系统提示

选择对象或〔模式(O)〕＜全部选择＞：✓　//选择全部

选择要修剪的对象,或按住 Shift 键选择要延伸的对象或〔剪切边(T)/栏选(F)/窗交(C)/模式(O)/投影(P)/边(E)/删除(R)/放弃(U)〕：**单击圆与矩形公共部分的轮廓线**

　　　　　　　　　　　　　　　　　　　　//选取被修剪部分

......

选择要修剪的对象,或按住 Shift 键选择要延伸的对象或〔剪切边(T)/栏选(F)/窗交(C)/模式(O)/投影(P)/边(E)/删除(R)/放弃(U)〕：✓　//回车结束命令

绘制结果如图4-35所示。

第 6 步:夹点拉伸

单击竖直中心线,使夹点显示出来;单击最下面的夹点,使之变成红色;向上拖动红色基点至合适位置,如图 4-36 所示;按 Esc 键,取消夹点。用同样的方法拉伸水平中心线至合适位置,完成任务。

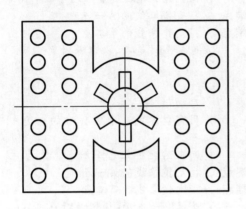

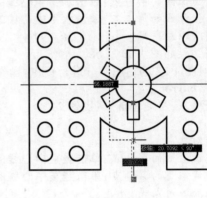

图 4-35　修剪后的图形　　　　　　　　　　　图 4-36　夹点拉伸

第 7 步:保存文件。

任务检测与技能训练

利用相关命令绘制如图 4-37 至图 4-41 所示各图形。要求:图形正确,线型符合国家标准规定,不标注相关尺寸。

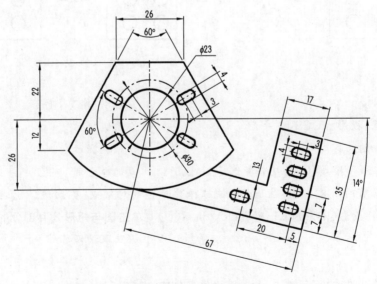

图 4-37　题(1)图

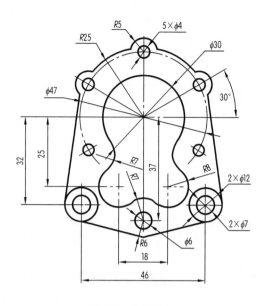

图 4-38　题（2）图

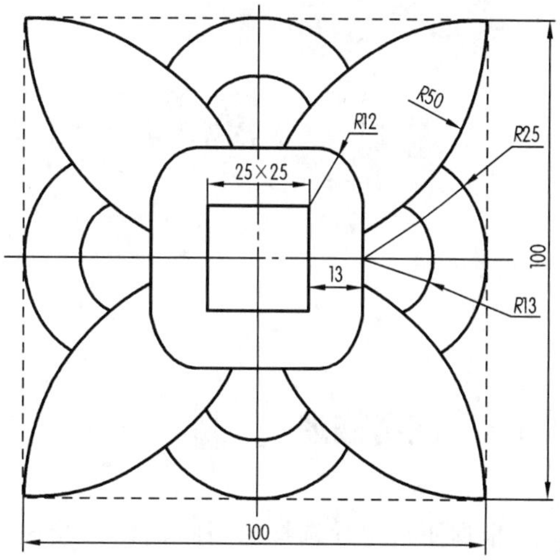

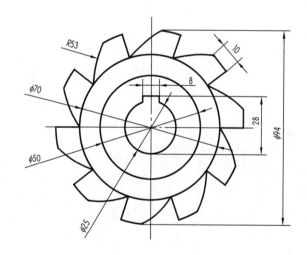

图 4-39　题（3）图

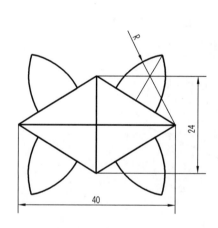

图 4-40　题（4）图

图 4-41　题（5）图

题（4）提示：

1. 选择"节点"捕捉模式。

2. 等分点的知识见任务 5。

3. 将直线 4 等分。

4. 用"起点、圆心、端点"方式画圆弧。

题（5）提示：

1. 选择"节点"捕捉模式。

2. 分别将 $\phi70$ 和 $\phi94$ 的圆 10 等分。

3. 用"起点、圆心、长度"方式画弦长为 10 的圆弧。

4. 用"起点、端点、半径"方式画 $R53$ 的圆弧。

圆弧连接类图形的绘制

根据图形尺寸选择适当图幅以及绘图比例绘制图 5-1 所示圆弧连接类图形。要求:图形正确,线型符合国家标准规定,圆弧连接光滑。

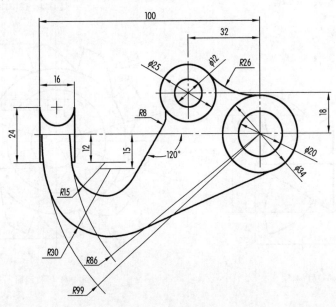

图 5-1　圆弧连接类图形

学生通过绘制如图 5-1 所示的圆弧连接类图形,掌握点、旋转、延伸、打断于点、打断、合并、圆角、倒角等编辑命令的使用与圆弧连接类图形的绘制方法和步骤;能正确应用 AutoCAD 2021 的相关绘图命令、编辑命令和绘图辅助工具绘制如图 5-1 所示圆弧连接类图形,及时完成任务检测与技能训练,达到正确率 90% 以上,按时完成率 90% 以上;培养谦虚、和谐的职业素养。

素养提升

知识储备

一、点命令

在 AutoCAD 中,点对象可用作捕捉和偏移对象的节点或参考点。可以通过"单点""多点""定数等分"和"定距等分"四种方法创建点对象。

1. 绘制单点

在 AutoCAD 2021 中,选择【绘图】→【点】→【单点】命令(POINT),在绘图窗口的合适位置单击即可绘制一个点。

2. 绘制多点

执行"多点"命令的方式如下:

(1)功能区面板:〖默认〗→〖绘图〗→〖⋰〗。

(2)菜单栏:【绘图】→【点】→【多点】。

(3)工具栏:〖绘图〗→〖⋰〗。

执行"多点"命令,在绘图窗口的合适位置单击一次绘制一个点,单击多次可绘制多个点,直到按 Esc 键结束。

3. 定数等分对象

在 AutoCAD 2021 中,选择〖默认〗→〖绘图〗→〖⫯〗或者【绘图】→【点】→【定数等分】命令(DIVIDE),可以在指定的对象上绘制等分点或者在等分点处插入块。在使用该命令时应注意以下两点:一是因为输入的是等分数,而不是放置点的个数,所以如果将所选对象分成 N 份,则实际上只生成 $N-1$ 个点;二是每次只能对一个对象操作,而不能对一组对象操作。

4. 定距等分对象

在 AutoCAD 2021 中,选择〖默认〗→〖绘图〗→〖⫯〗或者【绘图】→【点】→【定距等分】命令(MEASURE),可以在指定的对象上按指定的长度绘制点或者插入块。使用该命令时应注意以下两点:一是放置点的起始位置从离对象选取点较近的端点开始;二是如果对象总长不能被所选长度整除,则最后放置点到对象端点的距离将不等于所选长度。

【例 5-1】　绘制如图 5-2 所示的平面图形,其中 B、C 两点分别为直线 AD 的等分点。

绘图步骤如下:

(1)执行"直线"命令,绘制三角形 ADE,如图 5-3 所示。

(2)将 AD 三等分。

选择〖默认〗→〖绘图〗→〖⫯〗命令,AutoCAD 提示:

选择要定数等分的对象:**单击 AD 直线**

输入线段数目或 [块(B)]:**3**✓　　　　　　　　　　//三等分线段

(3)变换点的样式

执行〖默认〗→〖实用工具〗→〖⋰ 点样式...〗或者【格式】→【点样式】命令,打开"点样式"对话框,如图 5-4 所示,选择除第一、第二种以外任何一种即可。本例选择了第一行第四列的"×",图形变为如图 5-5 所示的形式。

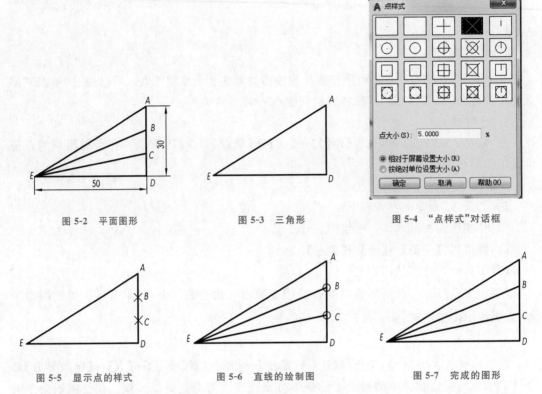

图 5-2　平面图形　　　　　　　图 5-3　三角形　　　　　　图 5-4　"点样式"对话框

图 5-5　显示点的样式　　　　图 5-6　直线的绘制图　　　　图 5-7　完成的图形

　　将点样式改变为图 5-4 中第二行第二列的形式,开启"节点"捕捉模式,执行"直线"命令,连接 EB 和 EC 两直线,图形变为如图 5-6 所示的形式。

　　(5)删除 B、C 两点的点样式,图形变为如图 5-7 所示形式。

　　方法 1:将 B、C 两点选上,删除。

　　方法 2:将点样式设置为"点样式"对话框中第一行第二列的样式。

二、旋转命令

　　旋转命令可以将选定的对象绕着指定的基点旋转指定的角度。执行"旋转"命令的方式如下:

　　(1)功能区面板:〖默认〗→〖修改〗→〖 ○ 旋转 〗。

　　(2)键盘输入 ROTATE↙或 RO↙。

　　(3)菜单栏:【修改】→【旋转】。

　　(4)工具栏:〖修改〗→〖○〗。

1.指定角度旋转对象

　　启动"旋转"命令后,选择要旋转的对象(可以依次选择多个对象),并指定旋转的基点,命令行将显示"指定旋转角度,或［复制(C)/参照(R)］<0>"提示信息。如果直接输入角度值,则可以将对象绕基点转动该角度,角度为正时逆时针旋转,角度为负时顺时针旋转,如图 5-8(b)所示为将图 5-8(a)中的左上角图形旋转-30°后的效果。

2. 旋转并复制对象

如果选择"复制(C)"选项,在旋转对象的同时,还能完成对象的复制,即保留源对象,如图 5-8(c)所示。

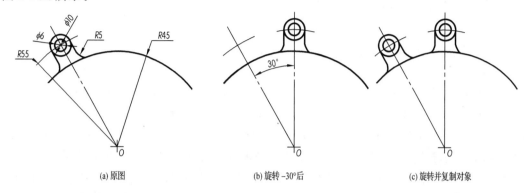

| (a) 原图 | (b) 旋转 -30° 后 | (c) 旋转并复制对象 |

图 5-8　旋转对象

3. 参照方式旋转对象

如果选择"参照(R)"选项,将以参照方式旋转对象,需要依次指定参照方向的角度值和相对于参照方向的角度值,如图 5-9 所示为把三角形以 C 点为基点,参照 CA 方向,顺时针旋转到 CD 位置的效果,具体步骤如下:

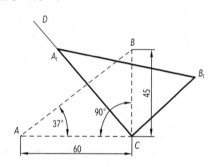

图 5-9　参照方式旋转图形

命令:【默认】→【修改】→【 ⟳ 旋转 】　　　　　//启动"旋转"命令

UCS 当前的正角方向:ANGDIR=逆时针 ANGBASE=0

　　　　　　　　　　　　　　　　　　　　　　　//系统提示

选择对象:**选择三角形三条边**　　　　　　　　//选择旋转对象

选择对象:↙　　　　　　　　　　　　　　　　//回车结束对象选择

指定基点:**捕捉 C 点并单击**　　　　　　　　//指定基点

指定旋转角度,或〔复制(C)/参照(R)〕<0>:**R↙**　//选择"参照"旋转方式

指定参照角 <0>:**捕捉 C 点并单击**　　　　//指定参照角的角点

指定参照角 <0>:指定第二点:**捕捉 A 点并单击**　//通过 C 点和 A 点指定参照角

指定新角度或〔点(P)〕<0>:**捕捉 D 点并单击**　//通过 C 点和 D 点指定新角度

三、比例缩放命令

将选定的对象以指定的基点为中心按比例进行放大或缩小。执行"缩放"命令的方式

如下：

（1）功能区面板：〖默认〗→〖修改〗→〖 ⬚ 缩放〗。

（2）键盘输入：SCALE↙或 SC↙。

（3）菜单栏：【修改】→【缩放】。

（4）工具栏：〖修改〗→〖 ⬚ 〗。

在执行"缩放"命令时，先选择对象，然后指定基点，命令行将显示"指定比例因子或［复制（C）/参照（R）］<1.0000>:"提示信息。如果直接指定缩放的比例因子，对象将根据该比例因子相对于基点缩放，当比例因子大于 0 而小于 1 时缩小对象，当比例因子大于 1 时放大对象。如图 5-10(b)所示图形为图 5-10(a)所示图形以 O 点为基点，比例因子为 0.5 缩放后的效果；如果选择"复制（C）"选项，在缩放对象的同时，还能完成对象的复制，即保留源对象，如图 5-10(c)所示；如果选择"参照（R）"选项，对象将按参照的方式缩放，需要依次输入参照长度的值和新的长度值，AutoCAD 根据参照长度与新长度的值自动计算比例因子（比例因子＝新长度值/参照长度值），然后进行缩放。

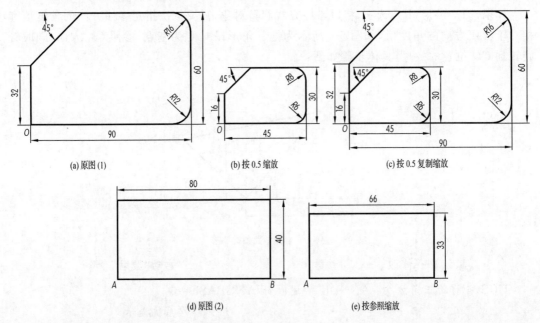

图 5-10　缩放图形

【例 5-2】　将图 5-10(d)所示的矩形经过缩放，变为图 5-10(e)所示尺寸的矩形。在变换过程中，图形的长宽比保持不变。

操作步骤如下：

执行"缩放"命令后，AutoCAD 提示：

选择对象：指定对角点：**选择矩形**　　　　　　　//选择要进行缩放的矩形

选择对象：↙　　　　　　　　　　　　　　　　//回车结束对象选择

指定基点：**捕捉矩形上的 A 点并单击**　　　　　//捕捉缩放过程中不变的点

指定比例因子或［复制（C）/参照（R）］：**R**↙　//由于比例因子没有直接给出，但缩放后
　　　　　　　　　　　　　　　　　　　　　　　的实体长度已知，可选择"参照（R）"

选项

指定参照长度 <1>:**捕捉 A 点并单击**　//指定参照长度的基点

指定第二点:**捕捉 B 点并单击**　//通过 A 点和 B 点指定参照长度

指定新长度或 [点(P)] <1>:**66** ↙　//输入新长度

执行上述操作后,图形由图 5-10(d)变为图 5-10(e),完成图形缩放。

温馨提示:比例缩放和图形显示中缩放(ZOOM)命令的缩放不同,比例缩放真正改变了图形的大小,而 ZOOM 命令只改变图形在屏幕上的显示大小,图形本身大小没有任何变化。

四、拉伸命令

拉伸命令可以移动或拉伸对象,执行"拉伸"命令的方式如下:

(1)功能区面板:〖默认〗→【修改】→【⊡ 拉伸】。

(2)键盘输入:STRETCH ↙ 或 S ↙。

(3)菜单栏:【修改】→【拉伸】。

(4)工具栏:〖修改〗→〖⊡〗。

执行"拉伸"命令,就可以移动或拉伸对象,操作方式根据图形对象在选择框中的位置决定。执行该命令时,可以使用"窗交"方式选择对象,然后依次指定位移基点和位移矢量,将会移动全部位于选择窗口之内的对象,而拉伸(或压缩)与选择窗口边界相交的对象。

【例 5-3】 将图 5-11(a)所示阶梯轴的右段拉长 40 个绘图单位。

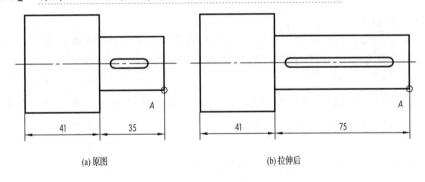

(a)原图　　　　　　　　　　(b)拉伸后

图 5-11 阶梯轴拉伸

操作步骤如下:

命令:〖默认〗→【修改】→【⊡ 拉伸】　//执行"拉伸"命令

以交叉窗口或交叉多边形选择要拉伸的对象…　//提示用户选择对象的方式

选择对象:**选择右侧部分图形(包括键槽右边圆)**　//选择拉伸对象

选择对象:↙　//回车确认选择

指定基点或 [位移(D)] <位移>:**捕捉 A 点并单击**　//指定用于确定拉伸或移动的基点

指定第二个点或 <使用第一个点作为位移>:**@40,0** ↙

　//输入需要移动的距离

温馨提示:(1)需用至少一次窗口类方式选择对象,最好是交叉窗口方式。

(2)选择对象最后一次使用的窗口作为该命令的移动窗口。

(3)对"直线"或"圆弧"对象,窗口内的端点移动,窗口外的端点不动。若两端点都在窗口内,此命令等同于"移动"命令;若两端点都不在窗口内,则保持不变。

(4)对"圆"对象,圆心在窗口内时移动,否则不动。

(5)对"块""文字"等对象,插入点或基准点在窗口内时移动,否则不动。

(6)对"多段线"对象,将逐段作为直线或圆弧处理。

五、延伸对象

延伸命令可以将选定的对象(直线、圆弧等)延伸到指定的边界。执行"延伸"命令的方式如下:

(1)功能区面板:〖默认〗→〖修改〗→〖 🔪修剪 右侧下拉按钮 · 〗→〖 —→│延伸 〗。

(2)键盘输入:EXTEND ✓ 或 EX ✓ 。

(3)菜单栏:〖修改〗→〖延伸〗。

(4)工具栏:〖修改〗→〖 —→│ 〗

延伸命令的使用方法和修剪命令的使用方法相似,不同之处在于:使用延伸命令时,如果在按下 Shift 键的同时选择对象,则执行修剪命令;使用修剪命令时,如果在按下 Shift 键的同时选择对象,则执行延伸命令。

温馨提示:在指定延伸边界和延伸对象时,既可以采用单击方式选取,也可以采用栏选或窗交方式选取。但无论采用哪种方式指定延伸对象,其单击的位置或选择的区域都必须靠近希望延伸的一侧,否则对象将无法延伸。

【例 5-4】 将图 5-12(a)所示图形的直线 AB 和圆弧 BC 作为延伸边界,延伸直线 IH、JK、ML、NP,得到如图 5-12(b)所示图形。

操作步骤如下:

命令:〖默认〗→〖修改〗→〖 🔪修剪 右侧下拉按钮 · 〗→〖 —→│延伸 〗

　　　　　　　　　　　　　　　　　　　　//启动"延伸"命令

当前设置:投影=UCS,边=延伸,模式=标准

选择边界边…

选择对象或［模式(O)］＜全部选择＞:**单击直线 AB** //选择作为边界边的对象

选择对象:**单击圆弧 BC**　　　　　　　　　　//选择作为边界边的对象

选择对象:✓　　　　　　　　　　　　　　//结束延伸对象的选择

选择要延伸的对象,或按住 Shift 键选择要修剪的对象,或［边界边(B)/栏选(F)/窗交(C)/模式(O)/投影(P)/边(E)］:**单击 H 端**　　//选择直线 IH 靠近 H 端

选择要延伸的对象,或按住 Shift 键选择要修剪的对象,或［边界边(B)/栏选(F)/窗交(C)/模式(O)/投影(P)/边(E)/放弃(U)］:**单击 *K* 端**　　//选择直线 *JK* 靠近 *K* 端

……　　　　　　　　　　　　　　　　//依次选择 *ML*、*NP* 的靠近 *L*、*P* 端

选择要延伸的对象,或按住 Shift 键选择要修剪的对象,或［边界边(B)/栏选(F)/窗交(C)/模式(O)/投影(P)/边(E)/放弃(U)］:↙　　//结束被延伸对象的选择

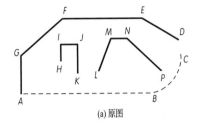
(a) 原图

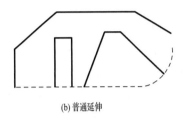
(b) 普通延伸

图 5-12　延伸对象

温馨提示:(1)选择要延伸的对象:该选项为默认选项。若拾取实体上一点,则该实体从靠近拾取点一端延伸到边界处。

(2)按住 Shift 键选择要修剪的对象:如果按住 Shift 键,此时的延伸功能变为修剪功能,其操作与修剪操作一样。

(3)投影(P):用于指定延伸时系统使用的投影方式。输入 P↙,命令行提示:

输入投影选项［无(N)/UCS(U)/视图(V)］<UCS>:

选项含义如下:

● 无(N):表示不进行投影。

● UCS(U):表示延伸边界将和被延伸对象投影到当前 UCS(用户坐标系)的 *XY* 平面上,延伸边界与被延伸对象延伸后在三维空间不一定真正相交,只要它们的投影在投影平面上相交,即可进行延伸。

● 视图(V):表示投影按当前视窗方向。

(4)边(E):用于决定被延伸对象是否需要使用延伸边界延长线上的虚拟边界。输入 E↙,命令行提示:

输入隐含边延伸模式［延伸(E)/不延伸(N)］<不延伸>:

选项含义如下:

● 延伸(E):表示延伸边界,使其与被延伸对象相交。

● 不延伸(N):表示不延伸边界。

(5)放弃(U):表示放弃刚刚选择的被延伸对象。

六、拉长命令

拉长命令可用来拉长或缩短直线、多段线、椭圆弧和圆弧,从而改变所选对象的长度。执行"拉长"命令的方式如下:

(1)功能区面板:〖默认〗→〖修改〗→〖　　〗。

(2)键盘输入:LENGTHEN ↙或 LEN ↙。

(3)菜单栏:【修改】→【拉长】。

启动"拉长"命令后,AutoCAD提示:

选择要测量的对象或[增量(DE)/百分比(P)/总计(T)/动态(DY)]<总计(T)>:

提示中各选项的含义如下:

● 增量(DE):以指定的增量改变对象的长度,如果增量是正值,就拉伸对象,否则缩短对象。

● 百分比(P):按照指定对象总长度或总角度的百分比改变对象长度。输入的值大于100,则拉长所选对象,输入的值小于100,则缩短所选对象。

● 总计(T):通过指定对象新的总长度或总角度而改变对象的长度或者包含角。

● 动态(DY):通过拖动选定对象的端点动态改变选定对象的长度。AutoCAD将端点移动到所需的长度或角度,而另一端保持固定。

【例5-5】 将图5-13(a)所示图形经过拉长(或缩短)变为图5-13(b)所示图形。

操作过程如下:

第一步,将直线CA拉长,使该直线的总长变为30。

命令:〖默认〗→〖修改〗→〖 ╱ 〗　　　　　// 启动"拉长"命令

选择要测量的对象或[增量(DE)/百分比(P)/总计(T)/动态(DY)]<百分比(P)>:**T**↙

　　　　　　　　　　　　　　　　　// 已知直线变化后的总长时选择此选项

指定总长度或[角度(A)]<1.0000>:**30**↙　　// 输入长度值

选择要修改的对象或[放弃(U)]:**单击直线CA靠上部分**

　　　　　　　　　　　　　　　　　// 选择要拉长的直线

选择要修改的对象或[放弃(U)]:↙　　// 回车结束对象选择

结果直线CA长度变为30。

第二步,将直线BD拉长,拉长量为5。

命令:〖默认〗→〖修改〗→〖 ╱ 〗　　　　　// 启动"拉长"命令

选择要测量的对象或[增量(DE)/百分比(P)/总计(T)/动态(DY)]<总计(T)>:**DE**↙

　　　　　　　　　　　　　　　　　// 已知直线的增量时选择此选项

输入长度增量或[角度(A)]<0.0000>:**5**↙

　　　　　　　　　　　　　　　　　// 输入增量值为5

选择要修改的对象或[放弃(U)]:**单击直线BD靠下部分**

　　　　　　　　　　　　　　　　　// 选择要拉长的直线

选择要修改的对象或[放弃(U)]:↙　　// 回车结束对象选择

结果直线BD在原来的基础上拉长5。

第三步,将直线MN缩短,长度变为原来的一半。

命令:LENGTHEN↙　　　　　　　　　// 启动"拉长"命令

选择要测量的对象或[增量(DE)/百分比(P)/总计(T)/动态(DY)]<总计(T)>:**P**↙

　　　　　　　　　　　　　　　　　// 已知直线变化的百分比时选择此选项

输入长度百分数<100.0000>:**50**↙　　// 长度变为原来的一半

选择要修改的对象或[放弃(U)]:**单击直线MN左侧**

　　　　　　　　　　　　　　　　　// 选择要变化的直线

选择要修改的对象或［放弃(U)］:↙　　　　　//回车结束对象选择

结果直线 *MN* 在原来的基础上长度缩短一半。

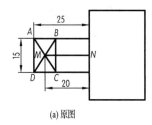
(a)原图

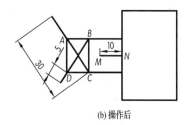
(b)操作后

图 5-13　拉长直线

七、打断命令

打断对象是指将对象从某一点处一分为二,或者是删除对象上所指定两点之间的部分。执行"打断"命令的方式如下:

(1)功能区面板:〖默认〗→〖修改〗→〖凹〗。

(2)键盘输入:BREAK ↙ 或 BR ↙。

(3)菜单栏:【修改】→【打断】。

(4)工具栏:〖修改〗→〖凹〗。

【例 5-6】　将图 5-14 所示中心线打断。

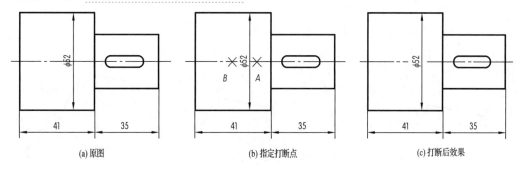

(a)原图　　　　　　　　　　(b)指定打断点　　　　　　　　(c)打断后效果

图 5-14　指定两点打断对象

操作步骤如下:

命令:〖默认〗→〖修改〗→〖凹〗　　　　　//启动"打断"命令

选择对象:单击中心线　　　　　　　　　//选择被打断对象

指定第二个打断点 或［第一点(F)］:F ↙　//系统提示,表示可以重选第一断点

指定第一个打断点:单击 *A* 点　　　　　//选择点 *A*

指定第二个打断点:单击 *B* 点　　　　　//选择点 *B*

> 温馨提示:若对圆执行打断操作,从第一断点到第二断点按逆时针方向删除两点间的圆弧。

八、打断于点命令

打断于点命令可以将对象在一点处断开成两个对象,它是从"打断"命令中派生出来的。执行该命令时,需要选择要被打断的对象,然后指定打断点,即可从该点打断对象。执行"打断于点"命令的方式如下:

(1)功能区面板:〖默认〗→〖修改〗→〖□〗。

(2)键盘输入:BREAKATPOINT↙。

(3)工具栏:〖修改〗→〖□〗。

> 温馨提示:"打断于点"命令应用的有效对象包括直线、开放的多段线和圆弧,不能在一点打断闭合对象,例如,不能将圆在某点处打断。

九、对齐命令

对齐命令可以同时移动、旋转、比例缩放一个对象,使之与另一个对象,对齐。对齐命令既可以在二维图形中应用,也可以在三维模型中应用,而且更多是用于三维模型的建模中。执行"对齐"命令的方式如下:

(1)功能区面板:〖默认〗→〖修改〗→〖□〗。

(2)键盘输入:ALIGN↙或 AL↙。

(3)菜单栏:【修改】→【三维操作】→【对齐】。

【例 5-7】 将图 5-15(a)所示五边形的 AB 边与矩形的 CD 边对齐。

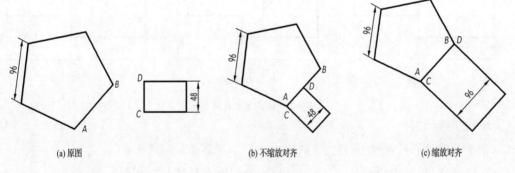

(a)原图　　　　　　　　(b)不缩放对齐　　　　　　　　(c)缩放对齐

图 5-15　对齐对象

操作过程如下:

命令:〖默认〗→〖修改〗→〖□〗	//启动"对齐"命令
选择对象:选择矩形	//选择要移动、旋转、比例缩放的对象(源对象)
选择对象:↙	//结束选择
指定第一个源点:捕捉并单击点 C	//指定源对象上的第一个点
指定第一个目标点:捕捉并单击点 A	//指定目标对象上的第一个点
指定第二个源点:捕捉并单击点 D	//指定源对象上的第二个点
指定第二个目标点:捕捉并单击点 B	//指定目标对象上的第二个点

指定第三个源点或＜继续＞：↙　　　　　//结束选择

是否基于对齐点缩放对象？［是(Y)/否(N)］＜否＞：↙

　　　　　　　　　　　　　//选择 Y 或者 N 确定是否基于目标对象缩放源

　　　　　　　　　　　　　对象，默认为不缩放，如图 5-15(b)所示，如果

　　　　　　　　　　　　　选 Y，则缩放，如图5-15(c)所示

十、合并命令

合并对象是指将两个对象合并成一个对象，使用该命令可以合并直线、圆弧、椭圆弧、多段线和样条曲线。执行"合并"命令的方式如下：

(1)功能区面板：〖默认〗→【修改】→【 ⟶⟵ 】。

(2)键盘输入：JOIN ↙。

(3)菜单栏：【修改】→【合并】。

(4)工具栏：〖修改〗→【 ⟶⟵ 】。

执行该命令并选择需要合并的对象，再根据命令行的提示信息选择需要合并的另一部分对象，按 Enter 键，即可将这些对象合并。

十一、倒角命令

倒角命令用来对选定的两条相交(或其延长线相交)直线进行倒角，也可以对整条多段线进行倒角。执行"倒角"命令的方式如下：

(1)功能区面板：〖默认〗→【修改】→【 ╱ 】。

(2)键盘输入：CHAMFER ↙或 CHA ↙。

(3)菜单栏：【修改】→【倒角】。

(4)工具栏：〖修改〗→【 ╱ 】。

执行该命令后，命令行窗口显示如下提示信息：

("修剪"模式)当前倒角距离 1 = 0.0000，距离 2 = 0.0000

选择第一条直线或［放弃(U)/多段线(P)/距离(D)/角度(A)/修剪(T)/方式(E)/多个(M)］：

默认情况下，需要选择进行倒角的两条相邻的直线，然后按当前的倒角大小对这两条直线进行倒角。该命令提示中主要选项的功能如下：

● 多段线(P)：对多段线进行倒角。

● 距离(D)：要求依次指定两条直线的倒角距离进行倒角。倒角距离是指对象被修剪的长度。

● 角度(A)：要求分别设置第一条直线的倒角距离和倒角角度创建倒角。

● 修剪(T)：可选择模式选项"修剪(T)"和"不修剪(N)"来设置倒角，"修剪(T)"表示修剪倒角，"不修剪(N)"则表示不修剪倒角。

● 方式(E)：设定修剪方法为距离或角度。

● 多个(M)：进行多个倒角。

倒角的方式有三种：

(1)通过指定距离进行倒角

【例5-8】　对图5-16所示矩形的右上角倒角。

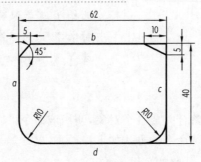

图5-16　倒角命令的使用

操作过程如下：

命令:〖默认〗→【修改】→【　】　　　　//启动"倒角"命令

("修剪"模式)当前倒角长度 = 5.0000,角度 = 45

//提示当前所处的倒角模式及倒角距离

选择第一条直线或［放弃(U)/多段线(P)/距离(D)/角度(A)/修剪(T)/方式(E)/多个(M)］:**T**↙　　　　　　　　//当前模式为"修剪"模式,根据图中尺寸,应
　　　　　　　　　　　　　　　　　　　　对其进行修改

输入修剪模式选项［修剪(T)/不修剪(N)］<修剪>:**N**↙

//更改修剪模式为"不修剪"

选择第一条直线或［放弃(U)/多段线(P)/距离(D)/角度(A)/修剪(T)/方式(E)/多个(M)］:**D**↙　　　//根据已知条件,选择"距离(D)"方式输入距离

指定第一个倒角距离 <6.0000>:**10**↙//第一个倒角距离为10

指定第二个倒角距离 <2.0000>:**5**↙　//第二个倒角距离为5

选择第一条直线或［放弃(U)/多段线(P)/距离(D)/角度(A)/修剪(T)/方式(E)/多个(M)］:**单击直线 b**

选择第二条直线,或按住 Shift 键选择直线以应用角点或［距离(D)/角度(A)/方法(M)］:**单击直线 c**　　　　　　　　//完成倒角绘制

> 温馨提示:采用这种方式创建倒角时,第一个倒角距离、第二个倒角距离与选择对象的先后次序有关,第一个选择的对象对应第一个倒角距离。

(2)通过指定长度和角度进行倒角

【例5-9】　对图5-16所示矩形的左上角倒角。

操作过程如下：

命令:〖默认〗→【修改】→【　】　　　　//启动"倒角"命令

("不修剪"模式)当前倒角距离 1 = 10.0000,距离 2 = 5.0000

//提示当前所处的倒角模式及倒角距离

选择第一条直线或［放弃(U)/多段线(P)/距离(D)/角度(A)/修剪(T)/方式(E)/多个(M)］:**T**↙　　　　　　　　//当前模式为"不修剪"模式,根据图中尺寸,
　　　　　　　　　　　　　　　　　　　　应对其进行修改

输入修剪模式选项［修剪(T)/不修剪(N)］＜修剪＞:**T**↙

　　　　　　　　　　　　//更改修剪模式为"修剪"

选择第一条直线或［放弃(U)/多段线(P)/距离(D)/角度(A)/修剪(T)/方式(E)/多个(M)］:**A**↙　　　　　　　//选择"角度(A)"方式以输入倒角值

指定第一条直线的倒角长度＜5.0000＞:**5**↙

　　　　　　　　　　　　//第一条直线的倒角长度为5

指定第一条直线的倒角角度＜45＞:↙　//倒角斜线与第一条直线的夹角为45°

选择第一条直线或［放弃(U)/多段线(P)/距离(D)/角度(A)/修剪(T)/方式(E)/多个(M)］:**单击直线 b**

选择第二条直线,或按住 Shift 键选择直线以应用角点或［距离(D)/角度(A)/方法(M)］:**单击直线 a**　　　　　　//完成倒角绘制

(3)对多段线进行倒角

【例5-10】　对图5-17(a)所示的矩形进行倒角。

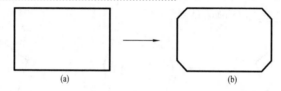

图5-17　对多段线进行倒角

操作过程如下:

命令:**CHAMFER** ↙　　　　　　　　//执行"倒角"命令

("修剪"模式)当前倒角长度 = 5.0000,角度 = 45

　　　　　　　　　　　　//提示当前所处的倒角模式及倒角距离

选择第一条直线或［放弃(U)/多段线(P)/距离(D)/角度(A)/修剪(T)/方式(E)/多个(M)］:**P**↙

　　　　　　　　　　　//要对矩形进行倒角,矩形属于二维多段线,
　　　　　　　　　　　　　故选择"多段线(P)"选项

选择二维多段线或［距离(D)/角度(A)/方法(M)］:**单击矩形**

　　　　　　　　　　　　//4条直线已被倒角,矩形倒角完成

🅰️ 温馨提示:"倒角"命令只能对直线、多段线和多边形进行倒角,不能对圆弧、椭圆弧倒角。

在创建倒角时,如果设置两个倒角距离为0,在"修剪"模式下,将修剪或者延伸这两个对象到交点,如图5-18所示。

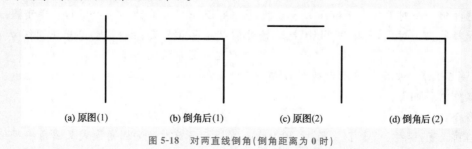

图5-18　对两直线倒角(倒角距离为0时)

十二、圆角命令

圆角命令能用指定的半径,对选定的两个对象(直线、构造线、射线、圆弧或圆)或者整条多段线进行光滑的圆弧连接。执行"圆角"命令的方式如下:

(1)功能区面板:〖默认〗→〖修改〗→〖⌒〗。

(2)键盘输入:FILLET✓或 F✓。

(3)菜单栏:【修改】→【圆角】。

(4)工具栏:〖修改〗→〖⌒〗。

圆角的四种方法如下:

(1)指定半径圆角

该方法使用指定半径的圆弧对两个对象进行光滑连接,可以通过选项"修剪(T)"的设置改变圆角结果。比如对同一组对象(图 5-19(a))执行"圆角"命令,图 5-19(b)所示是修剪的结果,图 5-19(c)所示是不修剪的结果。

(a)原图　　　　　　　　　(b)修剪圆角　　　　　　　　　(c)不修剪圆角

图 5-19　指定半径圆角

【例 5-11】　对图 5-16 所示矩形的左下角倒圆角。

操作过程如下:

命令:〖默认〗→〖修改〗→〖⌒〗　　　　//执行"圆角"命令

当前设置:模式 = 不修剪,半径 = 5.0000

　　　　　　　　　　　　　　　　//提示当前所处的圆角模式及圆角半径值

选择第一个对象或 [放弃(U)/多段线(P)/半径(R)/修剪(T)/多个(M)]:T✓

　　　　　　　　　　　　　　　　//根据已知条件,需要修改圆角模式

输入修剪模式选项 [修剪(T)/不修剪(N)]＜不修剪＞:T✓

　　　　　　　　　　　　　　　　//根据已知条件,将圆角模式改成修剪模式

选择第一个对象或 [放弃(U)/多段线(P)/半径(R)/修剪(T)/多个(M)]:R✓

　　　　　　　　　　　　　　　　//设置圆角的半径值

指定圆角半径 ＜5.0000＞:10✓　　　//此时默认值为5,重新输入半径值10

选择第一个对象或 [放弃(U)/多段线(P)/半径(R)/修剪(T)/多个(M)]:**单击直线 a**

选择第二个对象,或按住 Shift 键选择对象以应用角点或 [半径(R)]:**单击直线 d**

　　　　　　　　　　　　　　　　//完成圆角绘制

【例 5-12】　对图 5-16 所示矩形的右下角倒圆角。

操作过程如下:

命令:**F**✓　　　　　　　　　　　//执行"圆角"命令

当前设置:模式 = 修剪,半径 = 10.0000　//提示当前所处的圆角模式及圆角半径值

选择第一个对象或 [放弃(U)/多段线(P)/半径(R)/修剪(T)/多个(M)]:T✓

//由当前设置可知模式为修剪模式,不满足
已知条件,需对其进行修改

输入修剪模式选项［修剪(T)/不修剪(N)］＜修剪＞:**N**↙

//将修剪模式改为不修剪模式

选择第一个对象或［放弃(U)/多段线(P)/半径(R)/修剪(T)/多个(M)］:**R**↙

//查看圆角半径值

指定圆角半径 ＜10.0000＞:↙　　//默认值为 10

选择第一个对象或［放弃(U)/多段线(P)/半径(R)/修剪(T)/多个(M)］:**单击直线 c**

选择第二个对象,或按住 Shift 键选择对象以应用角点或［半径(R)］:**单击直线 d**

//完成圆角绘制

（2）平行线圆角

如图 5-20 所示,使用圆角命令还可以方便地为平行线、构造线和射线绘制圆角,其中第一个选择的对象必须是直线或射线,但第二个对象可以是直线、射线或构造线,圆弧的半径取决于两条直线的距离。操作方法是执行圆角命令后,根据提示选择第一个对象,再选择与第一个对象平行的第二个对象即可。

（3）半径为 0 的圆角

使用"圆角"命令时,如果设置圆角半径为 0,可达到类似于"延伸""修剪"命令的效果,如图 5-21 所示。

图 5-20　平行线圆角　　　　　　　　　图 5-21　半径为 0 的圆角

> 温馨提示:执行一次倒角或者圆角命令后,再次执行倒角或圆角命令时,如果没有输入倒角距离和圆角半径,均按前一条命令的距离和半径进行倒角和圆角。

（4）绘制外切圆弧

使用"圆角"命令,可以方便地绘制两个圆对象的外切圆弧,如图 5-22 所示。

图 5-22　利用圆角命令绘制外切圆弧

十三、分解命令

分解命令用于分解组合对象,如多段线、多线、填充、标注、块、面域、多行文字、多面网格、多边形网格、三维网格以及三维实体等。分解的结果取决于组合对象的类型,比如在

AutoCAD中是将正多边形当作一个整体来处理的,如果需要分别对各条边进行操作,则需将其先行分解。执行"分解"命令的方式如下:

(1)功能区面板:〖默认〗→〖修改〗→〖⌖〗。

(2)键盘输入:EXPLODE✓或X✓。

(3)菜单栏:【修改】→【分解】。

(4)工具栏:〖修改〗→〖⌖〗。

执行"分解"命令后,选择需要分解的对象,之后按 Enter 键,即可分解图形并结束该命令。

> **温馨提示**:(1)块只能"逐级"分解。若要分解块中包含的可分解对象,必须首先分解上一级对象。具有相同 X、Y、Z 比例的块将分解成它的对象组件, X、Y、Z 比例不同的块可能分解成未知的对象。用 MINSERT 命令插入的块、外部参照以及外部参照依赖的块不能分解。
>
> (2)多段线分解后转换成普通的直线和圆弧,丢失相关的线宽和切向定义。
>
> (3)对于尺寸标注、填充等特殊对象,一旦分解后不能再用专用的编辑命令编辑。由于对这些对象的分解不可逆,所以除非必须,一般不要分解它们。

任务实施

第1步:创建新图形文件,设置图形单位、图形界限和图层

详细步骤见任务2。

第2步:绘制已知线段

(1)选择正确图层,分别绘制 φ20、φ34、φ25、φ12 的圆和 24×16 的矩形及中心线(详细步骤略),结果如图 5-23(a)所示。

(2)使用"起点、端点、半径"方式的圆弧命令绘制 24×16 矩形上方的 $R8$ 圆弧,操作如下:

微课

绘制已知线段

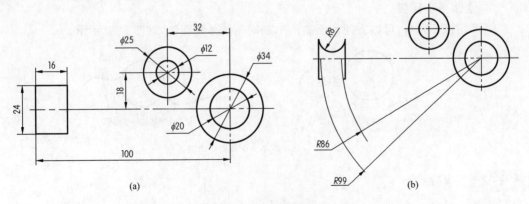

(a)　　　　　　(b)

图 5-23　绘制已知线段

命令:〖默认〗→〖绘图〗→〖圆弧〗→〖起点,端点,半径〗

指定圆弧的起点或［圆心(C)］:**单击矩形的左上角点**　　　　//指定圆弧的起点

指定圆弧的端点:**单击矩形的右上角点**　　　　　//指定圆弧的端点

指定圆弧的半径(按住 Ctrl 键以切换方向):**8** ↙　　//输入圆弧的半径,回车结束命令

删除矩形上方横线,绘制结果如图 5-23(b)所示。

(3)使用"圆心、起点、角度"和"圆心、起点、端点"方式的圆弧命令绘制 $R86$ 和 $R99$ 的两段圆弧,操作如下:

命令:〖默认〗→〖绘图〗→〖圆弧〗→〖圆心,起点,角度〗

指定圆弧的圆心:**捕捉 $\phi20$ 圆的圆心并单击**　　　　//指定圆弧的圆心

指定圆弧的起点:**@86＜180** ↙　　　　//指定圆弧的端点

指定夹角(按住 Ctrl 键以切换方向):**35** ↙　　//输入圆弧的包含角,回车结束命令

命令:〖默认〗→〖绘图〗→〖圆弧〗→〖圆心,起点,端点〗

指定圆弧的圆心:**捕捉 $\phi20$ 圆的圆心并单击**　　　　//指定圆弧的圆心

指定圆弧的起点:**向左移动光标,出现水平追踪线时输入 99** ↙

　　　　　　　　　　　　　　　　//指定圆弧的起点

指定圆弧的端点(按住 Ctrl 键以切换方向)或［角度(A)/弦长(L)］:**向右下方向移动光标,显示的圆弧弧长合适时单击**　　//确定圆弧的端点并结束命令

修剪多余图线,绘制结果如图 5-23(b)所示

第 3 步:绘制中间线段

(1)用复制或偏移命令作 $\phi20$ 圆的水平中心线的平行线,用圆弧命令作 $R71(R86-R15=R71)$ 和 $R69(R99-R30=R69)$ 的圆弧,找到 $R15$ 和 $R30$ 圆弧的圆心 A 和 B,绘制结果如图 5-24(a)所示

绘制中间线段
及连接线段

(2)分别以 A 点和 B 点为圆心,作 $\phi30$ 和 $\phi60$ 的圆,绘制结果如图 5-24(b)所示。

(3)作与 $\phi30$ 圆相切并与水平中心线呈 $60°$ 的直线。方法是先过 A 点作一任意长度并与水平线呈 $60°$ 的直线,再将该直线向右下偏移 15,绘制结果如图 5-24(c)所示。

(4)删除辅助线,结果如图 5-24(d)所示。

第 4 步:绘制连接线段($R26$、$R8$ 及与两圆相切的直线)

操作如下:

命令:**Fillet** ↙ **或 F** ↙ 或〖默认〗→〖修改〗→〖 ⌒ 〗　　//执行"圆角"命令

选择第一个对象或［放弃(U)/多段线(P)/半径(R)/修剪(T)/多个(M)］:**R** ↙ **或单击"半径(R)"选项**　　　　//选择"半径(R)"选项

指定圆角半径 ＜8.0000＞:**26** ↙　　//输入圆角半径 26

选择第一个对象或［放弃(U)/多段线(P)/半径(R)/修剪(T)/多个(M)］:**将光标移到 $\phi25$ 圆的右上方,出现切点标记时单击**　　//确定第一个切点

选择第二个对象,或按住 Shift 键选择对象以应用角点或［半径(R)］:**将光标移到 $\phi34$ 圆的左上方,出现切点标记时单击**　　//确定第二个切点并结束命令

使用同样的方法或者用"相切、相切、半径"的圆命令与修剪命令可绘制 $R8$ 的圆弧。

命令:**L** ↙ 或〖默认〗→〖绘图〗→〖 ╱ 〗　　//执行"直线"命令

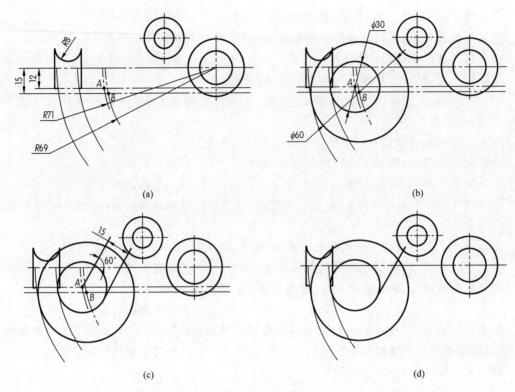

图 5-24   绘制中间线段

指定第一个点：按住 Shift 键右击，从弹出的快捷菜单中选择【切点】命令，然后将光标
移到 φ60 圆的右下方，出现切点标记时单击   //确定第一个切点

指定下一点或［放弃（U）］：按住 Shift 键右击，从弹出的快捷菜单中选择【切点】命令，
然后将光标移到 φ34 圆的右下方，出现切点标记时单击 //确定第二个切点

指定下一点或［放弃（U）］：✓   //回车结束命令

绘制结果如图 5-25(a)所示。

修剪多余图线，绘制结果如图 5-25(b)所示。

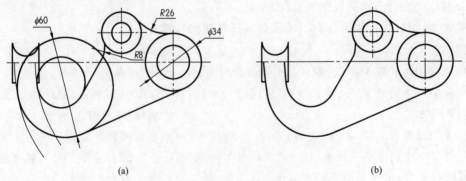

图 5-25   绘制连接线段

第 5 步：置换图层，绘制圆心标记

操作如下：

命令：**DIMCENTER** ✓ 或〖注释〗→〖标注〗→〖⊕〗 //执行"圆心标记"命令

选择圆弧或圆：单击 **R15** 的圆弧   //选择需要添加圆心标记的圆弧并

结束"圆心标记"命令

重复上述操作,可为 R30 和矩形上方的圆弧添加圆心标记,绘制结果如图 5-26 所示。

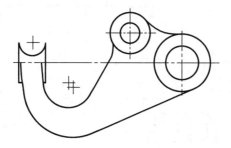

图 5-26　绘制圆心标记

第 6 步:保存文件。

任务检测与技能训练

利用相关命令绘制如图 5-27～图 5-31 所示各图形。要求:图形正确,线型符合国家标准规定。

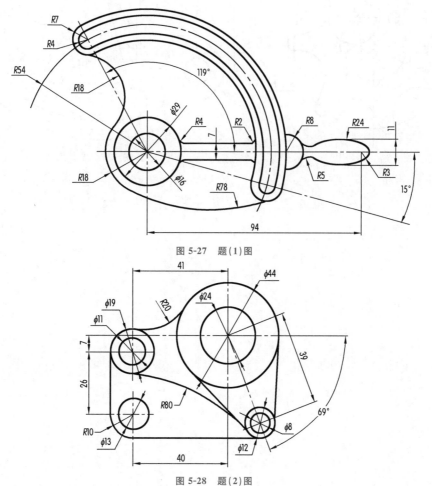

图 5-27　题(1)图

图 5-28　题(2)图

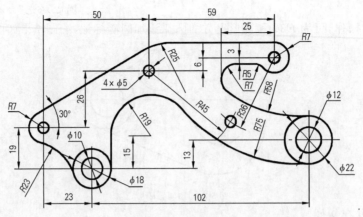

图 5-29 题(3)图

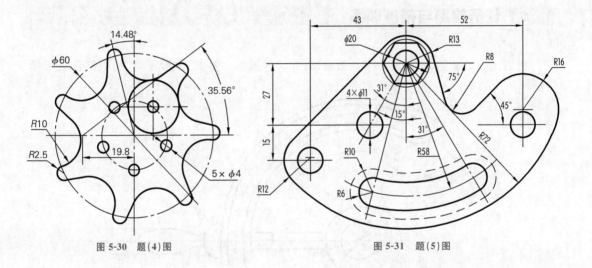

图 5-30 题(4)图

图 5-31 题(5)图

三视图与剖视图的绘制

绘制如图 6-1 所示机件的三视图与剖视图。要求：布图匀称合理，图形表达正确、完整，不标注尺寸。

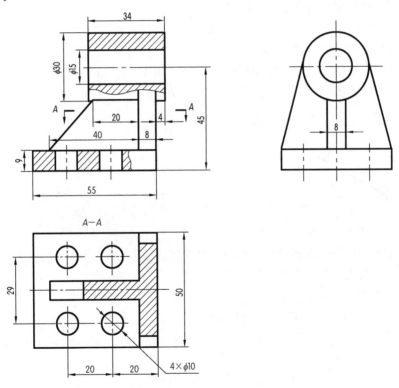

图 6-1　机件的三视图与剖视图

学生通过绘制如图 6-1 所示的机件的三视图与剖视图，掌握构造线、射线、多段线、样条曲线命令和临时追踪点的使用方法，图案填充及其编辑方法，绘制三视图与剖视图的常用方法；能正确应用 AutoCAD 2021 的相关绘图命令、编辑命令和绘图辅助工具绘制如图 6-1 所示机件的三视图与剖视图，

素养提升

及时完成任务检测与技能训练,达到正确率 90% 以上,按时完成率 90% 以上;培养学生的看齐意识和良好的职业素养。

知识储备

一、构造线命令

构造线是两端无限长的直线,它们不像直线、圆、圆弧、椭圆、矩形、正多边形等作为图形的构成元素,只是作为绘图过程中的辅助参考线。执行"构造线"命令的方式如下:

(1)功能区面板:〖默认〗→〖绘图〗→〖↗〗。

(2)键盘输入:XLINE↙ 或 XL↙。

(3)菜单栏:【绘图】→【构造线】。

(4)工具栏:〖绘图〗→〖↗〗。

执行该命令后,命令行提示如下信息:

指定点或[水平(H)/垂直(V)/角度(A)/二等分(B)/偏移(O)]:

命令行提示中各选项的含义如下:

(1)指定点:绘制一条通过选定两点的构造线,如图 6-2 所示。

(2)水平(H):绘制一条通过选定点的水平构造线,如图 6-3 所示。

图 6-2 指定点   图 6-3 "水平"选项

(3)垂直(V):绘制一条通过选定点的垂直构造线,如图 6-4 所示。

(4)角度(A):以指定的角度绘制一条构造线。

选择该选项后,命令行提示:

输入构造线的角度(0.000)或[参照(R)]:

①输入构造线的角度:直接输入构造线与 X 轴正方向的夹角,并指定通过点创建如图 6-5 所示的构造线。

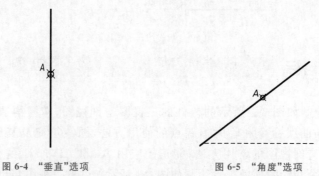

图 6-4 "垂直"选项   图 6-5 "角度"选项

②参照:指定一条已知直线,通过指定点绘制一条与已知直线呈指定夹角的构造线。

【例6-1】　如图6-6所示,绘制垂直于加强筋斜面的构造线。

操作步骤如下:

命令:〖默认〗→〖绘图〗→〖◢〗　　　　　　　//启动"构造线"命令

指定点或［水平(H)/垂直(V)/角度(A)/二等分(B)/偏移(O)］:**A** ↙

　　　　　　　　　　　　　　　　　　//选择"角度"选项绘制构造线

输入构造线的角度(0.000)或［参照(R)］:**R** ↙　//采用参照方式

选择直线对象:**选取如图6-7所示直线 l**　//选择参照对象

输入构造线的角度＜0.000＞:**90** ↙　　　//输入参照角度

指定通过点:**选取直线 l 的中点**　　　//选择构造线的通过点

指定通过点:↙　　　　　　　　　//回车结束命令

结果如图6-7所示。

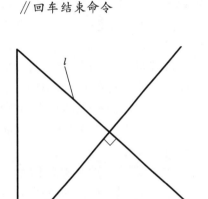

图6-6　加强筋重合剖面图　　　　　图6-7　参照方式绘制构造线

(5)二等分(B):创建一条参照线,它经过选定的角顶点,并且将选定的两条线之间的夹角平分,如图6-8所示。

(6)偏移(O):该选项的功能与"修改"菜单中的"偏移"命令功能相同,但是使用"偏移"命令得到的偏移复制对象和源对象具有相同的属性,比如线型、线宽等,而使用"构造线"命令生成的对象的属性取决于当前图层的属性,与源对象无关。

二、射线命令

射线是一端无限长的直线,和构造线一样,通常仅仅作为绘图过程中的辅助线或者参照线。执行"射线"命令的方式如下:

(1)功能区面板:〖默认〗→〖绘图〗→〖◢〗。

(2)键盘输入:RAY ↙。

(3)菜单栏:【绘图】→【射线】。

启动"射线"命令后,先在第一个指定点上单击,命令行提示"指定通过点:",单击指定的第二个点后右击,一条以第一个点为起点,并且通过第二个点的射线就画好了。起点和通过点定义了射线的伸长方向,射线沿此方向延伸到显示区域的边界。如图6-9所示即为通过点 B 的四条射线。

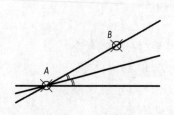

图 6-8 "二等分"选项

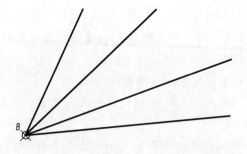

图 6-9 通过点 *B* 的四条射线

三、多段线命令

多段线是由一系列首尾相连的直线段和圆弧段组成的,不论多少直线段和圆弧段,它们都是一个个图素,可以替代一些 AutoCAD 实体,如直线、圆弧、实心体等。多段线具有以下特点:

(1)多段线可以同时包含直线段和圆弧段,通常用于绘制既有直线又有圆弧的图形。

(2)多段线中每段直线或圆弧线的起点和终点的宽度可以任意设置,因此可使用多段线绘制剖视图中的剖切符号与投射方向符号等一些特殊符号。

(3)一条多段线可以被当作一个对象来处理,整条多段线是一个单一实体,便于编辑。

1. 绘制多段线

执行"多段线"命令的方式如下:

(1)功能区面板:〖默认〗→〖绘图〗→〖 ⌐〗。

(2)键盘输入:PLINE↙或 PL↙。

(3)菜单栏:【绘图】→【多段线】。

(4)工具栏:〖绘图〗→〖 ⌐〗

【例 6-2】 绘制如图 6-10 所示图形。

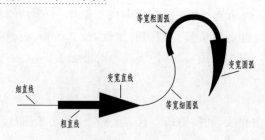

图 6-10 由直线段和图弧段组成的不同线宽的多段线

操作步骤如下:

命令:〖默认〗→〖绘图〗→〖 ⌐〗   //启动"多段线"命令

指定起点:在屏幕上拾取一点   //指定起点位置

当前线宽为 0.000

指定下一点或［圆弧(A)/半宽(H)/长度(L)/放弃(U)/宽度(W)］:**100**↙

                              //绘制细直线,方向由光标引导,长度由输
                                 入值决定

指定下一点或[圆弧(A)/闭合(C)/半宽(H)/长度(L)/放弃(U)/宽度(W)]：**H** ↙
　　　　　　　　　　　　　　//指定半宽

指定起点半宽<0.250>：**10** ↙　　//起点半宽为 10
指定端点半宽<10.000>：**10** ↙　　//端点半宽为 10
指定下一点或[圆弧(A)/闭合(C)/半宽(H)/长度(L)/放弃(U)/宽度(W)]：**100** ↙
指定下一点或[圆弧(A)/闭合(C)/半宽(H)/长度(L)/放弃(U)/宽度(W)]：**H** ↙
指定起点半宽<10.000>：**30** ↙
指定端点半宽<30.000>：**0** ↙
指定下一点或[圆弧(A)/闭合(C)/半宽(H)/长度(L)/放弃(U)/宽度(W)]：**100** ↙
指定下一点或[圆弧(A)/闭合(C)/半宽(H)/长度(L)/放弃(U)/宽度(W)]：**A** ↙
　　　　　　　　　　　　　　//绘制圆弧

指定圆弧的端点(按住 Ctrl 键以切换方向)或[角度(A)/圆心(CE)/闭合(CL)/方向(D)/半宽(H)/直线(L)/半径(R)/第二个点(S)/放弃(U)/宽度(W)]：**单击等宽细圆弧上端点的位置**　　　　　　　　//在屏幕上拾取一点

指定圆弧的端点(按住 Ctrl 键以切换方向)或[角度(A)/圆心(CE)/闭合(CL)/方向(D)/半宽(H)/直线(L)/半径(R)/第二个点(S)/放弃(U)/宽度(W)]：**H** ↙
指定起点半宽<0.000>：**5** ↙
指定端点半宽<5.000>：↙

指定圆弧的端点(按住 Ctrl 键以切换方向)或[角度(A)/圆心(CE)/闭合(CL)/方向(D)/半宽(H)/直线(L)/半径(R)/第二个点(S)/放弃(U)/宽度(W)]：**单击等宽粗圆弧右端点的位置**　　　　　　　　//在屏幕上拾取一点

指定圆弧的端点(按住 Ctrl 键以切换方向)或[角度(A)/圆心(CE)/闭合(CL)/方向(D)/半宽(H)/直线(L)/半径(R)/第二个点(S)/放弃(U)/宽度(W)]：**H** ↙
指定起点半宽<5.000>：**20** ↙
指定端点半宽<20.000>：**0** ↙

指定圆弧的端点(按住 Ctrl 键以切换方向)或[角度(A)/圆心(CE)/闭合(CL)/方向(D)/半宽(H)/直线(L)/半径(R)/第二个点(S)/放弃(U)/宽度(W)]：**单击箭头变宽圆弧下端点的位置**　　　　　　　　//在屏幕上拾取一点

指定圆弧的端点(按住 Ctrl 键以切换方向)或[角度(A)/圆心(CE)/闭合(CL)/方向(D)/半宽(H)/直线(L)/半径(R)/第二个点(S)/放弃(U)/宽度(W)]：↙
　　　　　　　　　　　　　　//回车结束命令

主要选项说明：

多段线命令的操作分为直线方式和圆弧方式两种，初始提示为直线方式。现分别介绍不同方式下的各选项的含义。

①直线方式

系统提示为：

指定下一点或[圆弧(A)/半宽(H)/长度(L)/放弃(U)/宽度(W)]：

各选项的含义为：

● 指定下一点：缺省值，直接输入直线端点画直线。

● 圆弧(A)：选择该选项，将转入画圆弧方式。

● 半宽(H):按宽度线的中心轴线到宽度线的边界的距离定义线宽。

● 长度(L):用于设定新多段线的长度。如果前一段是直线,延长方向和前一段相同,如果前一段是圆弧,延长方向为前一段的切线方向。

● 放弃(U):用于取消刚画的一段多段线,重复选择此选项,可逐步往前删除。

● 宽度(W):用于设定多段线的线宽,默认值为0。多段线的初始宽度和结束宽度可不同,而且可分段设置,操作灵活。

②圆弧方式

系统提示为:

指定下一点或[圆弧(A)/半宽(H)/长度(L)/放弃(U)/宽度(W)]:A ↙

//输入A后回车,转入绘圆弧方式

指定圆弧的端点(按住Ctrl键以切换方向)或[角度(A)/圆心(CE)/闭合(CL)/方向(D)/半宽(H)/直线(L)/半径(R)/第二个点(S)/放弃(U)/宽度(W)]:

主要选项的含义为:

● 指定圆弧的端点:缺省值,新画圆弧过前一段线的终点,并与前一段线(圆弧或直线)在连接点处相切。

● 角度(A):提示用户给定夹角。

● 圆心(CE):提示用户给定圆弧中心。

● 闭合(CL):用圆弧封闭多段线,并退出PLINE命令。

● 方向(D):提示用户重新定义切线方向。

● 半宽(H)和宽度(W):设置多段线的半宽和全宽。

● 直线(L):切换回直线模式。

● 半径(R):提示用户输入圆弧半径。

● 第二个点(S):选择三点圆弧中的第二点。

2. 编辑多段线

编辑多段线的方法有两种,一种是利用多段线上的"夹点"进行编辑,一种是利用"编辑多段线"命令。

利用多段线上的"夹点"编辑多段线的方法是首先选择已绘制的多段线,如选择图6-11(a)所示的多段线,多段线上显示如图6-11(b)所示的夹点,其次将光标移至正方形夹点"■"处(不单击),此时弹出如图6-11(c)所示的选项菜单,利用该菜单可进行拉伸顶点、添加顶点和删除顶点操作;如果将光标移至长方形夹点"▬"处,此时弹出如图6-11(d)所示的选项菜单,利用该菜单可进行拉伸、添加顶点和转换为圆弧操作,从而改变多段线的形状。

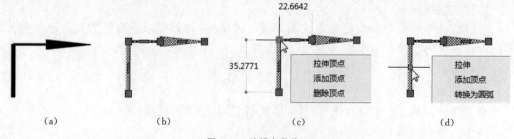

| (a) | (b) | (c) | (d) |

图6-11　编辑多段线

利用"编辑多段线"命令可以改变多段线线宽,将其打开或闭合,增减或移动顶点,样条化、直线化等。执行"编辑多段线"命令的方式如下:

(1)功能区面板:〖默认〗→〖修改〗→〖⌒〗。

(2)键盘输入:PEDIT↙或PE↙。

(3)菜单栏:【修改】→【对象】→【多段线】。

(4)工具栏:〖修改Ⅱ〗→〖⌒〗。

执行PEDIT命令,AutoCAD提示:

选择多段线或[多条(M)]:

在此提示下选择要编辑的多段线,即执行"选择多段线"默认选项,在绘图区弹出的选项菜单和命令行均提示:

输入选项[闭合(C)/合并(J)/宽度(W)/编辑顶点(E)/拟合(F)/样条曲线(S)/非曲线化(D)/线型生成(L)/反转(R)/放弃(U)]:

各选项的含义为:

● 闭合(C):可使AutoCAD封闭所编辑的多段线,然后给出提示:

输入选项[打开(O)/合并(J)/宽度(W)/编辑顶点(E)/拟合(F)/样条曲线(S)/非曲线化(D)/线型生成(L)/反转(R)/放弃(U)]:

即把提示中的"闭合(C)"选项换成"打开(O)"选项。若此时执行"打开(O)"选项,AutoCAD会将多段线从封闭处打开,而提示中的"打开(O)"选项又会转换为"闭合(C)"选项。

● 合并(J):用于将非封闭多段线与已有直线、圆弧或多段线合并成一条多段线对象。

● 宽度(W):用于为整条多段线指定统一的新宽度。

● 编辑顶点(E):用于创建圆弧拟合多段线(由圆弧连接每一顶点的平滑曲线),且拟合曲线要经过多段线的所有顶点,并采用指定的切线方向(如果有的话)。

● 拟合(F):创建圆弧拟合多段线,即由连接每对顶点的圆弧组成的平滑曲线。

● 样条曲线(S):用于创建样条曲线拟合多段线。

● 非曲线化(D):用于反拟合,一般可以使多段线恢复到执行"拟合(F)"或"样条曲线(S)"选项前的状态。

● 线型生成(L):用于规定非连续型多段线在各顶点处的绘制方式,即生成经过多段线顶点的连续图案的线型。

● 反转(R):反转多段线顶点的顺序。

● 放弃(U):返回PEDIT的起始处。

● 执行PEDIT命令后,AutoCAD给出的"多条(M)"选项允许用户同时编辑多条多段线。执行该选项,AutoCAD提示:

选择对象:

在此提示下用户可以选择多个对象。选择对象后AutoCAD提示:

输入选项[闭合(C)/打开(O)/合并(J)/宽度(W)/拟合(F)/样条曲线(S)/非曲线化(D)/线型生成(L)/放弃(U)]:

提示中的"合并(J)"选项可以将用户选择的并没有首尾相连的多条多段线合并成一条多段线。执行"合并(J)"选项,AutoCAD提示:

输入模糊距离或[合并类型(J)]＜0.0000＞：

其中，"输入模糊距离"为默认选项，用于确定模糊距离，即设定将使相距多远的两条多段线的两端点连接在一起。"合并类型(J)"选项用于确定合并的类型。执行该选项，AutoCAD提示：

输入合并类型[延伸(E)/添加(A)/两者都(B)]＜延伸＞：

其中，"延伸(E)"选项表示将通过延伸或修剪靠近端点的线段实现连接；"添加(A)"选项表示通过在相近的两个端点处添加直线段实现连接；"两者都(B)"选项表示如果可能，通过延伸或修剪靠近端点的线段实现连接，否则在相近的两端点处添加直线段。

如果执行PEDIT命令后选择的是用LINE命令绘制的直线或用ARC命令绘制的圆弧，AutoCAD将提示所选择对象不是多段线，并询问是否将其转换成多段线，如果选择转换的话，AutoCAD将其转换成多段线，并继续给出上面的提示。

四、样条曲线命令

1.创建样条曲线

样条曲线是经过或接近一系列给定点的光滑曲线，样条曲线通过首末两点，其形状受拟合点或控制点控制，但并不一定通过中间点，曲线与点的拟合程度受拟合公差控制。机械制图中经常用"样条曲线"命令绘制波浪线。执行"样条曲线"命令的方式如下：

(1)功能区面板：【默认】→【绘图】→【 N 】或【 N 】。

(2)键盘输入：SPLINE ✓ 或 SPL ✓。

(3)菜单栏：【绘图】→【样条曲线】→【拟合点】或【控制点】。

(4)工具栏：【绘图】→【 N 】。

使用"样条曲线拟合点"命令创建样条曲线的方法是展开"默认"选项卡的"绘图"面板，然后单击"样条曲线拟合点"按钮 N ，在绘图区的不同位置处依次单击，以指定样条曲线上的各拟合点，如分别单击图6-12(a)所示的A点到D点后按 Enter 键结束命令。

使用"样条曲线控制点"命令创建样条曲线的方法是展开"默认"选项卡的"绘图"面板，然后单击"样条曲线控制点"按钮 N ，在绘图区的不同位置处依次单击，以指定样条曲线上的各控制点。如分别单击图6-12(b)所示的A点到D点后按 Enter 键结束命令。

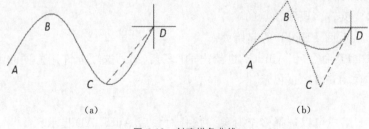

(a)　　　　　　　　　　　　(b)

图6-12　创建样条曲线

温馨提示：使用"样条曲线控制点"和"样条曲线拟合点"命令绘制样条曲线的方法相同，只是两种方式下样条曲线的夹点位置与形状有所不同。

2. 编辑样条曲线

如果所绘制的样条曲线的形状和长度不合适，可用两种方法编辑样条曲线：一种是利用样条曲线上的拟合点或控制点来调整，一种是利用"编辑样条曲线"命令来调整。

(1)利用样条曲线上的拟合点或控制点

利用样条曲线上的拟合点或控制点来调整的方法是先选中要编辑的样条曲线，然后利用样条曲线上的拟合点或控制点来调整。

● 调整拟合点：选中使用"样条曲线拟合点"命令绘制的曲线，然后单击并拖动拟合点■，即通过拉伸拟合点的方式调整该曲线的形状，若将光标移至其中的任一夹点上，还可以在出现的快捷菜单中选择【添加拟合点】或【删除拟合点】选项来调整曲线的形状，如图 6-13(a)所示。

● 调整控制点：选中使用"样条曲线控制点"命令绘制的曲线，利用曲线上的控制点●或快捷菜单，可调整样条曲线的形状，其操作方法与使用拟合点调整相同，如图 6-13(b)所示。

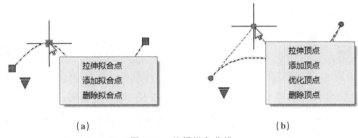

(a)　　　　　　　　　　　　　　　(b)

图 6-13　编辑样条曲线

(2)使用"编辑样条曲线"命令

使用"编辑样条曲线"命令编辑样条曲线的方法是首先执行"编辑样条曲线"命令，然后根据 AutoCAD 的提示进行编辑。

执行"编辑样条曲线"命令的方式如下：

(1)菜单栏：【修改】→【对象】→【样条曲线】。

(2)工具栏：〖修改 II〗→〖🖊〗。

(3)键盘输入：SPLINEDIT ✓或 SPE ✓。

执行 SPLINEDIT 命令，AutoCAD 提示：

选择样条曲线：

在该提示下选择要编辑的样条曲线，AutoCAD 在样条曲线的各控制点处显示夹点，如图 6-13 所示，并提示：

输入选项［闭合(C)/合并(J)/拟合数据(F)/编辑顶点(E)/转换为多段线(P)/反转(R)/放弃(U)/退出(X)］＜退出＞：

各选项的含义为：

● 闭合(C)：封闭当前所编辑的样条曲线。

● 合并(J)：将选定的样条曲线与其他样条曲线、直线、多段线和圆弧在重合端点处合并，以形成一个较大的样条曲线。

● 拟合数据(F)：用于修改样条曲线的拟合点。

● 编辑顶点(E)：主要用于添加、删除、移动样条曲线上的控制点。

● 转换为多段线(P)：将样条曲线转换为多段线。

● 反转(R)：用于反转样条曲线的方向。

● 放弃(U):取消上一次编辑操作。

选择某一选项后,AutoCAD又有新的提示和选项,用户可按提示和选项操作,这里就不一一赘述了。

五、图案填充命令

利用图案填充命令,可以将选定的图案填入指定的封闭区域内。在机械工程图中,图案填充用于绘制剖面线,以表达一个剖切的区域,有时使用不同的图案填充来表达不同的零部件或者材料。

执行"图案填充"命令的方式如下:

(1)功能区面板:〖默认〗→〖绘图〗→〖▨〗。

(2)键盘输入:BHATCH↙、HATCH↙、BH↙或H↙。

(3)菜单栏:【绘图】→【图案填充】。

(4)工具栏:〖绘图〗→〖▨〗。

1. 创建"图案填充"

要创建图案填充,首先将"剖面线"层设置为当前层,并执行"图案填充"命令,此时功能区显示如图6-14所示的"图案填充创建"选项卡及其面板;其次单击"图案"面板中的选定图案或者单击列表框按钮▼,系统会自动展开如图6-15所示的图案列表框,从中选择合适的图案,如"ANSI31"图案,在"特性"面板的"角度"和"填充图案比例"文本框中输入图案的填充角度和比例,按[Enter]键确认,也可以采用默认的填充角度"0"和比例"1";再次将光标移到要填充图案的区域上,如将光标移到如图6-16所示的"剖面线"区域内,此时系统会自动搜索并显示图案的填充效果,接着在要填充的区域内单击,以指定填充区域,最后按[Enter]键结束命令,结果如图6-16所示。

图6-14　"图案填充创建"选项卡及其面板

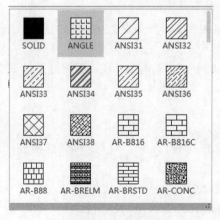

图6-15　图案列表框

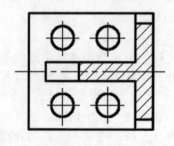

图6-16　图案填充

温馨提示：图案填充时，“特性”面板的“填充图案比例”文本框中输入的值越小，图案中的线条越密，反之越疏。无论一次选择了多少对象或区域，所填充的图案都是一个单独的对象，如果执行“删除”命令，可将其全部删除；如果执行“分解”命令，可将图案分解成组成图案的线条，不再是一个单一对象，同时，分解后的图案也失去了与图形的关联性。

2. 编辑图案填充

创建了图案填充后，如果需要修改填充图案或修改图案区域的边界，可用四种方法进行编辑。

方法一：利用“图案填充编辑器”选项卡及其面板进行编辑。

单击需要编辑的图案填充，这时功能区将自动显示如图 6-17 所示的“图案填充编辑器”选项卡及其面板，从中可以修改图案、比例、角度和关联性等。

默认
插入
注释
参数化
视图
管理
输出
附加模块
协作
精选应用
拾取点
选择
删除
重新创建
边界
SOLID
ANGLE
ANSI31
ANSI32
图案
ByLayer
无
图案填充透明度
角度
0
0
1
特性
设定原点
原点
关联
注释性
特性匹配
选项
关闭
图案填充编辑器
关闭

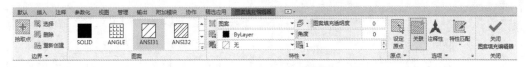

图 6-17　“图案填充编辑器”选项卡及其面板

方法二：利用“图案填充”快捷特性选项板进行编辑。

双击需要编辑的图案填充，打开如图 6-18 所示的“图案填充”快捷特性选项板，从中可以修改图案、比例、旋转角度和关联性等。

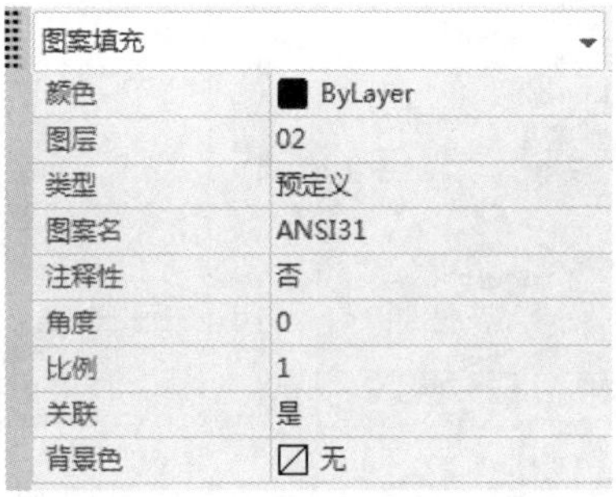

图案填充
颜色
ByLayer
图层
02
类型
预定义
图案名
ANSI31
注释性
否
角度
0
比例
1
关联
是
背景色
无

图 6-18　“图案填充”快捷特性选项板

方法三：利用夹点功能进行编辑。

当填充的图案是关联填充时，通过夹点功能改变填充边界后，AutoCAD 会根据边界的新位置重新生成填充图案。

方法四：利用“编辑图案填充”命令进行编辑。

执行“编辑图案填充”命令的方式如下：

(1)功能区面板：〖默认〗→〖修改〗→〖 〗。

(2)键盘输入：HATCHEDIT ↙。

(3)菜单栏：【修改】→【对象】→【图案填充】。

(4)工具栏：〖修改Ⅱ〗→〖 〗。

执行“编辑图案填充”命令后，在绘图区中单击需要编辑的图案填充，系统会自动弹出如

图 6-19 所示的"图案填充编辑"对话框,从中可以修改图案、比例、角度和关联性等。

"图案填充编辑"对话框中主要选项的功能如下:

(1)"图案填充"选项卡

①类型和图案

"类型"下拉列表框:设置填充的图案类型,包括"预定义"、"用户定义"和"自定义"三个选项。其中,选择"预定义"选项,可以使用 AutoCAD 提供的图案;选择"用户定义"选项,则需要临时定义图案,该图案由一组平行线或者相互垂直的两组平行线组成;选择"自定义"选项,可以使用事先定义好的图案。

"图案"下拉列表框:设置填充的图案,当"类型"设置为"预定义"时,该选项可用。在该下拉列表框中可以根据图案名选择图案,也可以单击其后的 ... 按钮,打开如图 6-20 所示的"填充图案选项板"对话框,从中选择合适的图案。

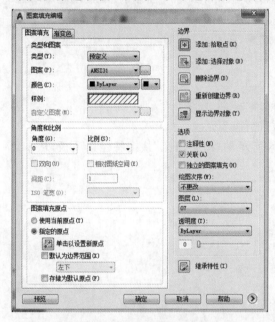

图 6-19　"图案填充编辑"对话框

图 6-20　"填充图案选项板"对话框

"颜色"下拉列表框:设置填充图案的颜色。

"样例"预览窗口:显示当前选中的图案样例,单击所选的样例图案,也可打开"填充图案选项板"对话框,从中选择图案。

"自定义图案"下拉列表框:当"类型"设置为"自定义"时,该选项可用,用于选择自定义图案。

②角度和比例

"角度"下拉列表框:设置填充图案的旋转角度,每种图案在定义时的旋转角度都为零。

"比例"下拉列表框:设置图案填充时的比例值。每种图案在定义时的初始比例为1,可以根据需要放大或缩小。当"类型"设置为"用户自定义"时,该选项不可用。

"双向"复选框:当"类型"设置为"用户定义"时,选中该复选框,可以使用相互垂直的两组平行线进行填充,否则为一组平行线。

"相对图纸空间"复选框：设置比例因子是否为相对于图纸空间的比例。

"间距"文本框：设置填充平行线之间的距离，当"类型"设置为"用户自定义"时，该选项才可用。

"ISO 笔宽"下拉列表框：设置笔的宽度，当填充图案采用 ISO 图案时，该选项才可用。

③图案填充原点

"使用当前原点"单选钮：可以使用当前 UCS 的原点(0,0)作为图案填充原点。

"指定的原点"单选钮：可以通过指定点作为图案填充原点。其中，单击"单击以设置新原点"按钮，可以从绘图区中选择某一点作为图案填充原点，选择"默认为边界范围"复选框，可以以填充边界的左下角、右下角、右上角、左上角或圆心作为图案填充原点；选择"存储为默认原点"复选框，可以将指定的点存储为默认的图案填充原点。

④边界

"添加：拾取点"按钮：以拾取点的形式来指定填充区域的边界。单击该按钮切换到绘图区，可在需要填充的区域内任意指定一点，系统会自动计算出包围该点的封闭填充边界，同时亮显该边界。如果在拾取点后系统不能形成封闭的填充边界，就会显示错误提示信息。

"添加：选择对象"按钮：单击该按钮将切换到绘图区，可以通过选择对象的方式来定义填充区域的边界。

"删除边界"按钮：单击该按钮可以取消系统自动计算或用户指定的边界。

"重新创建边界"按钮：用于重新创建图案填充边界。

"显示边界对象"按钮：用于查看已定义的填充边界。单击该按钮，切换到绘图窗区，已定义的填充边界将亮显。

⑤选项

在"选项"选项组中，"关联"复选框用于创建其边界时随之更新的图案填充；"独立的图案填充"复选框用于创建独立的图案填充；"绘图次序"下拉列表框用于指定图案填充的绘图顺序，图案填充可以放在图案填充边界及所有其他对象之后或之前；"图层"下拉列表框用于指定图案填充的图层；"透明度"下拉列表框用于指定图案填充的透明度。

此外，单击"继承特性"按钮，可以将现有图案填充或填充对象的特性应用到其他图案填充或填充对象；单击【预览】按钮，可以使用当前图案填充设置显示当前定义的边界，单击图形或按 Esc 键返回对话框，单击鼠标右键或按 Enter 键接受图案填充。

⑥孤岛和边界

在进行图案填充时，通常将位于一个已定义好的填充区域内的封闭区域称为孤岛。单击"图案填充编辑"对话框右下角的按钮，将显示如图 6-21 所示更多选项，可以对孤岛和边界进行设置。

在"孤岛"选项区域中，"孤岛检测"复选框用来控制是否检测内部闭合边界(孤岛)，如果不存在内部边界，则进行孤岛检测没有意义；"孤岛显示样式"包括"普通"、"外部"和"忽略"三种样式。

"普通"样式：从最外边界向里绘制填充线，遇到与之相交的内部边界时断开填充线，遇到下一个内部边界时再继续绘制填充线，如图 6-22(a)所示。

图 6-21   展开的"图案填充编辑"对话框

"外部"样式:从最外边界向里绘制填充线,遇到与之相交的内部边界时断开填充线,不再继续往里绘制填充线,如图 6-22(b)所示。

"忽略"样式:忽略边界内的对象,所有内部结构都被填充线覆盖,如图 6-22(c)所示。

(a)"普通"样式   (b)"外部"样式   (c)"忽略"样式

图 6-22   孤岛检测样式

(2)渐变色选项卡

在 AutoCAD 中,可以使用"图案填充编辑"对话框的"渐变色"选项卡创建一种或两种颜色形成的渐变色,并对图案进行填充,如图 6-23 所示。

"单色"单选钮:选择该单选钮,可以使用从较深着色到较浅色调平滑过渡的单色填充。

"双色"单选钮:选择该单选钮,可以指定两种颜色之间平滑过渡的双色渐变填充。

"角度"下拉列表框:相对当前 UCS 指定渐变填充的角度,该选项与指定给图案填充的角度互不影响。

"居中"复选框:指定对称的渐变配置。如果没有选定此复选框,渐变填充将朝左上方变化,可创建出光源在对象左边的图案。

"渐变图案"预览窗口:显示当前设置的渐变色效果,共有 9 种效果。

另外,当"渐变色"选项卡处于展形状态时,单击"图案填充编辑"对话框右下角的 按钮,可关闭"孤岛"选项组。

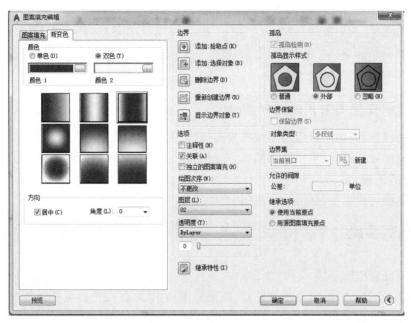

图 6-23　"渐变色"选项卡

六、临时追踪点

利用临时追踪点,可以在一次操作中创建水平和垂直方向的追踪线,然后根据这些追踪线确定所要定位的点。在此模式下,拾取对象捕捉指定的参考点,获取它的某一坐标,来构成新点的坐标。在追踪操作中,当光标做水平移动时(相对于当前用户坐标),获取的是 Y 坐标;当光标做垂直移动时(相对于当前用户坐标),获取的是 X 坐标。

【例 6-3】　从图 6-1 所示俯视图中的外轮廓矩形右下角绘制右下角的圆。

操作步骤如下:

命令:〖默认〗→〖绘图〗→〖⊙〗　　　　　//启动"圆心、半径"画圆命令

指定圆的圆心或[三点(3P)/两点(2P)/切点、切点、半径(T)]:**按下 Shift 键的同时右击,从弹出的快捷菜单中单击【临时追踪点】命令**　　//启动"临时追踪点"命令

指定圆的圆心或[三点(3P)/两点(2P)/切点、切点、半径(T)]:_tt

指定临时对象追踪点:**捕捉并单击矩形右下角点**

//指定第一个"临时追踪点"

指定圆的圆心或[三点(3P)/两点(2P)/切点、切点、半径(T)]:**向左移动光标,当显示 X 方向的追踪线(虚线)时,按下 Shift 键的同时右击,从弹出的快捷菜单中单击【临时追踪点】命令**　　　　　　　　　　　//再启动"临时追踪点"命令

指定圆的圆心或[三点(3P)/两点(2P)/切点、切点、半径(T)]:_tt

指定临时对象追踪点:**20**✓　　　　//指定第二个"临时追踪点"

指定圆的圆心或[三点(3P)/两点(2P)/切点、切点、半径(T)]:**此时显示 Y 方向的追踪虚线(虚线),向上移动光标并输入追踪距离 10.5**✓

//确定圆心的位置

指定圆的半径或[直径(D)]:**5**✓　　　//输入圆的半径,回车结束画圆命令

温馨提示:指定第二个"临时追踪点"后,如果再次启动"临时追踪点"命令,可以继续追踪下去。

七、绘制三视图常用的三种方法

(1)辅助线法:利用构造线和射线作为辅助线,确保视图之间的"三等"关系。

(2)对象捕捉追踪法:采用对象捕捉、对象追踪、正交、临时追踪点等辅助工具,确保视图之间的"三等"关系。

(3)复制旋转俯视图,保证与左视图"宽相等"。

任务实施

第 1 步:设置作图环境

(1)创建新图形文件,设置图形单位、图形界限和图层,详细步骤见任务 2。

(2)设置对象捕捉模式。

在"草图设置"对话框的"对象捕捉"选项卡中,选择"交点""端点""垂足""中点""圆心""象限点""切点"等对象捕捉模式,并激活状态栏上的"极轴追踪""对象捕捉""对象捕捉追踪""动态输入""线宽"等绘图辅助功能按钮。

第 2 步:绘制中心线等基准线和辅助线

(1)选择图层"05"为当前层,执行"直线"命令,绘制出俯视图和左视图的前后对称中心线,作为它们的宽度基准线。

(2)选择图层"02"为当前层,执行"直线"命令,绘制主视图、左视图的高度基准线(底板下底面),俯视图和主视图长度基准线(底板右端面)。

绘制基准线
及辅助线

(3)通过俯视图和左视图的前后对称中心线的交点绘制一条与 X 轴正向呈 $-45°$ 的构造线。

命令:〖默认〗→〖绘图〗→〖ⵢ〗或 **XLINE** ✓ 或 **XL** ✓   //执行"构造线"命令

指定点或 [水平(H)/垂直(V)/角度(A)/二等分(B)/偏移(O)]:**A** ✓

    //选择"角度(A)"选项

输入构造线的角度(0.000)或 [参照(R)]:**−45** ✓   //输入角度

指定通过点:捕捉俯视图对称中心线的右端点,之后再捕捉左视图对称中心线的下端点,然后向下移动光标,当出现两条追踪线的交点时单击   //指定构造线通过点

指定通过点:✓   //回车结束"构造线"命令

构造线绘制结果如图 6-24 所示。

或者先通过俯视图和左视图的前后对称中心线绘制两条垂直相交的直线而得到交点,之后在系统提示"指定通过点:"时单击交点,再按 Enter 键(或按 空格 键或单击鼠标右键)结束"构造线"命令,结果如图 6-24 所示。

第 3 步：绘制底板

(1)选择图层"01"为当前层,执行"直线"命令,绘制底板外轮廓线和圆,选择图层"05"为当前层,执行"直线"命令绘制圆的中心线,结果如图 6-25 所示。

绘制底板上波浪线

(2)选择图层"02"为当前层,执行"样条曲线"命令,绘制波浪线 *ABCDE*。

命令：【默认】→【绘图】→【 ~ 】或【 ~ 】或 **SPLINE** ↙或 **SPL** ↙　　//执行"样条曲线"命令

指定第一个点或 [方式(M)/节点(K)/对象(O)]：**在 *A* 点处单击**　//指定第一点

输入下一个点或 [起点切向(T)/公差(L)]：**在 *B* 点处单击**　　//指定第二点

输入下一个点或 [端点相切(T)/公差(L)/放弃(U)]：**在 *C* 点处单击**

//指定第三点

输入下一个点或 [端点相切(T)/公差(L)/放弃(U)/闭合(C)]：**在 *D* 点处单击**

//指定第四点

输入下一个点或 [端点相切(T)/公差(L)/放弃(U)/闭合(C)]：**在 *E* 点处单击**

//指定第五点

输入下一个点或 [端点相切(T)/公差(L)/放弃(U)/闭合(C)]：↙

//结束"样条曲线"命令

波浪线绘制结果如图 6-25 所示。

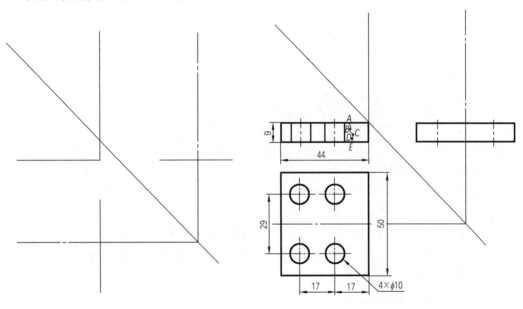

图 6-24　绘制基准线及辅助线　　　　图 6-25　绘制底板

第 4 步：绘制上部圆筒

(1)绘制左视图的圆

绘制圆柱套筒

选择图层"01"为当前层,执行"圆"命令,追踪左视图高度基准线与对称中心线的交点,向上移动光标,出现追踪线时输入 45 ↙得圆心,输入 15 ↙得 $\phi30$ 的圆;再执行"圆"命令,捕捉圆心后输入 D↙,输入 15 ↙得 $\phi15$ 的圆。

(2)绘制主视图上圆筒的转向轮廓素线

①执行"偏移"命令,将主视图的长度基准线向右偏移 4 个作图单位,再向左偏移 30 个作图单位。

②打开"正交"功能,执行"直线"命令,追踪左视图圆的象限点,绘制主视图上圆筒的转向轮廓素线和左右圆筒面的投影,然后删除多余图线。

③绘制中心线。追踪左视图圆的圆心,绘制主视图圆筒的中心线;追踪左视图圆的象限点,绘制左视图圆的中心线;选择刚刚绘制的中心线,利用"默认"选项卡下"图层"面板上的"图层"下拉列表框,将其调整到"05"层,结果如图 6-26 所示。

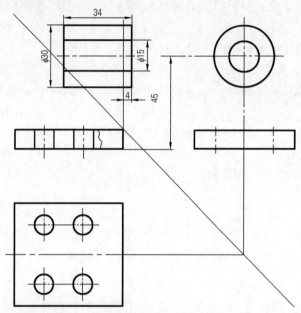

微课

绘制支承板

图 6-26   绘制上部圆筒

第 5 步:绘制底板右侧的支承板

(1)执行"直线"命令,分别绘制出左视图、俯视图上支承板的轮廓线。

(2)执行"样条曲线"命令,绘制出主视图圆筒的波浪线,选择刚刚绘制的波浪线,利用"默认"选项卡下"图层"面板上的"图层"下拉列表框,将其调整到"02"层。

(3)执行"直线"命令,追踪端点、捕捉交点画出主、俯视图上底板右侧支承板的轮廓线,之后修剪或删除多余图线,结果如图 6-27 所示。

第 6 步:绘制底板中间的支承板

(1)执行"直线"命令,借助"对象捕捉""对象捕捉追踪"功能绘制出左视图上底板中间支承板的轮廓线。

(2)执行"构造线"命令,捕捉左视图上底板中间支承板的轮廓线与 $\phi 30$ 圆的交点,绘制一条水平线。

(3)执行"直线"命令,画出主视图上底板中间支承板的轮廓线及支承板与圆筒的相贯线;再执行"直线"命令,画出俯视图上底板中间支承板的轮廓线,之后修剪或删除多余图线,结果如图 6-28 所示。

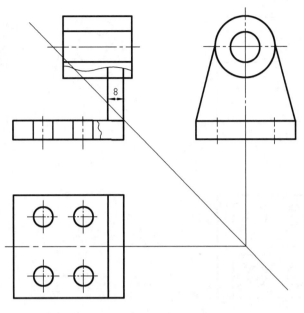

图 6-27　绘制底板右侧的支承板

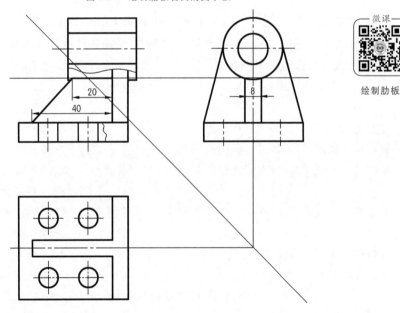

图 6-28　绘制底板中间的支承板

微课

绘制肋板

第 7 步:绘制剖切符号

(1)选择图层"02"为当前层,执行"构造线"命令,绘制如图 6-29 所示过 G 点的一条水平辅助线。

(2)使用"多段线"命令绘制如图 6-29 所示的剖切符号。

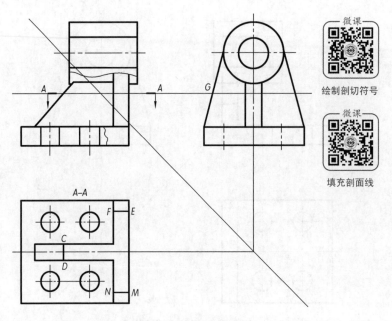

微课
绘制剖切符号

微课
填充剖面线

图 6-29　绘制剖切符号

命令：〖默认〗→〖绘图〗→〖▱〗或 PLINE↙或 PL↙　//启动"多段线"命令

指定起点：捕捉图 6-29 所示的水平构造线与右侧支承板轮廓线的交点后向右移动光标,出现追踪线并有合适距离时单击　　　　　　　　　　//指定多段线的左端点

指定下一个点或［圆弧(A)/半宽(H)/长度(L)/放弃(U)/宽度(W)］：W↙

　　　　　　　　　　　　　　　　　　　　　　//选择"宽度(W)"选项

指定起点宽度＜0.000＞：0.5↙　　　　　　　　//输入线宽

指定端点宽度＜0.500＞：↙　　　　　　　　　　//采用线宽的默认值

指定下一点或［圆弧(A)/闭合(C)/半宽(H)/长度(L)/放弃(U)/宽度(W)］：6↙

　　　　　　　　　　　　　　　　　　　　　　//输入第一段多段线长度

指定下一点或［圆弧(A)/闭合(C)/半宽(H)/长度(L)/放弃(U)/宽度(W)］：W↙

　　　　　　　　　　　　　　　　　　　　　　//选择"宽度(W)"选项

指定起点宽度＜0.500＞：0↙　　　　　　　　　//输入线宽

指定端点宽度＜0.000＞：↙　　　　　　　　　　//采用线宽的默认值

指定下一点或［圆弧(A)/闭合(C)/半宽(H)/长度(L)/放弃(U)/宽度(W)］：**向下移动**

光标,出现追踪线时输入 2↙　　　　　　　　//输入第二段多段线长度

指定下一点或［圆弧(A)/闭合(C)/半宽(H)/长度(L)/放弃(U)/宽度(W)］：W↙

　　　　　　　　　　　　　　　　　　　　　　//选择"宽度(W)"选项

指定起点宽度＜0.000＞：0.5↙　　　　　　　　//输入线宽

指定端点宽度＜0.500＞：0↙　　　　　　　　　//输入线宽

指定下一点或［圆弧(A)/闭合(C)/半宽(H)/长度(L)/放弃(U)/宽度(W)］：3↙

　　　　　　　　　　　　　　　　　　　　　　//输入第三段多段线长度

指定下一点或［圆弧(A)/闭合(C)/半宽(H)/长度(L)/放弃(U)/宽度(W)］：↙

　　　　　　　　　　　　　　　　　　　　　　//结束"多段线"命令

镜像或者用同样的方法绘制出另一侧的剖切符号,结果如图 6-29 所示。

(3)标注文字

①设置文字样式

展开"默认"选项卡的"注释"面板,然后单击"文字样式"按钮 **A**,,或者直接在命令行中输入命令"ST"后按 Enter 键,打开如图 6-30 所示的"文字样式"对话框,单击【新建】按钮,弹出如图 6-31 所示的"新建文字样式"对话框,在该对话框的"样式名"文本框中输入"文字样式"后单击【确定】按钮,返回"文字样式"对话框;单击"字体名"下拉列表框右侧的下拉按钮 **⌄**,展开"字体名"下拉列表,从其下拉列表中选择"gbenor.shx",如图 6-32 所示;选择"使用大字体"复选框,可创建支持汉字等大字体的文字样式,此时"大字体"下拉列表框被激活,从其下拉列表中选择大字体"gbcbig.shx",如图 6-33 所示;单击【置为当前】按钮,其余选项采用默认值,再单击【关闭】按钮,关闭"文字样式"对话框。

图 6-30　"文字样式"对话框

图 6-31　"新建文字样式"对话框

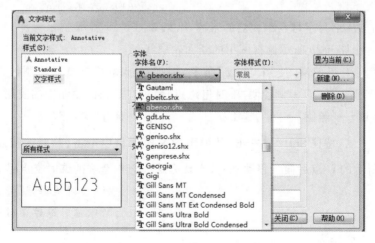

图 6-32　"字体名"下拉列表

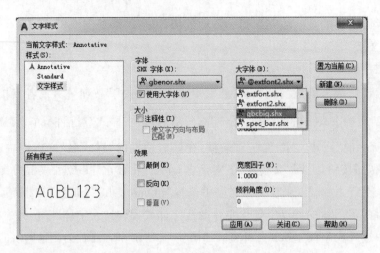

图 6-33　"大字体"下拉列表

②使用"单行文字"命令书写字母

命令：〖默认〗→〖注释〗→〖文字〗→〖单行文字〗或 text ↙或 dtext ↙

　　　　　　　　　　　　　　　　　　// 启动"单行文字"命令

当前文字样式："文字样式" 文字高度：3. 500 注释性：否

　　　　　　　　　　　　　　　　　　// 系统提示

指定文字的起点或［对正(J)/样式(S)］：在剖切符号外侧合适位置单击

　　　　　　　　　　　　　　　　　　// 指定文字起点

指定高度 ＜3.5000＞：5 ↙　　　　　　// 输入文字高度

指定文字的旋转角度 ＜0＞：↙　　　　　// 使用默认文字旋转角度

text：A ↙　　　　　　　　　　　　　　// 输入所需文字

text：↙　　　　　　　　　　　　　　// 回车结束"单行文字"输入

text：↙　　　　　　　　　　　　　　// 回车结束"单行文字"命令

用同样的方法书写字母及剖视图的名称，结果如图 6-29 所示。

第 8 步：补全图 6-29 所示俯视图中的断面轮廓线

选择"01"层为当前层，使用"直线"命令，捕捉并追踪相应交点绘制线段 CD、EF 和 MN，下面以绘制线段 EF 为例说明"临时追踪点"命令在三视图绘制中的应用。

　　命令：〖默认〗→〖绘图〗→〖╱〗或 L ↙　　　// 执行"直线"命令

指定第一个点：按住 Shift 键右击，从弹出的快捷菜单中单击【临时追踪点】命令，然后

捕捉图 6-29 所示的 G 点后向下移动光标，出现追踪线与构造线的临时交点标记时单击

　　　　　　　　　　　　　　　　　　// 执行"临时追踪点"命令，并在屏幕

　　　　　　　　　　　　　　　　　　　上拾取临时追踪点 G 和交点

指定第一个点：_tt

指定临时对象追踪点：向左移动光标，当 E 点出现交点标记时单击

　　　　　　　　　　　　　　　　　　// 拾取 E 点

指定下一点或［放弃(U)］:**向左移动光标,当 F 点出现交点标记时单击**

//拾取 F 点

指定下一点或［闭合(C)/放弃(U)］:↙　　　//结束"直线"命令

第9步:填充剖面线

(1)新建一个图案填充的图层,图层名为"剖面线",线型为"Continuous",颜色为"绿色",线宽为"0.25 mm",并将其置为当前层。

(2)执行"图案填充"命令,此时功能区自动显示如图 6-14 所示的"图案填充创建"选项卡及其面板,单击"图案"面板中的"ANSI31"图案,在"特性"面板中采用默认的填充角度"0"和比例"1",分别将光标移动到如图 6-1 所示"剖面线"区域内单击,最后按 Enter 键结束"图案填充"命令,结果如图 6-1 所示。

(3)编辑图案填充

创建了图案填充后,如果需要修改填充图案,只要单击需要编辑的图案填充,这时将自动显示如图 6-17 所示的"图案填充编辑器"选项卡及其面板,从中可以修改图案、比例、角度等。

第10步:删除多余的图线,使用夹点将各图线调整到合适的长短,完成全图,如图 6-1 所示。

第11步:保存图形文件。

任务检测与技能训练

1.利用所学命令,绘制如图 6-34～图 6-40 所示的三视图与剖视图。

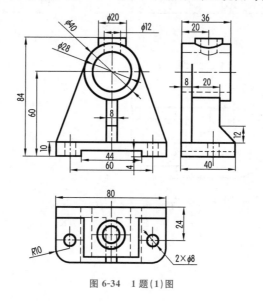

图 6-34　1题(1)图

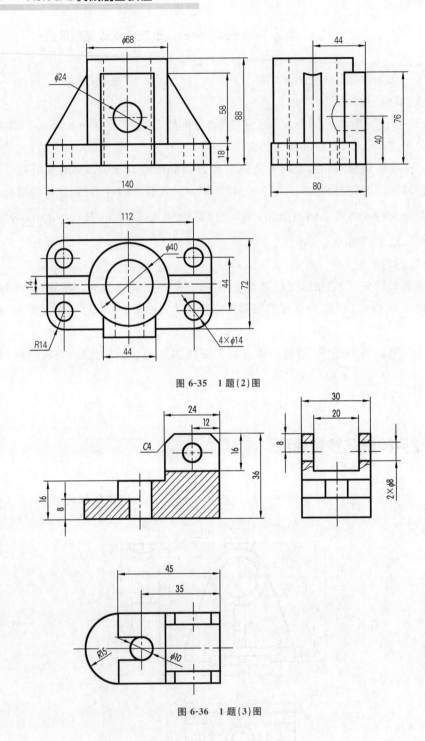

图 6-35　1 题(2)图

图 6-36　1 题(3)图

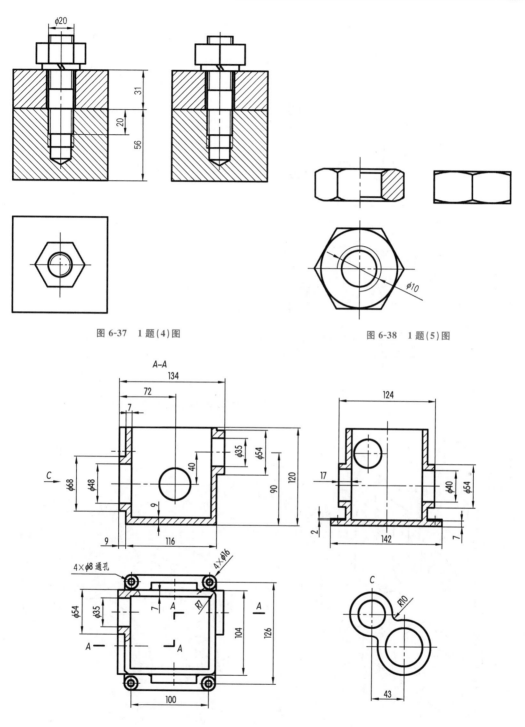

图 6-37　1 题(4)图

图 6-38　1 题(5)图

图 6-39　1 题(6)图

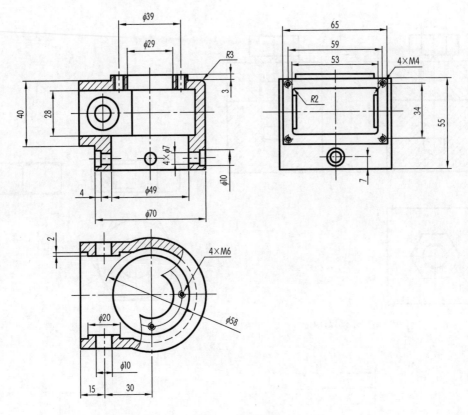

图 6-40　1题(7)图

2.利用所学命令，根据如图 6-41～图 6-44 所示的立体图绘制三视图和剖视图。

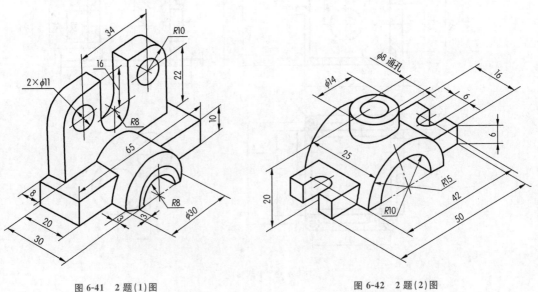

图 6-41　2题(1)图　　　　　　　　　　　图 6-42　2题(2)图

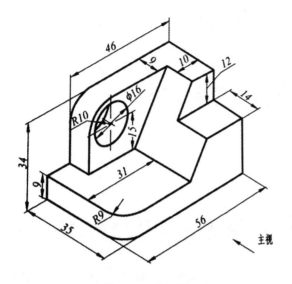

图 6-43　2 题(3)图

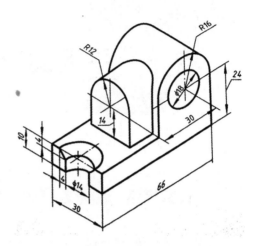

图 6-44　2 题(4)图

平面图形的尺寸标注

任务描述

用 1∶1 的比例绘制图 7-1 所示图形并标注尺寸。要求:图形正确,线型、标注符合国家标准规定。

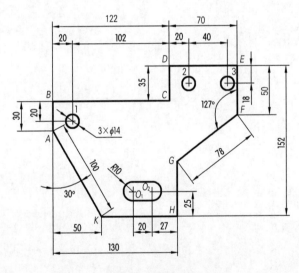

图 7-1 平面图形

任务目标

学生通过如图 7-1 所示的平面图形,掌握"标注样式管理器"对话框的使用方法,设置尺寸标注样式的方法,长度型尺寸、半径、直径、圆心、角度等尺寸标注的方法,编辑标注对象的方法;能正确使用"标注样式管理器"对话框设置尺寸标注样式,正确应用尺寸标注命令对图 7-1 所示图形进行尺寸标注,及时完成任务检测与技能训练,达到正确率 90% 以上,按时完成率 90% 以上;培养学生的数据与质量意识和良好的职业素养。

知识储备

一、尺寸标注的类型

AutoCAD 提供了十余种标注命令以标注图形对象的尺寸,使用它们可以进行角度、直径、半径、线性、对齐、连续、圆心及基线等标注,如图 7-2 所示。

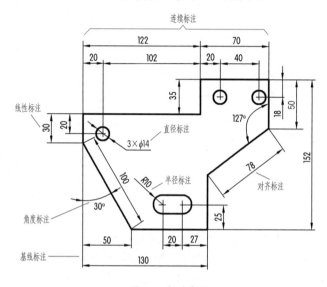

图 7-2　标注类型

二、尺寸标注的步骤

1. 创建尺寸标注的图层

在 AutoCAD 中编辑、修改机械图样时,由于各种图线与尺寸混杂在一起,使得其操作非常不方便。为了便于控制尺寸标注对象的显示与隐藏,在 AutoCAD 中应为尺寸标注创建独立的图层,运用图层技术使其与图形的其他信息分开,以便于操作。具体操作方法详见任务 2。

> 温馨提示:在对图形进行尺寸标注时,AutoCAD 会自动创建一个名为"Defpoints"的图层,该层上保留了一些标注信息,它是 AutoCAD 图形的一个组成部分。

2. 创建尺寸标注的文字样式

为了方便在尺寸标注时修改所标注的各种文字,应建立专用于尺寸标注的文字样式。文字样式的创建通过"文字样式"对话框完成。展开"默认"选项卡下的"注释"面板,然后单击"文字样式"按钮 **A**,打开"文字样式"对话框,从中单击【新建】按钮,系统弹出"新建文字样式"对话框,在"样式名"文本框中输入文字样式的名称(如尺寸文字),之后单击【确定】按钮,返回"文字样式"对话框,在"文字样式"对话框的"样式"列表框中,除系统自动提供的两个默认的文字样式 Standard 和 Annotative 外,已经增加了"尺寸文字"样式名,在"字体名"

下拉列表中选用"gbenor. shx"或"gbeitc. shx",在"高度"文本框中输入"0. 0000"(如果文字类型的默认高度值不为0. 0000,则"标注样式管理器"对话框的"文字"选项卡中的"文字高度"设置将不起作用)。其他选项采用默认值,结果如图 7-3 所示。

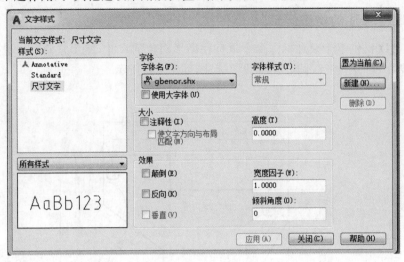

图 7-3 "文字样式"对话框

3. 设置尺寸标注样式

设置尺寸标注样式可以控制尺寸标注的格式和外观,有利于执行相关的绘图标准。在AutoCAD 中,如果在绘图时选择公制单位,则系统自动提供三个默认的标注样式,即ISO-25、Standard 和 Annotative,但 ISO-25 标准与我国的标准不尽相同,需要用户建立自己的标注样式,其具体设置步骤将在下面讲述。

4. 使用"对象捕捉"和"标注命令"对图形中的元素进行标注。

三、标注样式的设置

要设置标注样式,展开"默认"选项卡下的"注释"面板,然后单击"标注样式"按钮 ⊬ ,或单击"注释"选项卡下"标注"面板右下角的 ⊔ 按钮,或在命令行中输入"D"("DIMSTYLE"的缩写)并按 Enter 键,打开如图 7-4 所示的"标注样式管理器"对话框。其中,"当前标注样式"标签显示出当前标注样式的名称;"样式"列表框用于列出已有标注样式的名称;"列出"下拉列表框确定要在"样式"列表框中列出哪些标注样式。当其选择"所有样式"时,在"样式"列表框中显示所有的标注样式;当其选择"正在使用的样式"时,只显示当前图形中用到的标注样式。"预览"框用于预览在"样式"列表框中所选中标注样式的标注效果。"说明"标签框用于显示在"样式"列表框中所选定标注样式的说明。【置为当前】按钮把指定的标注样式置为当前样式。【新建】按钮用于创建新标注样式。【修改】按钮则用于修改已有标注样式。单击该按钮,可打开"修改标注样式"对话框,修改选中的标注样式。修改标注样式时,用原标注样式标注的尺寸将被全部修改。【替代】按钮用于设置当前样式的替代样式。单击该按钮,可打开"替代当前样式"对话框,设置一种临时替代样式。【比较】按钮用于对两个标注样式进行比较,或了解某一样式的全部特性。单击该按钮,可打开"比较标注样式"对话框,在此可比较两种标注样式的特性。

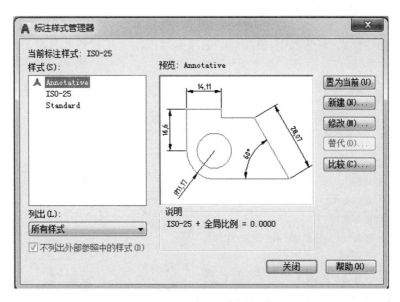

图7-4　"标注样式管理器"对话框

新建标注样式的步骤是：

在"标注样式管理器"对话框中单击【新建】按钮，打开如图7-5所示的"创建新标注样式"对话框，在"新样式名"文本框中输入新样式的名称（如"水平"）；在"基础样式"下拉列表中选择一种基础样式（如ISO-25），新样式将在该基础样式的基础上进行修改。在"用于"下拉列表中指定新建标注样式的适用范围，包括"所有标注"、"线性标注"、"角度标注"、"半径标注"、"直径标注"、"坐标标注"和"引线和公差"等选项。单击该对话框中的【继续】按钮，将打开"新建标注样式"对话框，可以在其中设置线、符号和箭头、文字、主单位、公差等内容，如图7-6所示。

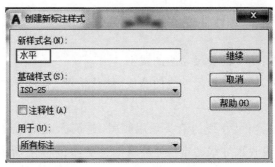

图7-5　"创建新标注样式"对话框

温馨提示：在"用于"下拉列表框中，如果选择"所有标注"选项，则创建的新标注样式适合于标注所有尺寸，如直径、半径、角度、坐标尺寸等；如果选择其他选项，则创建的新标注样式是基础样式的子样式，仅适用于特定对象的标注。例如，若选择"角度标注"选项，则使用该标注样式只能标注角度尺寸。

1.设置线

在"新建标注样式"对话框中,使用"线"选项卡可以设置尺寸线和尺寸界线的格式和位置,如图 7-6 所示。

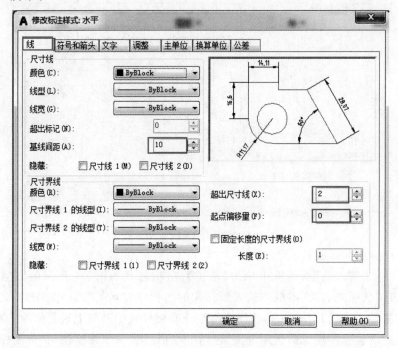

图 7-6 "新建标注样式"对话框——"线"选项卡

在"线"选项卡的"尺寸线"选项区域中,可以设置尺寸线的颜色、线型、线宽、超出标记以及基线间距等属性。

"颜色"下拉列表框:用于设置尺寸线的颜色,默认情况下,尺寸线的颜色为"ByBlock(随块)"。

"线型"下拉列表框:用于设置尺寸线的线型。

"线宽"下拉列表框:用于设置尺寸线的宽度,默认情况下,尺寸线的线宽也是"ByBlock(随块)"。

"超出标记"文本框:当尺寸线的箭头采用倾斜、建筑标记、小点、积分或无标记等样式时,使用该文本框可以设置尺寸线超出尺寸界线的长度,如图 7-7 所示。

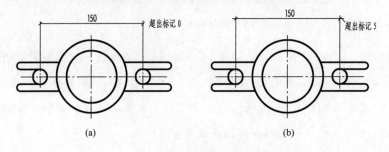

图 7-7 超出标记为 0 与不为 0 时的效果对比

"基线间距"文本框：进行基线尺寸标注时可以设置各尺寸线之间的距离，如图 7-8 所示。

"隐藏"选项区域：通过选择"尺寸线 1"或"尺寸线 2"复选框，可以隐藏第 1 段或第 2 段尺寸线及其相应的箭头，如图 7-9 所示。

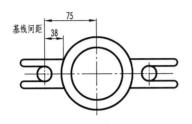

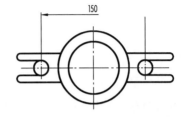

图 7-8　设置基线间距　　　　　　　　　图 7-9　隐藏尺寸线效果

在"线"选项卡的"尺寸界线"选项区域中，可以设置尺寸界线的颜色、线型、线宽、超出尺寸线的长度、起点偏移量及隐藏控制等属性。设置方法与"尺寸线"相同。

"超出尺寸线"文本框：用于设置尺寸界线超出尺寸线的距离，机械制图中设置为 2 或 3，如图 7-10 所示。

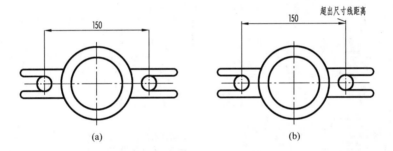

图 7-10　超出尺寸线距离为 0 与不为 0 时的效果对比

"起点偏移量"文本框：设置尺寸界线的起点与标注定义点的距离，机械制图中设置为 0，如图 7-11 所示。

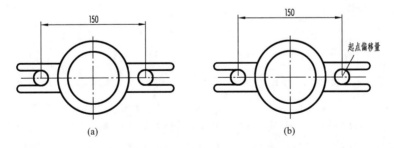

图 7-11　起点偏移量为 0 与不为 0 时的效果对比

"隐藏"选项区域：通过选中"尺寸界线 1"或"尺寸界线 2"复选框，可以隐藏尺寸界线，如图 7-12 所示。

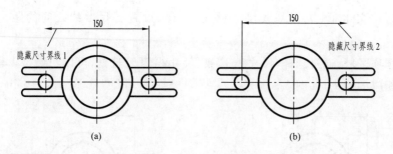

图7-12　隐藏尺寸界线效果

2. 设置符号和箭头

在"新建标注样式"对话框中,使用"符号和箭头"选项卡可以设置箭头、圆心标记、弧长符号和半径折弯标注的格式与位置,如图7-13所示。

"箭头":在"箭头"选项区域设置尺寸线和引线箭头的类型及尺寸大小等,AutoCAD设置了20多种箭头样式。通常情况下,尺寸线的两个箭头应一致,在机械制图中一般使用实心闭合箭头,可以从对应的下拉列表中选择箭头样式,并在"箭头大小"文本框中设置其大小。

图7-13　"新建标注样式"对话框——"符号和箭头"选项卡

"圆心标记":在"圆心标记"选项区域中可以设置圆或圆弧的圆心标记类型,如"标记"、"直线"和"无"。选择"标记"单选按钮,可对圆或圆弧绘制圆心标记;选择"直线"单选按钮,可对圆或圆弧绘制中心线;选择"无"单选按钮,则没有任何标记,如图7-14所示。当选择"标记"或"直线"单选按钮时,可以在"大小"文本框中设置圆心标记的大小。

"弧长符号":在"弧长符号"选项区域中可以设置弧长符号显示的位置,包括"标注文字的前缀"、"标注文字的上方"和"无"三种方式,如图7-15所示。

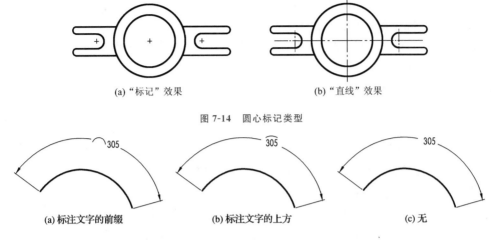

(a)"标记"效果　　　　　　　　　　(b)"直线"效果

图 7-14　圆心标记类型

(a)标注文字的前缀　　　　　(b)标注文字的上方　　　　　(c)无

图 7-15　设置弧长符号的位置

"半径折弯标注":在"半径折弯标注"选项区域的"折弯角度"文本框中,可以设置标注圆弧半径时标注线的折弯角度大小。

"折断标注":在"折断标注"选项区域的"折断大小"文本框中,可以设置标注折断时标注线的长度大小。

"线性折弯标注":在"线性折弯标注"选项区域的"折弯高度因子"文本框中,可以设置折弯标注打断时折弯线的高度大小。

3. 设置文字

在"新建标注样式"对话框中,使用"文字"选项卡可以设置标注文字的外观、位置和对齐方式,如图 7-16 所示。

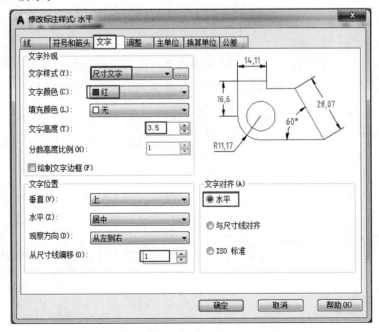

图 7-16　"新建标注样式"对话框——"文字"选项卡

在"文字"选项卡"文字外观"选项区域中可以设置文字的样式、颜色、高度和分数高度比例以及控制是否绘制文字边框等。各选项的功能说明如下：

"文字样式"下拉列表框：用于选择标注的文字样式。也可以单击其后的▭按钮，打开"文字样式"对话框，选择文字样式或新建文字样式。

"文字颜色"下拉列表框：用于设置标注文字的颜色，也可以用变量 DIMCLRT 设置。

"填充颜色"下拉列表框：用于设置标注文字的背景色。

"文字高度"文本框：用于设置标注文字的高度，也可以用变量 DIMTXT 设置。

"分数高度比例"文本框：设置标注文字中的分数相对于其他标注文字的比例，AutoCAD 将该比例值与标注文字高度的乘积作为分数的高度。

"绘制文字边框"复选框：设置是否给标注文字加边框，如图 7-17 所示。

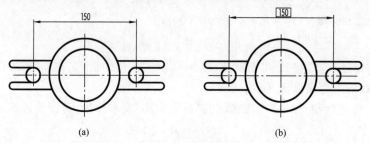

图 7-17   文字无边框与有边框的效果对比

在"文字"选项卡的"文字位置"选项区域中可以设置文字的垂直位置、水平位置、观察方向以及从尺寸线偏移的量，各选项的功能说明如下：

"垂直"下拉列表框：用于设置标注文字相对于尺寸线在垂直方向的位置，如"居中"、"上"、"外部"、"JIS"和"下"。其中，选择"居中"选项可以把标注文字放在尺寸线中间；选择"上"选项将把标注文字放在尺寸线的上方；选择"外部"选项可以把标注文字放在远离尺寸界线起点的尺寸线一侧；选择"JIS"选项则按 JIS 规则（日本工业标准）放置标注文字，即总是把标注文字放在尺寸线上方；选择"下"选项将把标注文字放在尺寸线的下方，当把文字对齐方式选为"水平"时，竖直方向的标注文字放在尺寸线中间，如图 7-18 所示。

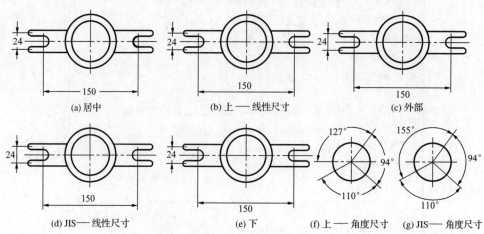

图 7-18   文字垂直位置的形式

"水平"下拉列表框:用于设置标注文字相对于尺寸线和尺寸界线在水平方向的位置,如"居中"、"第一条尺寸界线"、"第二条尺寸界线"、"第一条尺寸界线上方"或"第二条尺寸界线上方",如图 7-19 所示。

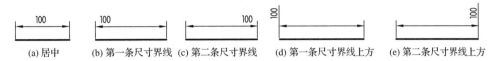

| (a)居中 | (b)第一条尺寸界线 | (c)第二条尺寸界线 | (d)第一条尺寸界线上方 | (e)第二条尺寸界线上方 |

图 7-19 文字水平位置的形式

"观察方向"下拉列表框:用来控制标注文字的观察方向。

"从尺寸线偏移"文本框:设置标注文字与尺寸线之间的距离。如果标注文字位于尺寸线的中间,则表示断开处尺寸线端点与标注文字的间距。若标注文字带有边框,则可以控制文字边框与其中文字的距离。

在"文字"选项卡的"文字对齐"选项区域中可以设置标注文字是保持水平还是与尺寸线对齐。其中三个单选按钮的含义如下:

"水平"单选按钮:使标注文字水平放置。

"与尺寸线对齐"单选按钮:使标注文字方向与尺寸线方向一致。

"ISO 标准"单选按钮:使标注文字按 ISO 标准放置,当标注文字在尺寸界线之内时,它的方向与尺寸线方向一致,而在尺寸线之外时将水平放置。

上述三种文字对齐方式如图 7-20 所示。

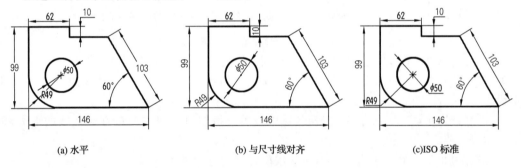

(a)水平 　　　　(b)与尺寸线对齐 　　　　(c)ISO 标准

图 7-20 文字对齐方式

4. 设置调整

在"新建标注样式"对话框中,使用"调整"选项卡可以设置标注文字、尺寸线、尺寸箭头的位置,如图 7-21 所示。

在"调整"选项卡的"调整选项"选项区域中,可以确定当尺寸界线之间没有足够的空间同时放置标注文字和箭头时,从尺寸界线之间移出对象的方式,如图 7-22 所示。

"文字或箭头(最佳效果)"单选按钮:按最佳效果自动移出文字或箭头。

"箭头"单选按钮:首先将箭头移出。

"文字"单选按钮:首先将文字移出。

"文字和箭头"单选按钮:将文字和箭头都移出。

"文字始终保持在尺寸界线之间"单选按钮:将文字始终保持在尺寸界线之间。

"若箭头不能放在尺寸界线内,则将其消除"复选框:如果选中该复选框,则抑制箭头显示。

在"调整"选项卡的"文字位置"选项区域中,可以设置当文字不在默认位置时的位置。其中各选项含义如下:

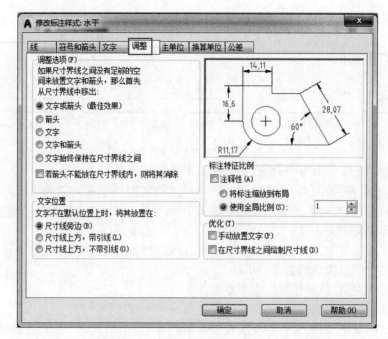

图 7-21　"新建标注样式"对话框——"调整"选项卡

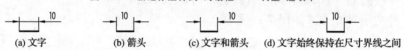

图 7-22　标注文字和箭头在尺寸界线间的放置

"尺寸线旁边"单选按钮：选中该单选按钮可以将文字放在尺寸线旁边。

"尺寸线上方，带引线"单选按钮：选中该单选按钮可以将文字放在尺寸线的上方，并带上引线。

"尺寸线上方，不带引线"单选按钮：选中该单选按钮可以将文字放在尺寸线的上方，但不带引线。

如图 7-23 所示显示了当文字不在默认位置时的上述设置效果。

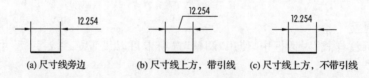

图 7-23　标注文字的位置

在"调整"选项卡的"标注特征比例"选项区域中，可以设置标注尺寸的特征比例，以便通过设置全局比例来增大或减小各标注的大小。各选项的功能如下：

"注释性"复选框：选择该复选框，可以将标注定义成可注释性对象。

"将标注缩放到布局"单选按钮：选择该单选按钮，可以根据当前模型空间与图纸空间之间的缩放关系设置比例。

"使用全局比例"单选按钮：选择该单选按钮，可以对全部尺寸标注设置缩放比例，该比例不改变尺寸的测量值。

在"调整"选项卡的"优化"选项区域中，可以对标注文字和尺寸线进行细微调整，该选项区域包括以下两个复选框：

"手动放置文字"复选框：选中该复选框，则忽略标注文字的设置，在标注时可将标注文字放置在指定的位置。

"在尺寸界线之间绘制尺寸线"复选框：选中该复选框，当尺寸箭头放置在尺寸界线之外时，也可在尺寸界线之内绘制出尺寸线。

5. 设置主单位

在"新建标注样式"对话框中，使用"主单位"选项卡可以设置主单位的格式与精度等属性，如图 7-24 所示。

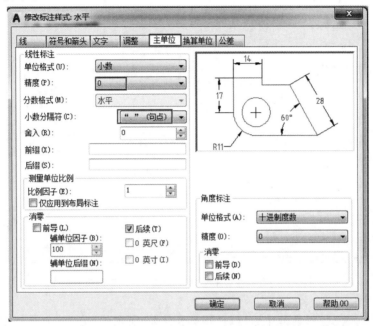

图 7-24　"新建标注样式"对话框——"主单位"选项卡

"线性标注"选项区域：可以设置线性标注的单位格式与精度等，各选项功能如下：

"单位格式"下拉列表框：设置除角度标注之外的其余各标注类型的尺寸单位，包括"科学"、"小数"、"工程"、"建筑"和"分数"等选项。

"精度"下拉列表框：设置除角度标注之外的其他标注的尺寸精度。

"分数格式"下拉列表框：当单位格式是分数时，可以设置分数的格式，包括"水平"、"对角"和"非堆叠"三种方式。

"小数分隔符"下拉列表框：设置小数的分隔符，包括"逗点"、"句点"和"空格"三种方式。

"舍入"文本框：用于设置除角度标注外的尺寸测量值的舍入值。

"前缀"和"后缀"文本框：设置标注文字的前缀和后缀，在相应的文本框中输入字符即可。

"测量单位比例"选项区域：使用"比例因子"文本框可以设置测量尺寸的缩放比例，AutoCAD 的实际标注值为测量值与该比例的积。选中"仅应用到布局标注"复选框，可以设置该比例关系仅适用于布局。

"消零"选项区域：可以设置是否显示尺寸标注中的"前导"和"后续"零。

"角度标注"选项区域：使用"单位格式"下拉列表框设置标注角度时的单位；使用"精度"下拉列表框设置标注角度的尺寸精度；使用"消零"选项区域中的"前导"和"后续"复选框设置是否消除角度尺寸的"前导"和"后续"零。

6.设置换算单位

在"新建标注样式"对话框中,可以使用"换算单位"选项卡设置换算单位的格式。

在 AutoCAD 中,通过换算标注单位,可以转换使用不同测量单位制的标注,通常是显示英制标注的等效公制标注,或公制标注的等效英制标注,如图 7-25 所示。

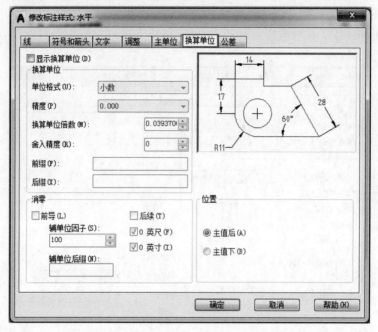

图 7-25 "新建标注样式"对话框——"换算单位"选项卡

7.设置公差

在"新建标注样式"对话框中,可以使用如图 7-26 所示的"公差"选项卡,设置是否标注公差以及以何种方式进行标注,详见任务 8 中公差标注。

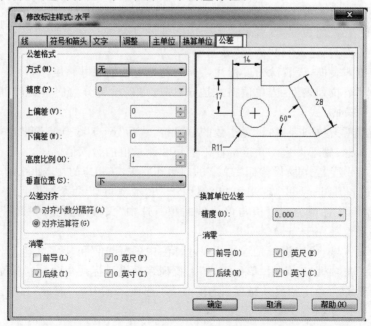

图 7-26 "新建标注样式"对话框——"公差"选项卡

四、尺寸标注的方法

1. 线性标注

线性标注是指标注图形对象在水平方向、垂直方向或指定方向的尺寸,分为水平标注、垂直标注和旋转标注三种类型。水平标注用于标注对象在水平方向的尺寸,即尺寸线沿水平方向放置;垂直标注用于标注对象在垂直方向的尺寸,即尺寸线沿垂直方向放置;旋转标注则标注对象沿指定方向的尺寸。线性标注用于标注用户坐标系 XY 平面上两个点之间距离的测量值,通过指定点或选择对象来实现。

(1)指定点

在"默认"选项卡下的"注释"面板中单击"线性"按钮 ⊢┤,或在"注释"选项卡下的"标注"面板中单击"线性"按钮 ⊢┤,或执行【标注】→【线性】命令,在命令行提示下直接指定第一条尺寸界线和第二条尺寸界线的原点后,命令行提示如下:

指定尺寸线位置或[多行文字(M)/文字(T)/角度(A)/水平(H)/垂直(V)/旋转(R)]:

这时可以直接确定尺寸线的位置,也可以选择其他选项来指定标注的文字内容或标注文字的旋转角度。

如果直接指定了尺寸线的位置,系统将按自动测量出的两条尺寸界线起始点间的相应距离标注出尺寸。

如果选择其他选项,可指定标注的文字内容或标注文字的旋转角度。其他各选项的功能说明如下:

● 多行文字(M):指定尺寸线的位置前选择该选项将进入多行文字编辑模式,可以使用文字输入编辑框和"文字编辑器"选项卡及其面板,输入并设置标注文字。

● 文字(T):指定尺寸线的位置前选择该选项将以单行文字的形式输入标注文字,此时将显示"输入标注文字<1>:"提示信息,要求输入标注文字。

● 角度(A):指定尺寸线的位置前选择该选项可以设置标注文字的旋转角度。

● 水平(H)和垂直(V):指定尺寸线的位置前选择该选项,可以标注水平尺寸和垂直尺寸。

● 旋转(R):指定尺寸线的位置前选择该选项可以设置旋转标注对象的尺寸线,即标注沿指定方向的尺寸。

(2)选择对象

执行线性标注的命令后,如果直接按 Enter 键,则命令行提示"选择标注对象:",当选择了要标注的对象后,AutoCAD 将该对象的两个端点作为两条尺寸界线的起点,标注方法和选项同前。

2. 对齐标注

对齐标注指所标注尺寸的尺寸线与两条尺寸界线起始点间的连线平行。在"默认"选项卡下的"注释"面板中单击"线性"按钮 ⊢┤ 右侧的下拉按钮 ▼,或在"注释"选项卡下的"标注"面板中单击"线性"按钮 ⊢┤ 右侧的下拉按钮 ▼,在展开的下拉列表中单击"对齐"按钮 ⁄丶,或执行【标注】→【对齐】命令,可以对对象进行对齐标注。对齐标注是线性标注尺寸的一种特殊形式。在对直线段进行标注时,如果该直线段的倾斜角度未知,那么使用线性标注方法将无法得到准确的测量结果,这时可以使用对齐标注。

【例 7-1】 标注图 7-27 中的长度尺寸。

操作步骤如下：首先启动"对齐标注"命令，然后捕捉点 D 和点 F，再拖动鼠标至点 3 处单击而确定尺寸线的位置后，结果如图 7-27 所示。使用同样的方法，可标注其他倾斜直线段的长度，结果如图 7-28 所示。

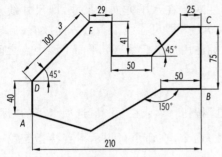

图 7-27　用"对齐标注"进行对齐尺寸标注

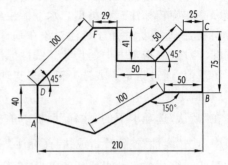

图 7-28　标注其他对齐尺寸

3. 角度尺寸的标注

角度标注命令可以测量圆上某段圆弧和圆弧的包含角、两条直线间的角度，或者三点间的角度，如图 7-29 所示。

在"默认"选项卡下的"注释"面板中单击"线性"按钮 右侧的下拉按钮，或在"注释"选项卡下的"标注"面板中单击"线性"按钮 右侧的下拉按钮，在展开的下拉列表中单击"角度"按钮，或执行【标注】→【角度】命令，此时命令行提示：

选择圆弧、圆、直线或 ＜指定顶点＞：

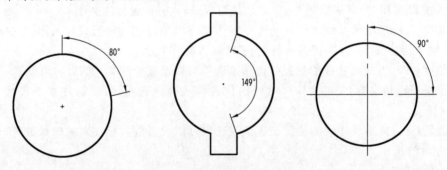

图 7-29　角度标注方式

在该提示下，可以选择需要标注的对象，其功能说明如下：

● 标注圆弧的包含角：当选择圆弧时，命令行显示"指定标注弧线位置或［多行文字（M）/文字（T）/角度（A）/象限点（Q）］："提示信息。此时，如果直接确定标注弧线的位置，AutoCAD 会按实际测量值标注出角度。

● 标注圆上某段圆弧的包含角：当选择了圆上的第一点时，命令行显示"指定角的第二个端点："提示信息，要求确定另一点作为角的第二个端点。该点可以在圆上，也可以不在圆上，然后确定标注弧线的位置，这时，将以圆心为角度的顶点，以所选择的两个点作为尺寸界线标注出角度。

● 标注两条不平行直线之间的夹角：需要选择这两条直线，然后确定标注弧线的位置，AutoCAD 将自动标注出这两条直线的夹角。

● 根据三个点标注角度：首先执行角度命令后回车，即采用默认选项"指定顶点"来指定角的顶点,然后分别指定角的两个端点,最后指定标注弧线的位置即可标注出角度。

4. 弧长标注

弧长标注命令可为圆弧标注长度尺寸。在"默认"选项卡下的"注释"面板中单击"线性"按钮⊢⊣右侧的下拉按钮▼,或在"注释"选项卡下的"标注"面板中单击"线性"按钮⊢⊣右侧的下拉按钮▼,在展开的下拉列表中单击"弧长"按钮⌒,或执行【标注】→【弧长】命令,可以标注圆弧线段或多段线圆弧线段部分的弧长。当选择需要的标注对象后,命令行提示如下信息:

　　指定弧长标注位置或[多行文字(M)/文字(T)/角度(A)/部分(P)/引线(L)]:

当指定了尺寸线的位置后,系统将按实际测量值标注出圆弧的长度。也可以利用"多行文字(M)"、"文字(T)"或"角度(A)"选项,确定尺寸文字或尺寸文字的旋转角度。另外,如果选择"部分(P)"选项,可以标注选定圆弧某一部分的弧长,如图 7-30 所示。

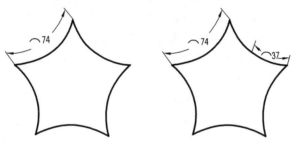

图 7-30　弧长标注

5. 半径标注

半径标注命令可为圆或圆弧标注半径尺寸。在"默认"选项卡下的"注释"面板中单击"线性"按钮⊢⊣右侧的下拉按钮▼,或在"注释"选项卡下的"标注"面板中单击"线性"按钮⊢⊣右侧的下拉按钮▼,在展开的下拉列表中单击"半径"按钮⟨,或执行【标注】→【半径】命令,并选择要标注半径的圆弧或圆,此时命令行提示如下信息:

　　指定尺寸线位置或[多行文字(M)/文字(T)/角度(A)]:

当指定了尺寸线的位置后,系统将按实际测量值标注出圆或圆弧的半径。也可以利用"多行文字(M)"、"文字(T)"或"角度(A)"选项,确定尺寸文字或尺寸文字的旋转角度,具体操作方法同线性标注。

6. 直径标注

在"默认"选项卡下的"注释"面板中单击"线性"按钮⊢⊣右侧的下拉按钮▼,或在"注释"选项卡下的"标注"面板中单击"线性"按钮⊢⊣右侧的下拉按钮▼,在展开的下拉列表中单击"直径"按钮⊘,或执行【标注】→【直径】命令,可以标注圆和圆弧的直径。

直径标注的方法与半径标注的方法相同。当选择了需要标注直径的圆或圆弧后,直接确定尺寸线的位置,系统将按实际测量值标注出圆或圆弧的直径。

7. 坐标标注

在"默认"选项卡下的"注释"面板中单击"线性"按钮⊢⊣右侧的下拉按钮▼,或在"注释"选项卡下的"标注"面板中单击"线性"按钮⊢⊣右侧的下拉按钮▼,在展开的下拉列表中单击"坐标"按钮,或执行【标注】→【坐标】命令,都可以标注相对于用户坐标原点的坐标,此时命令行提示如下信息：

指定点坐标：

在该提示下确定要标注坐标尺寸的点，而后系统将提示：

指定引线端点或［X基准(X)/Y基准(Y)/多行文字(M)/文字(T)/角度(A)］：

默认情况下，指定引线的端点位置后，系统将在该点标注出指定点坐标。

8. 折弯标注

折弯标注命令可以折弯标注圆和圆弧的半径，如图7-31所示。

该标注方法与半径标注方法基本相同，但需要指定一个代替圆或圆弧圆心的位置和尺寸线的折弯位置。在"默认"选项卡下的"注释"面板中单击"线性"按钮 右侧的下拉按钮 ，或在"注释"选项卡下的"标注"面板中单击"线性"按钮 右侧的下拉按钮 ，在展开的下拉列表中单击"折弯"按钮 ，或执行【标注】→【折弯】命令，在命令行的"选

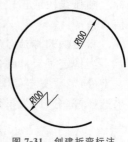

图7-31 创建折弯标注

择圆弧或圆"提示下，选择要标注半径的圆弧或圆，在命令行的"指定图示中心位置："提示下，单击圆内适当位置，确定用于替代圆心的点，此时将显示标注的尺寸数字和尺寸线，在命令行的"指定尺寸线位置或［多行文字(M)/文字(T)/角度(A)］："提示下，单击圆内适当位置，确定尺寸线位置，在命令行的"指定折弯位置："提示下，指定尺寸线的折弯位置即可。

9. 圆心标记

圆心标记命令可为圆或圆弧绘制圆心标记或中心线。执行【标注】→【圆心标记】命令，在命令行的"选择圆弧或圆："提示下，选择待标注的圆弧或圆即可标注圆心标记；单击"注释"选项卡下"中心线"面板中的"圆心标记"按钮 ，选择待标注的圆弧或圆即可标注中心线，如图7-32所示。

10. 基线标注

基线标注指各尺寸线从同一条尺寸界线处引出，创建一系列由相同的标注原点测量出来的标注，如图7-33所示的尺寸28和146。

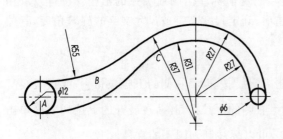

图7-32 标注圆心

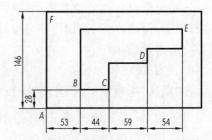

图7-33 基线标注和连续标注

在进行基线标注之前必须先创建（或选择）一个线性、坐标或角度标注作为基准标注，然后在"注释"选项卡下的"标注"面板中单击"连续"按钮 右侧的下拉按钮 ，在展开的下拉列表中单击"基线"按钮 ，或执行【标注】→【基线】命令，此时命令行提示如下信息：

指定第二条尺寸界线原点或［选择(S)/放弃(U)］＜选择＞：

（1）指定第二条尺寸界线原点

确定下一个尺寸的第二条尺寸界线的起点后，AutoCAD按基线标注方式标注出尺寸，

而后继续提示：

指定第二条尺寸界线原点或［选择(S)/放弃(U)］＜选择＞：

此时可再确定下一个尺寸的第二条尺寸界线起点位置。用此方式标注出全部尺寸后，在同样的提示下按两次 Enter 键或 空格 键，结束命令的执行。

(2)选择(S)

该选项用于指定基线标注时作为基线的尺寸界线。执行该选项，AutoCAD 提示：

选择基准标注：

在该提示下选择尺寸界线后，AutoCAD 继续提示：

指定第二条尺寸界线原点或［选择(S)/放弃(U)］＜选择＞：

在该提示下标注出的各尺寸均从指定的基线引出。执行基线尺寸标注时，有时需要先执行"选择(S)"选项来指定引出基线尺寸的尺寸界线。

例如，标注如图 7-33 所示图形中的点 A 与点 B 和点 A 与点 F 之间的垂直线性尺寸时，首先启动"线性标注"命令，创建点 A 与点 B 之间的垂直线性标注，再启动"基线标注"命令并单击点 F，然后按两次 Enter 键结束标注即可。

11.连续标注

连续标注指在标注出的尺寸中，相邻两尺寸线共用同一条尺寸界线，创建一系列箭头对箭头放置的标注，如图 7-33 所示尺寸 53、44、59、54 等。

与基线标注一样，在进行连续标注之前，必须先创建(或选择)一个线性、坐标或角度标注作为基准标注，以确定连续标注所需要的前一尺寸标注的尺寸界线，然后在"注释"选项卡下的"标注"面板中单击"连续"按钮 ，或执行【标注】→【连续】命令，此时命令行提示如下信息：

指定第二条尺寸界线原点或［选择(S)/放弃(U)］＜选择＞：

(1)指定第二条尺寸界线原点

在该提示下，当确定了下一个尺寸的第二条尺寸界线原点后，AutoCAD 按连续标注方式标注出尺寸，即把上一个尺寸的第二条尺寸界线作为新尺寸标注的第一条尺寸界线标注尺寸，而后 AutoCAD 继续提示：

指定第二条尺寸界线原点或［选择(S)/放弃(U)］＜选择＞：

此时可再确定下一个尺寸的第二条尺寸界线的起点位置。当用此方式标注出全部尺寸后，在上述同样的提示下按 Enter 键或 空格 键，结束命令的执行。

(2)选择

该选项用于指定连续标注将从哪一个尺寸的尺寸界线引出。执行该选项，AutoCAD 提示：

选择连续标注：

在该提示下选择尺寸界线后，AutoCAD 会继续提示：

指定第二条尺寸界线原点或［选择(S)/放弃(U)］＜选择＞：

在该提示下，当确定了下一个尺寸的第二条尺寸界线原点后，AutoCAD 按连续标注方式标注出尺寸。当标注完成后，按 Enter 键或 空格 键即可结束该命令。执行连续尺寸标注时，有时需要先执行"选择(S)"选项来指定引出连续尺寸的尺寸界线。

例如，标注如图 7-33 所示图形中的点 A 与点 B、点 B 与点 C、点 C 与点 D、点 D 与点 E

之间的水平线性标注时,首先启动"线性标注"命令,创建点 A 与点 B 之间的水平线性标注,再启动"连续标注"命令并依次单击点 C、D、E,然后按 Enter 键或 空格 键结束标注即可。

12. 快速标注

使用快速标注命令,可以快速创建基线或连续标注,也可以标注多个圆、圆弧以及编辑现有标注的布局。其操作方法是在"注释"选项卡下的"标注"面板中单击"快速"按钮 ,依次选择要标注的几何图形 ,然后按 Enter 键结束对象选取,接着移动光标,在合适位置单击以指定尺寸线的位置即可。

13. 标注命令

标注命令可以在单个命令会话中创建多种类型的标注。在"默认"选项卡下的"注释"面板中单击"标注"按钮 ,或在"注释"选项卡下的"标注"面板中单击"标注"按钮 ,命令行提示如下信息:

选择对象或指定第一个尺寸界线原点或 [角度(A)/基线(B)/连续(C)/坐标(O)/对齐(G)/分发(D)/图层(L)/放弃(U)]:

根据上述提示,执行一次标注命令,可完成多种类型的标注。

五、编辑尺寸标注的方法

在 AutoCAD 中,编辑尺寸标注及其文字的方法主要有:

1. 使用"文字编辑器"选项卡及其面板修改尺寸文字

使用"文字编辑器"选项卡及其面板可以修改已标注尺寸的文字样式、文字颜色、尺寸数值以及为其添加前缀、公差等。操作方法是双击已标注尺寸的文字,功能区自动显示如图 7-34 所示的"文字编辑器"选项卡及其面板,此时尺寸文字处于编辑状态,用户可以利用"插入"面板为尺寸数值添加前缀符号,利用"格式"面板为尺寸数值添加公差、修改颜色等,也可以重新输入尺寸数值及其前缀符号等。

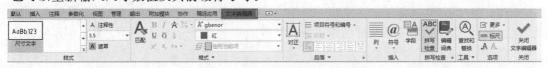

图 7-34 "文字编辑器"选项卡及其面板

2. 使用"编辑标注文字"命令调整文字位置

编辑标注文字命令可以移动或旋转标注文字,也可以重新指定尺寸线的标注文字位置,如图 7-35 所示。

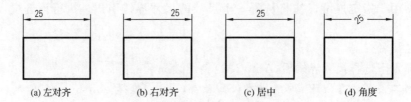

(a) 左对齐   (b) 右对齐   (c) 居中   (d) 角度

图 7-35 编辑标注文字

执行"编辑标注文字"命令的方式如下:

(1)功能区面板:〖注释〗→〖 标注 ▾ 〗→〖"文字角度"按钮 、"左对正"按钮 、"居中对正"按钮┠┥或"右对正"按钮┝┥〗。

（2）菜单栏：【标注】→【对齐文字】→【默认】【角度】【左】【居中】或【右】。

（3）键盘输入：DIMTEDIT↙。

（4）工具栏：〖标注〗→〖🅐〗。

采用前两种方式执行"编辑标注文字"命令后，根据 AutoCAD 提示选择要编辑的尺寸文字，即可将尺寸文字按输入的角度旋转或左对齐或居中或右对齐；后两种方式执行"编辑标注文字"命令后，AutoCAD 提示：

选择标注：

选择标注尺寸对象后 AutoCAD 提示：

为标注文字指定新位置或［左对齐（L）/右对齐（R）/居中（C）/默认（H）/角度（A）］：

AutoCAD 提示选项的功能是："为标注文字指定新位置"选项用于确定尺寸线和尺寸文字的新位置，通过鼠标将尺寸线和尺寸文字拖动到新位置后单击左键即可；"左对齐（L）"和"右对齐（R）"选项仅对非角度标注起作用，它们分别决定尺寸文字是沿尺寸线左对齐还是右对齐；"居中（C）"选项可将尺寸文字放在尺寸线的中间；"默认（H）"选项将按默认位置、方向放置尺寸文字；"角度（A）"选项可以使尺寸文字旋转指定的角度。

3. 使用"编辑标注"命令编辑尺寸标注

编辑标注命令可以修改选定对象的文字内容，能将标注文字按指定角度旋转以及将尺寸界线倾斜指定角度，如图 7-35(d)、图 7-36 所示。

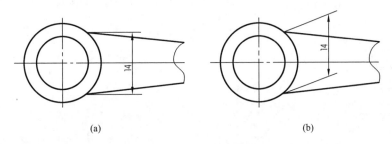

(a)　　　　　　　　　　　　　　(b)

图 7-36　尺寸界线倾斜前与倾斜 20°

执行"编辑标注"命令的方式如下：

（1）功能区面板：〖注释〗→〖　标注 ▾　〗→〖"倾斜"按钮 ⊦┤〗。

（2）菜单栏：【标注】→【倾斜】。

（3）键盘输入：DIMEDIT↙。

（4）工具栏：〖标注〗→〖┸┵〗。

采用前两种方式执行"编辑标注"命令后，根据 AutoCAD 提示选择要编辑的尺寸，接着输入倾斜或旋转的角度，即可将尺寸界线按输入的角度倾斜；后两种方式执行"编辑标注"命令后，AutoCAD 提示：

输入标注编辑类型［默认（H）/新建（N）/旋转（R）/倾斜（O）］<默认>：

其中，"默认（H）"选项会按默认位置和方向放置尺寸文字。"新建（N）"选项用于修改尺寸文字。"旋转（R）"选项可将尺寸文字旋转指定的角度。"倾斜（O）"选项可使非角度标注的尺寸界线旋转一角度。

4. 利用"标注"选项菜单编辑尺寸标注

AutoCAD 提供有标注选项菜单，用户选择了需要编辑的标注对象后，将鼠标停留在夹点上时将弹出选项菜单,选择相应选项可编辑标注文字的位置及是否翻转箭头等,如图 7-37 所示。翻转箭头形式如图 7-38 所示。选择了需要编辑的标注对象后右击,弹出快捷菜单,选择相应选项可更改所选对象的标注样式、修改标注文字的精度等,如图 7-39、图 7-40 所示。

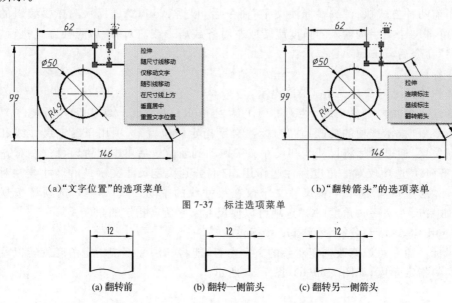

（a）"文字位置"的选项菜单　　　　　　　　　（b）"翻转箭头"的选项菜单

图 7-37　标注选项菜单

（a）翻转前　　　（b）翻转一侧箭头　　　（c）翻转另一侧箭头

图 7-38　翻转箭头形式

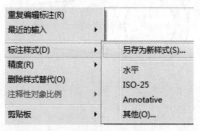　　　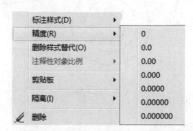

图 7-39　标注样式的快捷菜单　　　　　　图 7-40　标注文字精度的快捷菜单

5. 使用"标注间距"命令调整平行尺寸线之间的距离

执行"标注间距"命令的方式如下:

(1)功能区面板:〖注释〗→〖标注〗→〖 ▥ 〗。

(2)键盘输入:DIMSPACE↙。

(3)菜单栏:【标注】→【标注间距】。

(4)工具栏:〖标注〗→〖 ▥ 〗。

执行"标注间距"命令后,AutoCAD 提示:

选择基准标注:**单击作为基准的尺寸**　　　　　// 选择作为基准的尺寸

选择要产生间距的标注:**单击要调整间距的尺寸**　　// 依次选择要调整间距的尺寸

选择要产生间距的标注:↙　　　　　　　　// 回车结束选择

输入值或［自动（A）］＜自动＞:

如果输入距离值后按 Enter 键，AutoCAD 调整各尺寸线的位置，使它们之间的距离值为指定的值。如果直接按 Enter 键，AutoCAD 会自动调整尺寸线的位置。

6. 使用"折弯线性"命令在尺寸线上添加折弯线

执行"折弯线性"命令的方式如下：

(1)功能区面板：〖注释〗→〖标注〗→〖↯〗。

(2)键盘输入：DIMJOGLINE↙。

(3)菜单栏：【标注】→【折弯线性】。

(4)工具栏：〖标注〗→〖↯〗。

执行"折弯线性"命令后，AutoCAD 提示：

选择要添加折弯的标注或［删除(R)］：**单击如图 7-41 (a)所示 210 的尺寸线**

//指定要添加折弯的尺寸线

指定折弯位置(或按 Enter 键)：**在图 7-41(a)所示 210 的尺寸线中左位置单击**

//指定要添加折弯的位置

结果如图 7-41(b) 所示。在该提示下，如果直接按 Enter 键，可在选择要添加折弯的尺寸线时单击尺寸线的位置添加折弯线，"删除(R)"选项用于删除已有的折弯线。

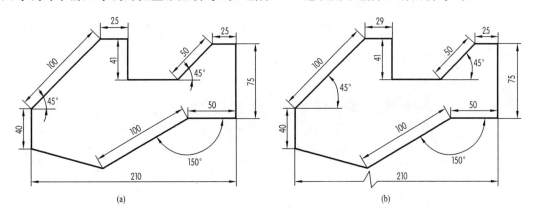

图 7-41　折弯线性标注

7. 使用"标注打断"命令将与其他对象交叉处打断标注或延伸

执行"标注打断"命令的方式如下：

(1)功能区面板：〖注释〗→〖标注〗→〖┼〗。

(2)键盘输入：DIMBREAK↙。

(3)菜单栏：【标注】→【标注打断】。

(4)工具栏：〖标注〗→〖┼〗。

执行"标注打断"命令后，AutoCAD 提示：

选择要添加/删除折断的标注或［多个(M)］：

在该提示下选择尺寸，也可通过执行"多个(M)"选项选择多个尺寸，之后 AutoCAD

提示：

选择要折断标注的对象或［自动（A）/手动（M）/删除（R）］＜自动＞：

根据提示操作即可。其中，"选择要折断标注的对象"选项用于选择尺寸对象以便进行打断。"自动（A）"选项用于使 AutoCAD 按默认设置的尺寸进行打断。"手动（M）"选项用于以手动方式指定打断点。"删除（R）"选项用于恢复到打断前的效果，即取消打断。

8.使用"标注更新"命令将图形中已标注的尺寸样式更新为当前尺寸样式

执行"标注更新"命令的方式如下：

（1）功能区面板：〖注释〗→〖标注〗→〖 🖸 〗。

（2）菜单栏：【标注】→【更新】。

（3）工具栏：〖标注〗→〖 🖸 〗。

执行"标注更新"命令后，AutoCAD 提示：

选择对象：

在图形中单击需要修改的标注并按 Enter 键，可将已标注的尺寸标注样式更新为当前尺寸标注样式。

9.使用"标注样式管理器"对话框编辑尺寸样式

单击"注释"选项卡下"标注"面板中右下角的 ↘ 按钮，或在命令行中输入"D"并按 Enter 键，系统弹出"标注样式管理器"对话框，用户可以单击对话框中的【修改】按钮来修改当前尺寸样式中的设置（图 7-42），或首先新建一个临时的尺寸标注样式，然后单击对话框中的【替代】按钮来替代当前尺寸标注样式的相应设置（图 7-43）。

图 7-42 "修改标注样式"对话框

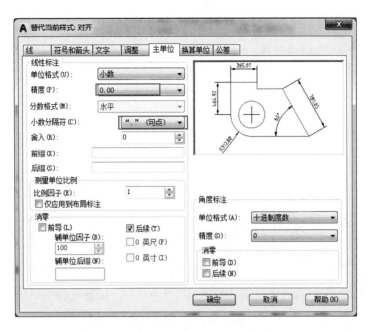

图 7-43 "替代当前样式"对话框

10. 利用"夹点"快速调整尺寸标注的位置

使用夹点可以非常方便地移动尺寸线、尺寸界线和标注文字的位置。在该编辑模式下，可以通过调整尺寸线两端或标注文字所在处的夹点来调整标注的位置，也可以通过调整尺寸界线夹点来调整标注范围。

另外，还可以用任务 2 中"特性"选项板、"快捷特性"选项板和"特性匹配"命令编辑尺寸标注的特性。

【例 7-2】 将图 7-44(a)所示的图形利用"特性"选项板修改为图 7-44(b)所示的图形。

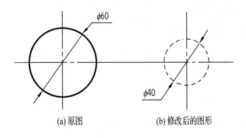

(a)原图   (b)修改后的图形

图 7-44 修改图形

操作步骤如下：首先打开"特性"选项板，其次选中要修改的对象——圆，使对象呈夹点状态显示，然后在"特性"选项板中将圆的图层由"01"层修改至"04"层，如图 7-45(a)所示，再将圆的直径改为"40"即可，如图 7-45(b)所示。

（a）修改图层

（b）修改直径

图 7-45　使用"特性"选项板修改图层与直径

任务实施

第 1 步：创建新图形文件，设置图形单位和图形界限。

第 2 步：设置图层。

新建粗实线图层"01"，辅助线图层"02"，中心线图层"05"，尺寸线图层"08"。

微课一

平面图形的
尺寸标注

第 3 步：绘制如图 7-1 所示的平面图形。

因方法与步骤简单，这里省略。

第 4 步：创建尺寸标注的文字样式。

创建尺寸标注文字样式的方法详见本任务知识储备中"二、尺寸标注的步骤"下的"2.创建尺寸标注的文字样式"。

第 5 步：创建尺寸标注的样式。

本任务需要创建三种尺寸标注的样式：一种是标注角度的"水平"样式；一种是标注线性尺寸的"与尺寸线对齐"样式；一种是标注直径与半径的"ISO 标准"样式。"水平"样式的设置方法详见本任务的知识储备"三、标注样式的设置"，"与尺寸线对齐"样式和"ISO 标准"样式与"水平"样式的不同之处就是在如图 7-16 所示的"文字"选项卡的"文字对齐"选项区域中分别选择"与尺寸线对齐"和"ISO 标准"即可。

第 6 步：标注尺寸。

标注尺寸的方法其实很简单，只需指定尺寸界线的两点或选择要标注尺寸的对象，再指定尺寸线的位置即可，只要标注了一、两个尺寸，用户就能触类旁通，此处不再一一介绍。

(1)标注线性尺寸(以尺寸 35 为例)

首先将"与尺寸线对齐"的尺寸标注样式设置为当前样式,然后单击"默认"选项卡下"注释"面板中的"标注"按钮 或"线性"按钮,再依次单击图 7-1 中的点 C 和点 D,水平向左移动光标,在距线段 CD 约 10 mm 处单击,完成线性尺寸的标注。同理完成其他线性尺寸的标注,结果如图 7-46 所示。

(2)标注对齐尺寸(以尺寸 78 为例)

仍然将"与尺寸线对齐"的尺寸标注样式设置为当前样式,然后单击"默认"选项卡下"注释"面板中的"标注"按钮 或"线性"按钮 右侧的下拉按钮,在展开的下拉列表中单击"对齐"按钮,再依次单击图 7-47 所示的点 G 和点 F(或直接选择直线 GH),向线段 GF 垂直方向移动光标,在距线段 GF 约 10 mm 处单击,完成对齐尺寸的标注。同理可完成线段 AK 对齐尺寸的标注,结果如图 7-47 所示。

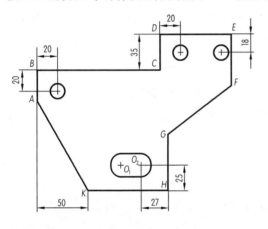

图 7-46 标注线性尺寸

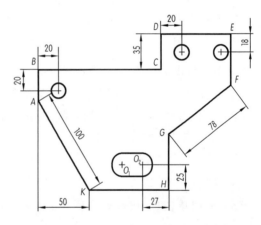

图 7-47 标注对齐尺寸

(3)标注角度尺寸(以尺寸 127°为例)

首先将"水平"的尺寸标注样式设置为当前样式,然后单击"默认"选项卡下"注释"面板中的"标注"按钮 或"线性"按钮 右侧的下拉按钮,在展开的下拉列表中单击"角度"按钮,依次单击图 7-48 所示线段 GF 和 EF,移动光标至合适位置单击,完成角度尺寸的标注,同理完成其他角度尺寸的标注,结果如图 7-48 所示。

(4)标注半径尺寸(以尺寸 R10 为例)

首先将"ISO 标准"的尺寸标注样式设置为当前样式,然后单击"默认"选项卡下"注释"面板中的"标注"按钮 或"线性"按钮 右侧的下拉按钮,在展开的下拉列表中单击"半径"按钮,再选择图 7-49 中以 O_1 为圆心的圆弧,移动光标至合适位置单击,完成半径尺寸标注,如图 7-49 所示。

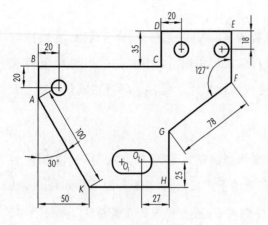

图 7-48　标注角度尺寸

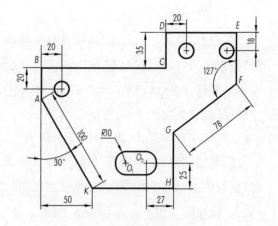

图 7-49　标注半径尺寸

（5）标注直径尺寸（$3 \times \phi 14$）

首先将"ISO 标准"的尺寸标注样式设置为当前样式,然后单击"默认"选项卡下"注释"面板中的"标注"按钮或"线性"按钮右侧的下拉按钮,在展开的下拉列表中单击"直径"按钮,再选择图 7-50 所示圆 1,根据命令行提示,单击"多行文字（M）"选项或者输入"M↙",在自动标注数字前输入"$3 \times$",并在文字输入编辑框外的任意位置单击,然后移动光标至合适位置再单击,完成直径尺寸标注,如图 7-50 所示。

（6）标注基线尺寸（以尺寸 50 和 152 为例）

首先将"与尺寸线对齐"的尺寸标注样式设置为当前样式,其次单击"默认"选项卡下"注释"面板中的"线性"按钮,并依次单击图 7-51 中的点 E 和圆 3 的圆心,向右移动光标至合适位置时单击,创建点 E 与圆 3 的圆心之间的垂直线性标注 18,再次单击"注释"选项卡下"标注"面板中"连续"按钮右侧的下拉按钮,在展开的下拉列表中单击"基线"按钮,并依次单击点 F 和点 H,然后按两次 Enter 键结束基线标注。最后执行〖注释〗→〖标注〗→〖 〗命令,依次单击尺寸 18、50 和 152 后按两次 Enter 键,以垂直线性尺寸 18 为基准,自动调整基线尺寸 50 和 152 的尺寸线位置,同理可完成其他基线尺寸的标注,如图 7-51 所示。

（7）标注连续尺寸

单击"注释"选项卡下"标注"面板中的"连续"按钮,选择图 7-51 中腰形孔的水平定位尺寸 27 的左尺寸界线为基准,单击点 O_1,标注尺寸 20;按 Enter 键后选择圆 2 的水平定位尺寸 20 的右尺寸界线为基准,单击圆 3 的圆心,标注尺寸 40;按 Enter 键后选择左上角的水平定位尺寸 20 的右尺寸界线为基准,单击点 D,标注尺寸 102;按 Enter 键后选择尺寸 122 的右尺寸界线为基准,单击点 E,标注尺寸 70,按两次 Enter 键结束连续标注。最后利用"夹点"快速调整尺寸标注的位置,结果如图 7-1 所示。

第 7 步:保存图形文件。

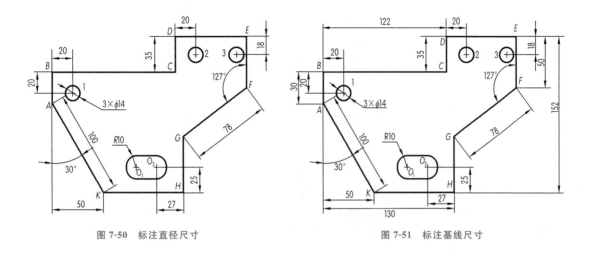

图 7-50 标注直径尺寸

图 7-51 标注基线尺寸

任务检测与技能训练

利用所学命令,绘制如图 7-52~图 7-55 所示的图形,并按图中的样式标注尺寸。

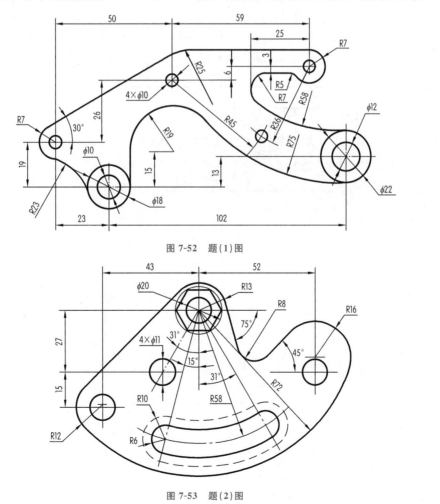

图 7-52 题(1)图

图 7-53 题(2)图

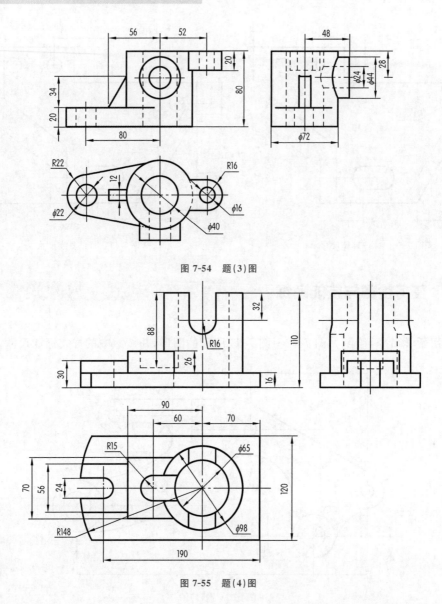

图 7-54　题(3)图

图 7-55　题(4)图

任务 8

轴套类零件图的绘制

选择 A3 图幅和合适比例绘制图 8-1 所示的轴套类零件图。要求:布图匀称,图形正确,线型符合国家标准规定,标注尺寸和公差;但不标注表面粗糙度,不填写"技术要求"及标题栏。

任务目标

学生通过绘制如图 8-1 所示的轴套类零件图,掌握轴套类零件图的绘制方法和引线命令及多重引线命令的使用方法,重点掌握尺寸公差与几何公差的标注方法和局部放大图的画法;能选择合适的命令与方法绘制和标注轴套类零件图,及时完成任务检测与技能训练,达到正确率 90% 以上,按时完成率 90% 以上;培养专业、敬业的工匠精神和责任担当的职业素养。

知识储备

一、机械样板文件的建立与调用

1. 样板文件的建立

建立样板文件(以"A3 横装"样板文件为例)的步骤如下:

(1)设置绘图环境

创建新图形文件:启动"新建"命令,从弹出的"选择样板"对话框中选择"acadiso. dwt"样板文件,单击【打开】按钮,以此为基础建立样板文件。

设置绘图单位:设置方法详见任务 2。

设置"A3 横装"图形界限:设置方法详见任务 2。

使绘图界限的栅格充满显示区:设置方法详见任务 2。

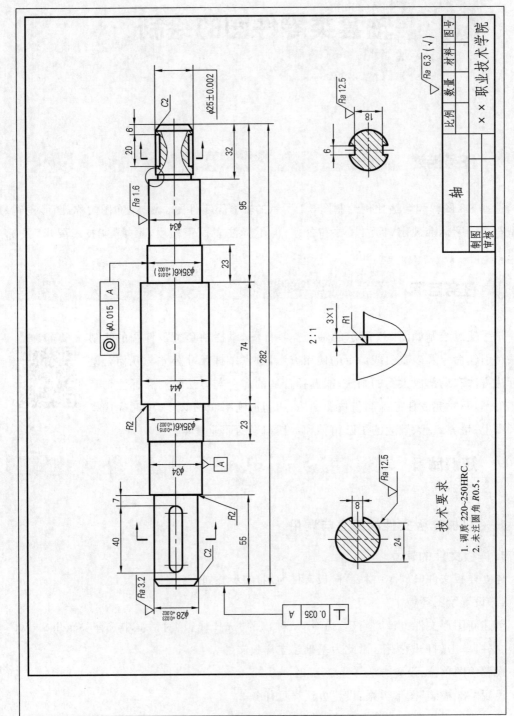

图8-1　轴套类零件图

（2）设置图层

根据《机械制图 图样画法 图线》（GB/T 4457.4—2002）和《机械工程 CAD 制图规则》（GB/T 14665—2012），一般需要创建粗实线、细实线、虚线、中心线、文字、尺寸、图案等七个常用图层，具体设置见表 8-1。设置图层的方法详见任务 2。

表 8-1　　　　　　　　　　　　　绘制零件时的图层设置

图层名	颜色	线型	线宽/mm
粗实线	黑色	Continuous	0.5
细实线	绿色	Continuous	0.25
虚线	黄色	Hidden	0.25
中心线	红色	Center	0.25
文字	黑色	Continuous	0.25
尺寸	绿色	Continuous	0.25
图案	绿色	Continuous	0.25
图框标题栏	绿色或黑色（根据线宽设置）	Continuous	0.25 或 0.5（根据国家标准设置）

（3）设置文字样式

零件图中有文字说明的汉字和标注尺寸的数字和字母，根据《技术制图 字体》（GB/T 14691—1993），需要创建"汉字"和"标注"两种文字样式。"汉字"样式选用"gbenor. shx"字体，并选择"使用大字体"复选框，大字体样式为"gbcbig. shx"；"标注"样式选用"gbenor. shx"或"gbeitc. shx"字体，不需要选择"使用大字体"复选框。设置文字样式的方法详见任务 7 和任务 10。

（4）设置尺寸标注样式

创建尺寸标注样式，其要求及各参数设置详见任务 7。主要包括水平样式、与尺寸线对齐样式、ISO 标准样式、非圆视图上标注直径的样式、公差样式等。

①非圆视图上标注直径的样式的设置

设置过程基本和与尺寸线对齐样式的设置相同，不同之处是：在"新样式名"文本框中输入样式名称，如"非圆直径"；在"基础样式"下拉列表中选择"与尺寸线对齐"；在"新建标注样式：非圆直径"对话框中仅对"主单位"选项卡进行设置，即在"前缀"文本框中输入直径符号的控制码"％％c"，其他使用缺省值。

②公差样式的设置

公差样式分为公差-对称尺寸样式和公差-不对称尺寸样式两种，其设置方法如下：

公差-对称尺寸样式的设置：设置过程基本和与尺寸线对齐样式的设置相同，不同之处是：在"新样式名"文本框中输入"公差-对称"；在"基础样式"下拉列表中选择"与尺寸线对齐"；在"新建标注样式：公差-对称"对话框中仅对"公差"选项卡进行设置，即在"方式"下拉列表中选择"对称"，在"精度"下拉列表中选择"0.000"，在"上偏差"文本框中输入"0.002（任意三位小数的正值）"，在"消零"选项区域中"前导"和"后续"复选框均不选择，其他使用缺省值。

公差-不对称尺寸样式的设置：设置过程基本和公差-对称尺寸样式的设置相同，不同之处是：在"新样式名"文本框中输入"公差-不对称"；在"基础样式"下拉列表中选择"公差-对称";在"新建标注样式:公差-不对称"对话框中仅对"公差"选项卡进行设置,即在"方式"下拉列表中选择"极限偏差",在"上偏差"文本框中输入"0.021(任意三位小数的正值)",在"下偏差"文本框中输入"0.003(任意三位小数的正值)",在"高度比例"文本框中输入"0.7",在"公差对齐"选项区域中选择"对齐运算符"单选按钮。

(5)绘制图框和标题栏

根据《技术制图 图纸幅面和格式》(GB/T 14689—2008)的规定,用细实线画 420 mm×297 mm 的图幅线,用粗实线画 390 mm×287 mm 的图框线(图纸左边留 25 mm,其余三边留 5 mm)。根据《技术制图 标题栏》(GB/T 10609.1—2008)的规定,用粗实线画标题栏外框线,用细实线画标题栏分栏线,之后用建好的文字样式填写标题栏中相关的不变文字即可。

(6)保存样板文件

单击【文件】→【另存为】命令,弹出"图形另存为"对话框,在"文件类型"下拉列表框中选择"AutoCAD 图形样板(∗.dwt)",输入文件名为"A3 横装";再单击【保存】按钮,弹出"样板选项"对话框,在"说明"文本框中输入"国标横装机械零件样板图",之后单击【确定】按钮,完成样板文件的建立。

如果还想创建 A4、A2 等其他图幅的样板文件,在此基础上可以快速创建出来。例如要创建"A2 横装"样板文件,可执行"新建"命令,在弹出的"选择样板"对话框中选取已建好的"A3 横装"样板文件,则打开的新文件中包含"A3 横装"样板文件的所有信息,这时通过"图形界限"命令输入右上角点坐标(594,420),图形界限就变为 A2 的图幅大小(打开栅格即可验证),但其中边框、图框大小仍没改变。此时需用"拉伸(STRETCH)"命令将边框、图框(不包括标题栏)拉伸到国标规定的尺寸,保存为"A2 横装"样板文件即可。方法是:首先执行"移动"命令,将"A3 横装"文件的图形向上移动 5 mm,再执行"拉伸"命令,使用窗交方式选择右侧图框线之右的上、下、右边的边框线,以右上角点为基点,将其向右拉伸 5 mm;用同样的方法将上侧图框线之上的左、右、上边的边框线向上拉伸 5 mm,将下侧图框线之下的左、右、下边的边框线,以右下角点为基点将其向下拉伸 5 mm;继续执行"拉伸"命令,使用窗交方式选择标题栏左侧、图框线右侧的所有边框线和图框线,以图框右上角点为基点将其向右拉伸 169 mm;用同样的方法将标题栏上侧的所有边框线和图框线,以图框右上角点为基点向上拉伸 113 mm,这时,保存为"A2 横装"样板文件即可。

2. 样板文件的调用

样板文件建好后,每次绘图都可以调用样板文件开始绘制新图。调用"A3 横装"样板文件的方法是:单击【文件】→【新建】命令,从弹出的"选择样板"对话框中双击"A3 横装"样板文件即可。

二、快速引线命令

"快速引线"命令的注释内容是多行文字、几何公差、块,还可以在图形中选定多行文字、单行文字、公差或块参照对象作为副本,连接到引线末端。

在 AutoCAD 中,"快速引线"命令不能测量距离,常用于倒角和几何公差的标注。在

AutoCAD 2021 中,执行"快速引线"命令的方式是通过键盘输入 QLEADER ✓或 LE ✓。如果要改变引线格式,在启动"快速引线"命令后,AutoCAD 提示:

指定第一个引线点或[设置(S)]<设置>:**S** ✓

系统弹出如图 8-2(a)所示的"引线设置"对话框,对话框中有"注释""引线和箭头""附着"三个选项卡。单击相应的选项卡按钮,可在打开的选项卡中设置注释类型、引线格式及文字的附着位置等,如图 8-2 所示。

(a)   (b)

(c)

图 8-2 "引线设置"对话框

【例 9-1】 标注图 8-1 中倒角尺寸 $C2$。

操作步骤如下:

命令:QLEADER✓**或 LE**✓   //执行"引线"命令

指定第一个引线点或[设置(S)]<设置>:✓   //回车,进行引线设置

系统弹出如图 8-2(a)所示的对话框,打开"引线和箭头"选项卡,如图 8-2(b)所示,在"箭头"下拉列表中选择"无";再打开"附着"选项卡,如图 8-2(c)所示,选择"最后一行加下划线"复选框,之后单击【确定】按钮。这时 AutoCAD 提示:

指定第一个引线点或[设置(S)]<设置>:**单击捕捉第一点**　　　//选择第一个引线点

指定下一点:**在倒角延长线上单击捕捉第二点**　　　　　　　//选择放置引线第二点

指定下一点:**在与第二点纵坐标相同的位置单击捕捉第三点**

　　　　　　　　　　　　　　　　　　　　　　　　　　//选择放置引线第三点

指定文字宽度<0>:**5✓**　　　　　　　　　　　　　　//设置文字宽度

输入注释文字的第一行<多行文字(M)>:**C2✓**　　　//输入文字C2

输入注释文字的下一行:**✓✓**　　　　　　　　　　　　//回车两次结束命令

三、多重引线命令

机械制图中的多重引线一般由箭头、引线、基线和注释内容(文字或块或无)四部分组成,如图8-3所示。引线可以是直线或样条曲线,注释内容可以是文字、图块等多种形式。〖多重引线〗工具栏如图8-4所示。标注多重引线之前也要像标注尺寸一样,首先设置多重引线样式,然后进行标注。

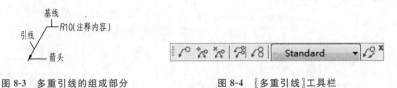

图8-3　多重引线的组成部分　　　　　　　图8-4　〖多重引线〗工具栏

1.新建或修改多重引线样式

多重引线样式可以指定基线、引线、箭头和注释内容的格式,用于控制多重引线对象的外观。

(1)执行"多重引线样式"命令的方式

①功能区面板:〖默认〗→〖 注释▼ 〗→〖 ⌀ 〗,或者〖注释〗→〖引线〗→〖 ↘ 〗。

②键盘输入:MLEADERSTYLE✓或MLS✓。

③工具栏:〖多重引线〗→〖 ⌀ 〗。

④菜单栏:【格式】→【多重引线样式】。

(2)"多重引线样式管理器"对话框中各选项的功能

执行"多重引线样式"命令,AutoCAD弹出如图8-5所示的"多重引线样式管理器"对话框,其中各选项的功能如下:

"当前多重引线样式"标签:用于显示当前多重引线样式的名称。

"样式"列表框:用于列出已有的多重引线样式的名称。

"列出"下拉列表框:用于确定要在"样式"列表框中列出的多重引线样式,有"所有样式"和"正在使用的样式"两种选择。

"预览"框:用于预览在"样式"列表框中所选中的多重引线样式的标注效果。

【置为当前】按钮:用于将指定的多重引线样式设为当前样式。设置方法为:在"样式"列表框中选择对应的多重引线样式,单击【置为当前】按钮。

【新建】按钮:用于创建新多重引线样式。单击该按钮,AutoCAD弹出如图8-6所示的"创建新多重引线样式"对话框,从中可以给新建样式命名,如"样式1"。

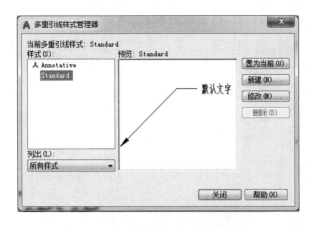

图 8-5 "多重引线样式管理器"对话框   图 8-6 "创建新多重引线样式"对话框

单击如图 8-5 所示的"多重引线样式管理器"对话框中的【修改】按钮,或者单击如图 8-6 所示的"创建新多重引线样式"对话框中的【继续】按钮,AutoCAD 弹出如图 8-7 所示的"修改多重引线样式"对话框。

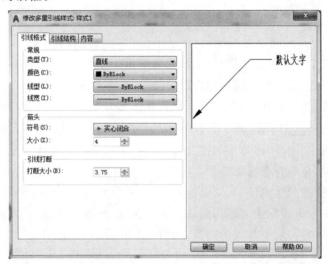

图 8-7 "修改多重引线样式"对话框——"引线格式"选项卡

(3)"修改多重引线样式"对话框中各选项的功能

"修改多重引线样式"对话框中有"引线格式""引线结构""内容"三个选项卡。

"引线格式"选项卡中"常规"选项区域用于设置引线的类型(有"直线"、"样条曲线"和"无"三种类型)、颜色、线型和线宽,一般不修改颜色、线型和线宽三个列表框中的值;"箭头"选项区域用于设置引线箭头的符号和大小;"引线打断"选项区域用于设置用打断标注命令打断多重引线时的断开间距。

"引线结构"选项卡中,"约束"选项区域用于设置多重引线折线段的顶点数和折线段角度。最大引线点数决定了引线的段数,系统默认的"最大引线点数"最小为 2,仅绘制一段引线;"第一段角度"和"第二段角度"分别控制第一段与第二段引线的角度。"基线设置"选项区域用于设置引线是否自动包含水平基线及水平基线的长度。当选中"自动包含基线"复选框后，"设置基线距离"复选框亮显，用户输入数值以确定引线包含水平基线的长度。"比例"选项区域用于设置引线标注对象的缩放比例。一般情况下，用户在"指定比例"文本框中输入比例值控制多重引线标注的大小，如图 8-8 所示。

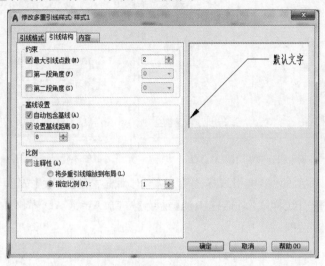

图 8-8 "修改多重引线样式"对话框——"引线结构"选项卡

"内容"选项卡中，"多重引线类型"下拉列表框用于设置引线末端的注释内容的类型，有"多行文字"、"块"和"无"三种。当注释内容的类型为"多行文字"时，应在"文字选项"选项区域设置注释文字的样式、角度、颜色、高度，设置方法与文字样式的设置相同；如果单击"默认文字"文本框右侧的[...]按钮，则打开"文字编辑器"选项卡及其面板、下面的标尺和文字输入编辑框，输入默认文字后，即可显示在"默认文字"文本框中。这种情况下使用多重引线命令标注多重引线时，命令行会增加提示：

覆盖默认文字[是(Y)/否(N)]<否>：

确认是否在多重引线标注时使用默认文字。在"引线连接"选项区域确定注释内容的文字对齐方式、注释内容与水平基线的距离，如图 8-9 所示。

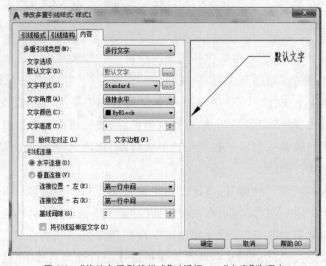

图 8-9 "修改多重引线样式"对话框——"内容"选项卡

　　附着在引线两侧的文字的对齐方式可以分别设置，如图 8-10 所示为"连接位置-左"设置的九种情况。

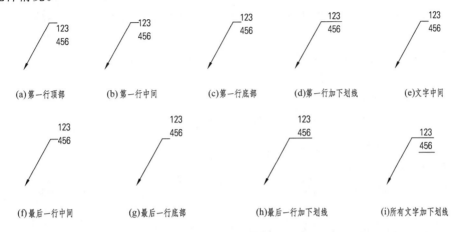

(a)第一行顶部　　　(b)第一行中间　　　(c)第一行底部　　　(d)第一行加下划线　　　(e)文字中间

(f)最后一行中间　　　(g)最后一行底部　　　(h)最后一行加下划线　　　(i)所有文字加下划线

图 8-10　"连接位置-左"设置的九种情况

　　如果"多重引线类型"下拉列表框中选择了"块"，则"内容"选项卡如图 8-11 所示。对话框中主要选项的功能如下：

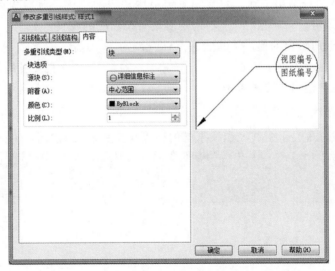

图 8-11　"修改多重引线样式"对话框——"内容"选项卡("多重引线类型"设置为"块")

　　"源块"下拉列表框：用来设置"块"的内容，若选择"用户块"选项，则可使用用户自己定义的块。

　　"附着"下拉列表框：用来控制"块"附着到多重引线的方式，有"插入点"和"中心范围"（中心范围块的中心）两种方式。

　　(4)新建或修改多重引线样式的方法

　　新建多重引线样式的方法为：执行"多重引线样式"命令，AutoCAD 弹出如图 8-5 所示的"多重引线样式管理器"对话框，单击【新建】按钮，AutoCAD 弹出如图 8-6 所示的"创建新多重引线样式"对话框，在"新样式名"文本框中输入多重引线样式的名称（如倒角标注）后，单击【继续】按钮，AutoCAD 弹出如图 8-7 所示的"修改多重引线样式"对话框，通过对话框中的"引线格式"、"引线结构"和"内容"选项卡设置引线的具体形式。如果修改多重引线样式,在如图 8-5 所示的"多重引线样式管理器"对话框中选择需修改的多重引线样式(如倒角标注),之后单击【修改】按钮,打开如图 8-7 所示的"修改多重引线样式"对话框,重新设置即可。

2. 多重引线标注多行文字的步骤

(1)设置当前多重引线标注多行文字的样式

(2)执行"多重引线"命令

①功能区面板:〖默认〗→〖注释〗→〖 ⌐⌐ 〗或者〖注释〗→〖引线〗→〖 ⌐⌐ 〗。

②键盘输入:MLEADER↙。

③菜单栏:【标注】→【多重引线】。

④工具栏:〖多重引线〗→〖 ⌐⌐ 〗。

(3)多重引线标注

执行"多重引线"命令,AutoCAD 提示:

指定引线箭头的位置或[引线基线优先(L)/内容优先(C)/选项(O)]＜选项＞:

其中,"指定引线箭头的位置"选项用于确定引线的箭头位置。"引线基线优先(L)"和"内容优先(C)"选项分别用于确定将首先确定引线基线的位置还是首先确定标注内容,用户根据需要选择即可。"选项(O)"选项用于多重引线标注的设置。

如果用户在上面给出的提示下指定一点,即指定引线的箭头位置后,AutoCAD 提示:

指定下一点:**在适当位置单击**　　　　　　　　　　//指定引线的第二点

指定下一点:**在适当位置再单击**　　　　　　　　　//指定引线的第三点

在该提示下依次指定各点,然后按 Enter 键,AutoCAD 弹出"文字编辑器"选项卡及其面板,同时在基线位置显示引线及引线末端的标尺与文字输入编辑框,如图 8-12 所示。

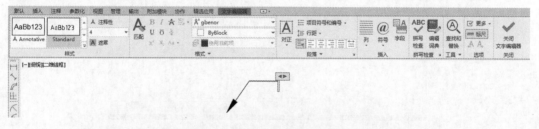

图 8-12　"文字编辑器"选项卡及其面板和引线及标尺与文字输入编辑框

如果在"引线结构"选项卡中设置了最大引线点数,达到该点数后 AutoCAD 会自动显示"文字编辑器"选项卡及其面板和引线及引线末端的标尺与文字输入编辑框。

在引线末端的文字输入编辑框中输入对应的多行文字并进行编辑后,单击"文字编辑器"选项卡下"关闭"面板上的"关闭文字编辑器"按钮 ✓,或者在文字输入编辑框外的绘图区任意位置单击,即可完成多重引线标注多行文字的操作。

3. 添加多重引线命令

添加多重引线命令可以为已标注的多重引线添加引线,如图 8-13 所示。其操作方法是:在"注释"选项卡下的"引线"面板中单击"添加引线"按钮 ⌐⌐ 添加引线,AutoCAD 提示:

选择多重引线:**单击图 8-13(a)中的多重引线 1**　　　//选择多重引线

找到 1 个

指定引线箭头位置或[删除引线(R)]:**单击图 8-13(a)中的 2 点**　　　//指定引线箭头位置

指定引线箭头位置或[删除引线(R)]:↙　　　　　　　　//回车结束引线添加

结果如图 8-13(b)所示。

4. 删除多重引线命令

删除多重引线命令可以删除已标注的多重引线,如图 8-14 所示。其操作方法是:在"注释"选项卡下的"引线"面板中单击"删除引线"按钮 ✗删除引线 ,AutoCAD 提示:

选择多重引线:**单击图 8-14(a)中的多重引线 1 点**　　　//选择多重引线

找到 1 个

指定要删除的引线或[添加引线(A)]:**单击图 8-14(a)中的引线 2**　　　//指定要删除的引线

指定要删除的引线或[添加引线(A)]:↙　　　　　　　　//结束引线删除

结果如图 8-14(b)所示。

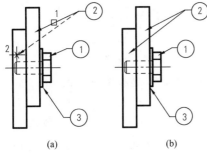

图 8-13　添加多重引线

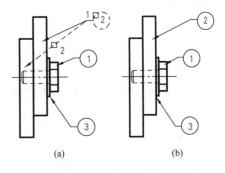

图 8-14　删除多重引线

5. 对齐多重引线命令

对齐多重引线命令可以使已标注的多个多重引线对齐并按指定的间距排列,如图 8-15 所示。其操作方法是:在"注释"选项卡下的"引线"面板中单击"对齐引线"按钮,AutoCAD 提示:

选择多重引线:**单击图 8-15(a)中的多重引线 1**　　　//选择多重引线

选择多重引线:**单击图 8-15(a)中的多重引线 2**　　　//选择多重引线

选择多重引线:**单击图 8-15(a)中的多重引线 3**　　　//选择多重引线

选择多重引线:↙　　　　　　　　//结束选择多重引线

当前模式:使用当前间距

选择要对齐到的多重引线或[选项(O)]:**单击图 8-15(b)中的多重引线 4**

//选择要对齐到的多重引线

指定方向:**移动光标至合适位置单击**　　　//指定多重引线按水平或竖直或

输入的其他角度对齐

本例按竖直方向对齐,结果如图 8-15(b)所示。

温馨提示:如果在"选择要对齐到的多重引线或[选项(O)]:"提示下,选择"选项(O)",则下一级的提示为:

输入选项[分布(D)/使引线线段平行(P)/指定间距(S)/使用当前间距(U)]<使用当前间距>:

输入的选项不同,后续提示也不同,下面仅说明上面提示中各选项的含义:

● 分布(D):指定两点,使所选多重引线的文字内容按两点间距离等距分布。

● 使引线线段平行(P):使所选多重引线的引线线段相互平行。

● 指定间距(S):指定一个间距值后,使所选多重引线的文字内容按指定的间距分布。

● 使用当前间距(U):使所选多重引线的文字内容按当前指定的间距分布。

6.合并多重引线命令

合并多重引线命令可以使已标注的多个多重引线的块集中在同一条基线上,如图 8-16 所示。但特别说明的是所选多重引线的注释内容必须是块。其操作方法是:在"注释"选项卡下的"引线"面板中单击"合并引线"按钮 $\sqrt{8}$,AutoCAD 提示:

选择多重引线:**单击图 8-16(a)中的多重引线 3**　　// 选择多重引线
选择多重引线:**单击图 8-16(a)中的多重引线 2**　　// 选择多重引线
选择多重引线:**单击图 8-16(a)中的多重引线 1**　　// 选择多重引线
选择多重引线:↙　　// 结束选择多重引线
指定收集的多重引线位置或[垂直(V)/水平(H)/缠绕(W)]<水平>:**单击图 8-16(b)中的 4 点**　　// 指定多重引线的合并位置

结果如图 8-16(b)所示。

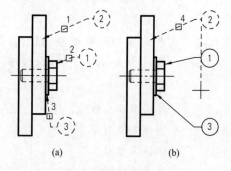

图 8-15　对齐多重引线

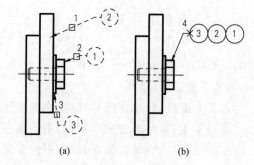

图 8-16　合并多重引线

四、尺寸公差标注

尺寸公差是为了有效控制零件的加工精度,许多零件图上需要标注极限偏差或公差带代号。可用三种方法标注尺寸公差。

1.设置公差标注样式后用"线性标注"命令进行标注

在机械图样中,对于不同的公差格式,可以利用"新建标注样式"对话框中的"公差"选项卡设置公差值的格式和精度,如对 $\phi 50^{-0.025}_{-0.050}$ 的上、下极限偏差的设置如图 8-17 所示。

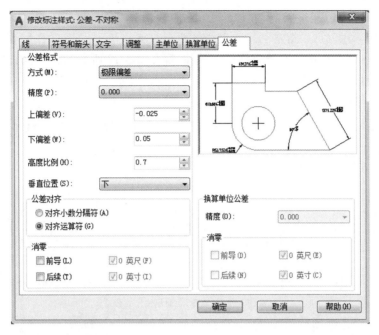

图 8-17　"新建标注样式"对话框——"公差"选项卡

在"公差格式"选项区域中,可以设置公差的方式和精度,设置时要注意以下几点:

"方式"下拉列表框:用于设置公差的方式,如"无"、"对称"、"极限偏差"、"极限尺寸"和"基本尺寸"(指公称尺寸)等。

"精度"下拉列表框:设置公差值的小数位数。按公差标注标准要求应设置成"0.000"。

"上偏差"文本框:输入上极限偏差的值,在对称公差中也可使用该值。系统默认上偏差为"正",下偏差为"负",当它们相反时,先输入"－"号,再输入偏差值。当其中一项极限偏差为"0"时,先按 空格 键再输入"0"。

"下偏差"文本框:输入下极限偏差的值。

"高度比例"文本框:公差文字高度与公称尺寸文字高度的比值。对于"对称"偏差该值应设为"1";而对"极限偏差"则设成"0.7"。

"垂直位置"下拉列表框:设置对称和极限偏差的垂直位置,有"上"、"中"和"下"三种方式,如图 8-18 所示。按国家标准规定,此项应设成"中"。

此外,在"公差"选项卡中,还可以对"公差格式"进行"消零"设置,或对"换算单位公差"进行"精度"和"消零"设置。

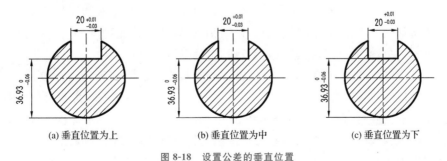

图 8-18　设置公差的垂直位置

2.利用"堆叠"功能进行标注

启动"线性标注"命令,指定了尺寸界线的两个起点后,输入 M✓,在尺寸线位置的标尺与文字输入编辑框中显示光标及公称尺寸,同时打开图 8-12 所示"文字编辑器"选项卡及其面板,这时将光标移动到公称尺寸后面并输入上、下极限偏差,注意在上、下极限偏差之间输入对齐符号"^",如图 8-19(a)所示,然后选择偏差尺寸,单击"文字编辑器"选项卡下"格式"面板上的"堆叠"按钮 ![堆叠按钮],或者单击鼠标右键,从弹出的快捷菜单中选择【堆叠】命令,之后分别在绘图区任意位置处和放置尺寸线的位置处单击,便可标注出尺寸公差,如图 8-19(b)所示。

　　（a）输入尺寸　　　　　　　　　　　　　　　　（b）堆叠显示

图 8-19　利用"堆叠"功能标注尺寸公差

3.利用"特性"选项板标注尺寸公差

首先标注公称尺寸,然后在标注对象上单击鼠标右键,从弹出的快捷菜单中选择【特性】命令,系统弹出"特性"选项板,在"特性"选项板的"公差"选项组中进行设置,如图 8-20 所示。设置方法与"新建标注样式"对话框中"公差"选项卡的设置相同,设置完后回车。

图 8-20　利用"特性"选项板标注尺寸公差

┃ 五、几何公差标注

几何公差在机械制图中极为重要。几何公差控制不好,零件就会失去正常的使用功能,装配件就不能正确装配。几何公差标注的内容包括基准符号、指引线、框格及框格内的有关符号和数值。指引线、框格及框格内的有关符号和数值可用两种方法标注。

1.使用"快速引线"命令标注(以图 8-1 所示同轴度公差为例)

启动"快速引线"命令,AutoCAD 提示:

指定第一个引线点或[设置(S)]<设置>:✓　　　　　　　　　　//进行引线设置

系统弹出如图 8-2(a)所示的"引线设置"对话框,在"注释"选项卡的"注释类型"选项区域中选择"公差"单选项,然后单击【确定】按钮,出现提示:

指定第一个引线点或[设置(S)]<设置>:捕捉提取(被测)要素的合适位置,即捕捉尺寸 ϕ35k6($^{+0.015}_{+0.002}$)的箭头所指的位置　　　　　　　　　　//指定指引线的箭头位置

指定下一点:在箭头延长线上的合适位置处单击　　　　　　　　//确定指引线第二点

指定下一点:在与指引线第二点垂直高度相同的位置处单击　　//确定指引线第三点

默认情况下将自动弹出"形位公差"(指几何公差)对话框,如图 8-21 所示。

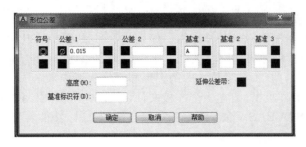

图 8-21 "形位公差"对话框

"符号"区:显示或设置几何公差的符号。单击"符号"下面的黑方框,打开"特征符号"面板,如图 8-22 所示,在其中选择几何公差符号(如本例选择同轴度符号)后返回"形位公差"对话框。

"公差 1"区:设置几何公差数值和数值前的直径符号"φ"以及材料状态符号等参数。单击"公差 1"下面左侧的黑方框以自动填写"φ"(如本例需单击),在中间文本框中填写几何公差的值(如本例填写"0.015"),单击文本框右侧的黑方框,打开如图 8-23 所示"附加符号"面板,从中可以选择需要的材料标记,本例无须进行此项选择。

"公差 2"区:设置几何公差有关参数,本例中该区域的参数均设为空。

"基准 1""基准 2""基准 3"区,设置基准的有关符号,用户可在其文本框中输入相应基准代号即可。本例只在"基准 1"下面左侧的文本框中填写基准字母"A",其他均设置为空。

设置完各参数后单击【确定】按钮,完成如图 8-1 所示同轴度公差的标注。

图 8-22 "特征符号"面板

图 8-23 "附加符号"面板

2. 使用"公差"命令标注

执行"公差"命令的方式如下:

(1)功能区面板:〖注释〗→〖 标注 ▾ 〗→〖⊕1〗。

(2)键盘输入:TOLERANCE ✓。

(3)菜单栏:【标注】→【公差】。

(4)工具栏:〖标注〗→〖⊕1〗。

执行"公差"命令后,AutoCAD 弹出如图 8-21 所示的"形位公差"对话框。通过"形位公差"对话框设置完各参数(操作方法与使用"快速引线"标注相同)后单击【确定】按钮,AutoCAD 切换到绘图屏幕,并在命令行提示:

输入公差位置:**单击图 8-1 所示公差框格的位置**   // 确定几何公差框格的标注位置

指出几何公差框格的标注位置后,在指定位置显示如图 8-1 所示的几何公差框格。

用"公差"命令标注几何公差时,AutoCAD 并不能自动生成指引线,需要用户通过创建多重引线的方式绘制。

任务实施

第 1 步:调用或建立一个机械零件图的样板文件

（1）在绘制一幅新图之前应根据所绘图形的大小及个数，确定绘图比例和图幅尺寸，建立或调用符合国家机械制图标准的样板图。绘图应尽量采用1∶1比例，假如我们需要一张2∶1的机械图样，通常的做法是，先按1∶1比例绘制图形，然后用"缩放（SCALE）"命令将所绘图形放大到原图的两倍，再将放大后的图形移至样板图中。

（2）如果没有所需样板图，建立一个样板文件（建立方法见本任务知识点）。

（3）用"另存为（SAVEAS）"命令指定路径保存图形文件，文件名为"轴零件图.dwg"。

第2步：绘制图形

轴套类零件一般采用主视图、断面图、局部放大图等方法表达。现以图8-1为例说明轴套类零件图的视图绘制步骤、方法与技巧。

绘图前应先分析图形，设计好绘图顺序，合理布置图形，在绘图过程中要充分利用"缩放""正交""对象捕捉""极轴追踪"等辅助绘图工具，并注意切换图层。

（1）绘制主视图

根据轴套类零件的主视图有一对称轴，且整个图形沿轴线方向排列，大部分线条与轴线平行或垂直的特点，可先用"直线"命令，结合"正交"功能画出轴线和上半部分的外部轮廓线，然后用"镜像"命令复制出轴的下半部分，最后置换图层。

①用"直线"命令，结合"正交"功能先画出轴的上半部分外部轮廓线，如图8-24所示。

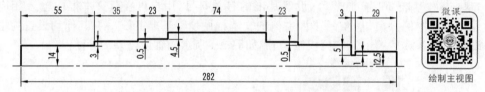

图8-24　绘制轴的上半部分外部轮廓线

②用"倒角"命令绘制轴端倒角，用"圆角"命令绘制轴肩圆角，如图8-25所示。

图8-25　绘制倒角、轴肩圆角

③用"直线"命令捕捉端点连接直线，如图8-26所示。

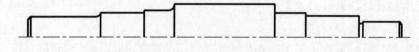

图8-26　连接直线

④用"镜像"命令镜像图形，镜像结果如图8-27所示。

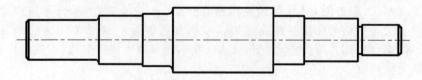

图8-27　镜像图形

⑤绘制键槽。先用"圆"和"直线"命令，结合"追踪"等辅助工具绘制键槽，然后用"样条曲线"命令绘制键槽局部剖视图的波浪线，并进行图案填充，结果如图8-28所示。

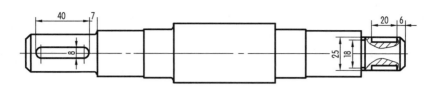

图 8-28 绘制键槽

（2）绘制轴肩局部放大图

绘制 2∶1 的局部放大图。先用"圆"命令在主视图上画出欲放大的部位，然后将圆圈部位的图形复制到主视图的中下位置，再利用"缩放"命令将所绘图形放大到原图的 2 倍，并用"样条曲线"命令画出波浪线，用"修剪"命令进行修剪，用前面创建的"标注"文字样式和"多行文字"命令标注局部放大图的比例"2∶1"，最后置换图层并将其移动至如图 8-29（b）所示的位置。

（3）绘制键槽断面图

①绘制断面图。

方法一：在选定位置画出圆后，用"偏移"命令将竖直中心线和水平中心线分别偏移，然后用"修剪"命令修剪多余图线，用"图案填充"命令在剖面区域填充剖面线，最后置换图层。

方法二：为了减少尺寸输入，先将断面图的圆和键槽画在主视图内，然后复制圆和键槽至选定位置并填充剖面线，再删除主视图内的圆及多余图线，并置换图层，结果如图 8-29（a）、图 8-29（c）所示。

②绘制剖切符号。使用"多段线"或"直线"与"快速引线"命令绘制，结果如图 8-29 中的主视图所示。

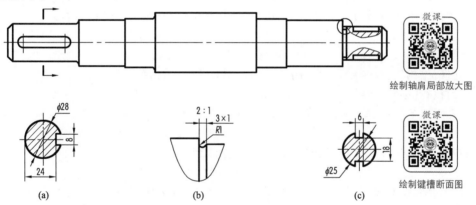

图 8-29 绘制键槽断面图和轴肩局部放大图

（4）修理图形，将图形调整至合适位置，完成轴类零件图视图的绘制，结果如图 8-29 所示。

第 3 步：标注尺寸

在如图 8-1 所示的零件图中，对于"线性尺寸""连续尺寸""基线尺寸"的标注已在任务 7 中做了详细讲解，现对带直径符号的线性尺寸标注、局部放大图的尺寸标注、倒角的尺寸标注、尺寸公差的标注、几何公差的标注做详细说明。

（1）带直径符号的线性尺寸标注（以尺寸 ϕ34 为例）

方法一：首先用"线性标注"命令标注直径尺寸，然后在标注对象上单击鼠标右键，在弹出的快捷菜单中选择【特性】命令（或者直接按"Ctrl＋1"组合键），可打开"特性"选项板，在

"特性"选项板的"主单位"选项组中的"标注前缀"文本框中输入"%%c"后回车。

方法二：在打开"快捷特性"绘图工具的情况下，首先用"线性标注"命令标注直径尺寸，然后单击尺寸标注，在"快捷特性"选项板中的"文字替代"文本框中输入"%%c34"后回车。

微课
带直径符号的线
性尺寸标注

方法三：首先设置一种非圆直径的标注样式，操作方法详见本任务"设置尺寸标注样式"，并将"非圆直径"样式置为当前，然后用"线性标注"命令即可。

（2）局部放大图的尺寸标注（以尺寸 R1 为例）

方法一：首先标注半径尺寸，然后在标注对象上单击鼠标右键，在弹出的快捷菜单中选择【特性】命令，可打开"特性"选项板，在"特性"选项板的"文字"选项组的"文字替代"文本框中输入"R1"后回车。

微课
局部放大图
的尺寸标注

方法二：首先标注半径尺寸，然后单击尺寸标注，在"快捷特性"选项板中的"文字替代"文本框中输入"R1"后回车。

方法三：首先设置一种半径标注的替代样式，将"新建标注样式"对话框的"主单位"选项卡中的"比例因子"设置为"0.5"，然后用"半径"命令标注。

（3）倒角的尺寸标注（以尺寸 C2 为例）

首先设置当前多重引线标注样式。执行"多重引线样式"命令，AutoCAD弹出如图 8-5 所示的"多重引线样式管理器"对话框，单击【新建】按钮，AutoCAD弹出如图 8-6 所示的"创建新多重引线样式"对话框，在"新样式名"文本框中输入"倒角标注"，单击【继续】按钮，AutoCAD 弹出"修改多重引线样式—倒角标注"对话框（图略），在"引线格式"选项卡中，将箭头的"符号"设置为"无"；在"引线结构"选项卡中，将"最大引线点数"设置为"2"，不选"自动包含基线"复选框；在"内容"选项卡中，将"多重引线类型"设置为"多行文字"，将"文字样式"设置为"标注"，将"引线连接"选项区域中的"连接位置-左"设置为"最后一行加下划线"，将"基线间隙"设置为"0"，其他选项及"引线格式"和"引线结构"选项卡中未设置的选项均采用默认值，单击【确定】按钮。

然后执行"多重引线"命令，AutoCAD 提示：

指定引线箭头的位置或[引线基线优先(L)/内容优先(C)/选项(O)]<选项>：**在倒角位置拾取一点**　　　　　　　　　　　// 指定引线箭头的位置

指定引线基线的位置：**移动光标至放置基线的合适位置并单击**

// 指定引线箭头的位置

这时，基线位置显示引线及引线末端的标尺与文字输入编辑框，从中输入 C2，之后在文字输入编辑框外的绘图区任意位置处单击，即可完成倒角标注。

（4）尺寸公差的标注

①尺寸公差"$\phi28^{+0.023}_{+0.002}$"的标注

方法一：首先用"线性标注"命令标注直径尺寸，然后在标注对象上单击鼠标右键，在弹出的快捷菜单中选择【特性】命令（或者直接按"Ctrl＋1"组合键），可打开"特性"选项板，在"特性"选项板的"主单位"选项组中的"小数分隔符"文本框中输入"."；在"标注前缀"文本框中输入"%%c"；在"精度"选项框选择"0"。在"公差"选项组中，在"显示公差"选项框选择"极限偏差"；在"公差下偏差"文本框输入"－0.002"；在"公差上偏差"文本框输入"0.023"；在"水平放置公差"选项框选择"下"；在"公差精度"选项框选择"0.000"；在"公差文字高度"文本框输入"0.7"，之后关闭"特性"选项板，再按 Esc 键取消夹点。

方法二：首先设置"公差-不对称"尺寸样式并置为当前，然后用"线性标注"命令标注即可。

方法三：启动"线性标注"命令，指定了尺寸界线的两个起点后，输入 M↙，在尺寸线位置的标尺与文字输入编辑框中显示光标及公称尺寸 28，这时移动光标并输入"％％c28＋0.023^＋0.002"，然后选择上、下极限偏差尺寸"＋0.023^＋0.002"，之后单击"文字编辑器"选项卡下"格式"面板上的"堆叠"按钮 ，或者单击鼠标右键，从弹出的快捷菜单中选择【堆叠】命令，之后分别在绘图区任意位置处和放置尺寸线的位置处单击即可。

②尺寸公差"$\phi25\pm0.002$"标注

方法一：与尺寸公差"$\phi28^{+0.023}_{+0.002}$"的标注基本相同，不同之处是在"显示公差"选项框选择"对称"；在"公差上偏差"文本框输入"0.002"。

方法二：首先设置"公差-对称"的尺寸样式并置为当前，然后用"线性标注"命令标注即可。

方法三：启动"线性标注"命令，指定了尺寸界线的两个起点后，输入 M↙，在尺寸线位置的标尺与文字输入编辑框中显示光标及公称尺寸 25，这时移动光标并输入"％％c25％％p0.002"，然后在绘图区任意位置处单击以结束尺寸公差的输入，最后在放置尺寸线的位置单击即可。

③尺寸公差"$\phi35k6(^{+0.015}_{+0.002})$"标注

启动"线性标注"命令，指定了尺寸界线的两个起点后，输入 M↙，在尺寸线位置的标尺与文字输入编辑框中显示光标及公称尺寸 35，这时移动光标并输入"％％c35k6(＋0.015^＋0.002)"，然后选择上、下极限偏差尺寸"＋0.015^＋0.002"，之后单击"文字编辑器"选项卡下"格式"面板上的"堆叠"按钮 ，之后分别在绘图区任意位置处和放置尺寸线的位置处单击即可。

（5）几何公差的标注

几何公差的标注详见本任务知识储备五，基准符号的标注将在任务 9 中详细介绍，这里用"直线"命令画出基准符号后，再用"单行文字"书写"A"即可。

第 4 步：保存图形文件。

几何公差的标注

任务检测与技能训练

1．选择合适图幅和比例绘制图 8-30 所示的齿轮轴零件图。要求：布图匀称，图形正确，线型符合国家标准规定，标注尺寸和公差。但不标注表面粗糙度，不填写"技术要求"及标题栏。

2．选择合适图幅和比例绘制如图 8-31 所示的主轴零件图。要求：布图匀称，图形正确，线型符合国家标准规定，标注尺寸和公差。但不标注表面粗糙度，不填写"技术要求"及标题栏。

3．选择合适图幅和比例绘制如图 8-32 所示的套零件图。要求：布图匀称，图形正确，线型符合国家标准规定，标注尺寸、公差和表面粗糙度，但不填写"技术要求"及标题栏。

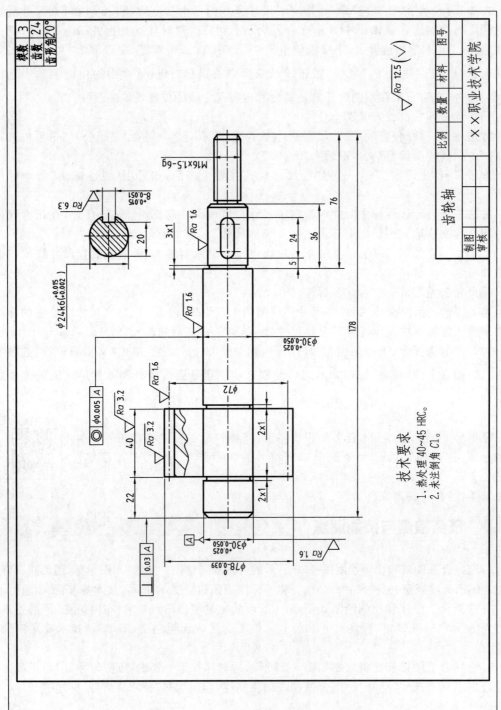

图8-30　齿轮轴零件图

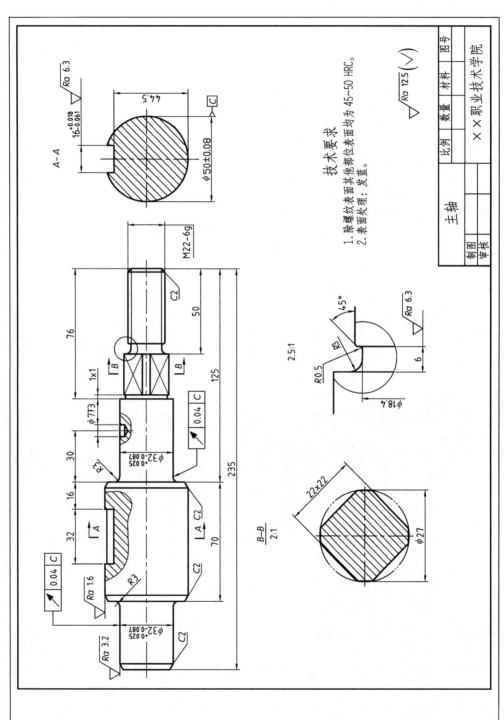

图8-31　主轴零件图

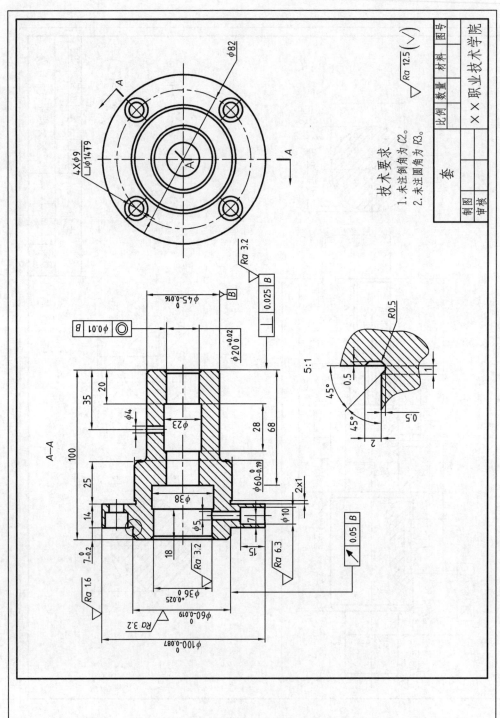

图 8-32 套零件图

任务 9

轮盘类零件图的绘制

任务描述

选择 A3 图幅和合适比例绘制图 9-1 所示的轮盘类零件图。要求:布图匀称,图形正确,线型符合国家标准规定,标注尺寸、公差和表面粗糙度,但不填写"技术要求"及标题栏。

任务目标

学生通过绘制如图 9-1 所示的轮盘类零件图,掌握轮盘类零件图的绘制方法和尺寸标注方法,重点掌握带属性块的创建、应用及表面粗糙度的标注方法;能选择合适的命令与方法绘制和标注轮盘类零件图,及时完成任务检测与技能训练,达到正确率 90％以上,按时完成率 90％以上;培养学生树立可持续发展的理念和降低成本、优化设计的职业素养。

素养提升

知识储备

一、块的概念与特性

块是多个图形对象的组合,如图 9-2 所示。块可以是绘制在一个图层上的相同颜色、线型和线宽特性的对象的组合,也可以是绘制在几个图层上的不同颜色、线型和线宽特性的对象的组合。对于绘图过程中相同的图形,不必重复地绘制,只需将它们创建为一个块,在需要的位置插入即可。插入时可以进行任意比例的转换和旋转。还可以给块定义属性,在插入时填写可变信息。

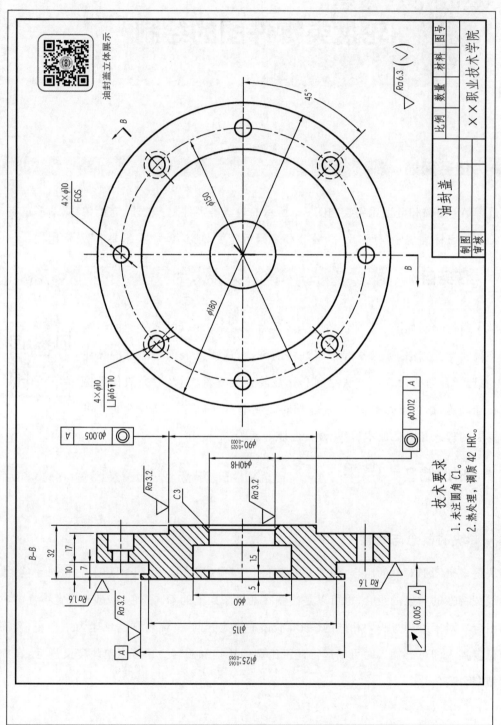

图9-1 轮盘类零件图(1)

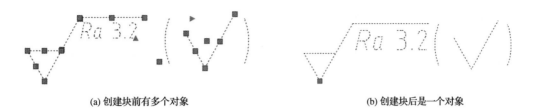

(a) 创建块前有多个对象　　　　　　　　　　　(b) 创建块后是一个对象

图 9-2　创建块前与创建块后的比较

在 AutoCAD 中,使用块具有提高绘图速度、节省存储空间、便于修改图形并能为其添加属性的特性。

二、创建内部块

内部块就是只能在当前文件中使用,而不能被其他文件所引用的图块。利用"创建块"命令可以将一个或多个图形对象定义为新的单个对象,并保存在当前图形文件中。

1. 创建内部块的命令

使用"创建块"命令可以创建内部块,执行"创建块"命令的方式如下:

(1)功能区面板:〖默认〗→〖块〗→〖ㄈㅁ〗或者〖插入〗→〖块定义〗→〖ㄈㅁ〗。

(2)键盘输入:BLOCK↙或 B↙。

(3)菜单栏:【绘图】→【块】→【创建】。

(4)工具栏:〖绘图〗→〖ㄈㅁ〗。

2. "定义块"对话框中各选项的含义

执行"创建块"命令后,弹出如图 9-3 所示的"块定义"对话框,其中各选项的含义如下:

图 9-3　"块定义"对话框

"名称"下拉列表框:在此下拉列表框中输入新建块的名称,最多可使用 255 个字符,不能与已有的图块名相同。单击下拉按钮,打开下拉列表,该下拉列表中显示了当前图形的所有块。

"基点"选项区域:设置插入的基点。在不选择"在屏幕上指定"复选框时,用户可以在"X""Y""Z"文本框中直接输入基点的 X、Y、Z 的坐标值;也可以单击"拾取点"按钮，用十字光标直接在作图屏幕上拾取基点。在选择了"在屏幕上指定"复选框时,只能用十字光标直接在作图屏幕上拾取基点。理论上,用户可以任意选取一点作为基点,但实际的操作中,建议用户选取实体的特征点作为基点,如中心点、右下角等。

"对象"选项区域:设置组成块的对象。其中单击"选择对象"按钮，AutoCAD 切换到绘图窗口,用户在绘图区中选择构成图块的图形对象。在该设置区域中有"保留"、"转换为块"和"删除"单选按钮。它们的含义如下:"保留"单选按钮,是指保留显示所选取的要定义块的实体图形;"转换为块"单选按钮,是指将选取的实体转化为块;"删除"单选按钮,是指删除所选取的实体图形。

"方式"选项区域:设置组成块的对象显示方式。选择"注释性"复选框,可以将对象设置成注释性对象;选择"按同一比例缩放"复选框,设置对象是否按统一比例进行缩放;选择"允许分解"复选框,设置对象是否允许被分解。

"设置"选项区域:设置块的基本属性。在"块单位"下拉列表框中,单击下拉按钮,将弹出下拉列表选项,用户可从中选取所插入块的单位。单击【超链接】按钮,将弹出"插入超链接"对话框,在该对话框中可以插入超链接文档。

"说明"文本框:用户可以在"说明"文本框中详细描述所定义图块的资料。

3. 创建内部块的操作步骤

(1)画出块定义所需的图形。

(2)执行"创建块"命令,弹出"块定义"对话框。

(3)在"名称"下拉列表框中指定块名。

(4)在"基点"选项区域中指定块的插入点,有两种方法:第一种是单击"拾取点"按钮，在绘图区拾取插入点;另一种是直接输入插入点的 X、Y、Z 坐标。

(5)单击"选择对象"按钮，在绘图区拾取构成块的对象,回车,完成对象选择,返回"块定义"对话框。

(6)在"对象"选项区域中选择一种对原选定对象的处理方式。处理方式有三种:"保留"、"删除"和"转换为块"。

(7)单击【确定】按钮,完成内部块的创建。

三、创建外部块

外部块又称写块或块存盘。利用"写块"命令可以将当前图形中的块或图形对象保存为独立的 AutoCAD 图形文件,以便在其他图形文件中调用。

1. 创建外部块命令

执行"写块"命令的方式如下:

(1)功能区面板:〖插入〗→〖块定义〗→〖创建块〗→〖写块〗。

(2)键盘输入:WBLOCK✓或 W✓。

2. "写块"对话框中各选项的含义

执行"写块"命令后,弹出如图 9-4 所示的"写块"对话框,其中各选项的含义如下:

"源"选项区域:用户可以通过"块""整个图形""对象"三个单选按钮来确定块的来源。

图 9-4　"写块"对话框

它们的含义如下："块"单选按钮,是指在"块"下拉列表中选择现有的内部块来创建外部块; "整个图形"单选按钮,是指选择当前整个图形来创建外部块;"对象"单选按钮,是指从屏幕上选择对象并指定插入点来创建外部块。

"基点"选项区域和"对象"选项区域各选项的含义与"块定义"对话框相同。

"目标"选项区域有两个选项:一是设置输出文件名及路径的"文件名和路径"下拉列表框;二是设置插入块单位的"插入单位"下拉列表框。

用户在执行"写块"命令时,不必先定义一个块,只要直接将所选的图形实体作为一个图块保存在磁盘上即可。当所输入的块不存在时,AutoCAD 会显示"AutoCAD 提示信息"对话框,提示块不存在,是否要重新选择。在多视窗中,"写块"命令只适用于当前窗口。

3. 创建外部块的操作步骤

(1)执行"写块"命令,弹出"写块"对话框。

(2)在"源"选项区域中指定外部块的来源,即从"块"、"整个图形"和"对象"三种方式中选择一种。

(3)在"基点"选项区域中指定块的插入点。有两种方法:第一种是单击"拾取点"按钮🔲,在绘图区上拾取插入点;另一种是直接输入插入点的 X、Y、Z 坐标。

(4)单击"选择对象"按钮🔲,在绘图区上拾取构成块的对象,回车,完成对象选择,返回"写块"对话框。

(5)在"对象"选项区域中选择一种对原选定对象的处理方式。

(6)在"目标"选项区域中,输入新图形的路径和文件名称。

(7)单击【确定】按钮,完成外部块的创建。

四、创建带属性的块

属性是附属块的文本信息,是块的组成部分。属性由属性标记和属性值组成。如果把

"表面结构符号"定义为属性标记,而具体的表面结构参数值(*Ra* 3.2)就是属性值。它可以是常量或变量、可视或不可视的,当用户将一个块及属性插入图形中时,属性按块的缩放比例和旋转来显示。

属性块由图形对象和属性对象组成。对块增加属性,就是使块中的指定内容发生变化。属性是块中的文本对象,它是块的一个组成部分。属性从属于块,当利用删除命令删除块时,属性也被删除了。要创建带属性的块,首先要画好欲创建块的图形,其次进行属性定义,再次将属性和相应的图形一起定义成块,就是带属性的块。创建带属性的块与创建块的方法基本相同,这里仅介绍创建块属性的方法。

1.创建块属性的命令

执行"定义属性"命令的方式如下:

(1)功能区面板:〖默认〗→〖块 ▾〗→〖◈〗或者〖插入〗→〖块定义〗→〖◈〗。

(2)键盘输入:ATTDEF↙或 ATT↙。

(3)菜单栏:【绘图】→【块】→【定义属性】。

2."属性定义"对话框中各选项的含义

执行"定义属性"命令后,打开"属性定义"对话框,如图9-5所示,其中各选项的含义如下:

图9-5 "属性定义"对话框

"模式"选项区域:"不可见"复选框用于控制属性值在图形中的可见性。如果想使图中包含属性信息,但不想使其在图形中显示出来,就选中这个复选框。"固定"复选框用于设定属性值是否为常量。若选中该复选框,属性值将为常量。"验证"复选框用于设置是否对属性值进行校验。若选中该复选框,则插入块并输入属性值后,AutoCAD 将再次给出提示,让用户校验输入值是否正确。"预设"复选框用于设定是否将实际属性值设置成默认值。若选中该复选框,则插入块时,AutoCAD 将不再提示用户输入新属性值,实际属性值等于"属性"选项区域中"默认"文本框中的输入值。"锁定位置"复选框用于锁定块参照中属性的位置。"多行"复选框用于确定属性值是否包含多行文字。

　　"属性"选项区域："标记"文本框用于输入属性标记,属性标记可以由字母、数字、字符等组成,但是字符之间不能有空格,且必须输入属性标记;"提示"文本框用于输入属性值的提示;"默认"是属性值的缺省值。

　　"插入点"选项区域:选中"在屏幕上指定"复选框,则用十字光标直接在作图屏幕上拾取"插入点";"X""Y""Z"文本框用于分别输入属性插入点的 X、Y、Z 坐标值。

　　"文字设置"选项区域："对正"下拉列表框用于指定属性文字的对齐方式;"文字样式"下拉列表框用于指定文字样式;"文字高度"文本框用于直接输入属性文字高度,或单击其右侧的"文字高度"按钮 切换到绘图窗口,在绘图区中拾取两点以指定高度;"旋转"文本框可设定属性文字的旋转角度;勾选"注释性"复选框,可以使创建的块属性具有注释性。具有注释性特性的块及块属性中的所有对象有相同的注释比例;"边界宽度"文本框这里不可用。

　　"在上一个属性定义下对齐"复选框:选中该复选框,在一个块中定义多个属性时,使当前定义的属性与上一个已定义的属性的对正方式、文字样式、字高和旋转角度相同,而且另起一行排列在上一个属性的下方。

　　需要说明的是:单击对话框中的【确定】按钮只能完成一个属性定义,重复"定义属性"命令可为块定义多个属性。

3. 创建块属性的操作步骤

　　(1)执行"定义属性"命令,弹出"属性定义"对话框。

　　(2)在"标记"文本框中输入"属性的标记",在"提示"文本框中输入"输入属性值的提示",也可以不输入,在"默认"文本框中输入"属性值的默认值",在"对正"文本框中选择"正中",在"文字样式"文本框中选择"标注",在"文字高度"文本框中输入"3.5",在"旋转"文本框中输入"0",其他采用默认值。

　　(3)单击【确定】按钮关闭该对话框,在绘图区指定属性的位置,完成块属性的创建。

五、插入块

　　在用 AutoCAD 绘图的过程中,可根据需要随时把已经定义的内部块、外部块和已经保存的 DWG 文件通过"插入块"命令插入到当前图形中,在插入的同时可以改变图块的大小、旋转角度或分解图块等。插入到图形中的块称为块参照。

1. 插入块命令

　　执行"插入块"命令的方式如下:

　　(1)功能区面板:〖默认〗→〖块〗→〖 〗→〖库中的块/最近使用的块/当前图形块〗或者〖插入〗→〖块〗→〖 〗→〖库中的块/最近使用的块/当前图形块〗。

　　(2)键盘输入:INSERT↙或 I↙。

　　(3)菜单栏:【插入】→【块选项板】。

　　(4)工具栏:〖绘图〗→〖 〗。

2. "块"选项板中各选项的含义

　　执行"插入块"命令后,系统弹出如图 9-6 所示的"块"选项板,其中各选项的含义如下:

　　(1)"库"选项卡:显示存储在文件夹中的块库图形,如图 9-6(a)所示。方法是单击"块"选项板右上角的"浏览"按钮 ,弹出如图 9-7 所示的"为块库选择文件夹或文件"对话框,当找到并选择了文件夹或文件夹中的块库图形文件时,单击【打开】按钮,即可在下面的显示区显示存储在该文件夹中的块库图形。

(2)"最近使用"选项卡:显示当前和上一个任务中最近插入或创建块的预览或列表,如图 9-6(b)所示。

(3)"当前图形"选项卡:显示当前图形中可使用块的预览或列表,如图 9-6(c)所示。

(4)"插入选项"区域

①"插入点"复选框:指定图块的插入点。插入图块时该点与图块的基点重合。可以在右侧 X、Y、Z 文本框中输入插入点的绝对坐标值,选中该复选框可以在绘图区指定插入点。

②"比例"复选框:指定插入块的缩放比例。可直接在 X、Y、Z 文本框中输入沿这三个方向的缩放比例因子;也可选中该复选框,在绘图区调整比例。如果将"比例"设置为"统一比例",可使图块沿 X、Y、Z 方向的缩放比例都相同。

③"旋转"复选框:指定插入块时的旋转角度。可在"角度"文本框中直接输入插入图块时的旋转角度值,也可选中"旋转"复选框,系统切换到绘图区,在绘图区指定一点,AutoCAD 自动测量插入点与该点连线和 X 轴正方向之间的夹角,并将其作为块的旋转角度。

④"重复放置"复选框:控制是否自动重复块插入。如果选中该复选框,系统将自动提示其他插入点,直到按 Esc 键取消插入块命令。如果不选中该复选框,将插入指定的块一次。

⑤"分解"复选框:若用户选择该复选框,则 AutoCAD 在插入块的同时分解块对象。

(a)　　　　　　　　　　(b)　　　　　　　　　　(c)

图 9-6 "块"选项板

3.插入块的方法

单击〖默认〗→〖块〗→〖▣〗→〖库中的块/最近使用的块/当前图形块〗命令,弹出如图 9-6 所示的"块"选项板,在"插入选项"区域中,选中"插入点"复选框、"旋转"复选框、"重复放置"复选框,并在"比例"下拉列表中选择"统一比例",然后在浏览显示区单击要插入的图块,移动光标至绘图区,在插入点单击,再在能确定插入块的旋转角度的位置处单击,即可将该图块按指定的旋转角度插入到插入点。在绘图区的其他插入点重复上述操作,可继续插入该图块,按 Esc 键取消插入块命令。

　　另外，还可以使用设计中心将文件名直接拖入绘图区的方法插入块，这部分内容将在任务 12 中详细介绍。

图 9-7　"为块库选择文件夹或文件"对话框

4. 插入带属性的块

　　带属性的块的插入方法与上述方法基本相同，只是在确定了插入块的旋转角度后，系统弹出如图 9-8 所示的"编辑属性"对话框，从中可以确定或修改属性的具体值。

图 9-8　"编辑属性"对话框

5.控制插入块的颜色和线型

尽管块总是在当前层上,但块参照保存了有关包含在该块中的对象的原图层、颜色和线型特性的信息。为了控制插入块的颜色、线型或线宽特性,在创建块时有如下三种情况:

如果让块中的对象保留颜色、线型和线宽特性,而不从当前层继承,那么在块定义时应分别为每个对象设置颜色、线型和线宽特性,而不要在创建这些对象时使用"ByBlock"或"ByLayer"设置颜色、线型和线宽。

如果让块中的对象完全继承当前层的颜色、线型和线宽特性,在创建要包含在块定义中的对象之前,将当前层设置为 0 层,将当前颜色、线型和线宽设置为"ByLayer"。

如果为块单独设置特性,在创建要包含在块定义中的对象之前,将当前层设置为非 0 层,当前颜色或线型设置为"ByBlock"。

6.设置插入基点

前面介绍过,用 WBLOCK 命令创建的外部块以 AutoCAD 图形文件格式(DWG 格式)保存。实际上,用户可以用 INSERT 命令将任一 AutoCAD 图形文件插入当前图形。但是,当将某一图形文件以块的形式插入时,AutoCAD 默认将图形的坐标原点作为块上的插入基点,这样往往会给绘图带来不便。为此,AutoCAD 允许用户为图形重新指定插入基点。执行"设置基点"命令的方式如下:

(1)功能区面板:〖默认〗→〖 块 ▾ 〗→〖 □ 〗或者〖插入〗→〖 块定义 ▾ 〗→〖 □ 设置基点〗。

(2)键盘输入:BASE↙。

(3)菜单栏:【绘图】→【块】→【基点】。

执行"设置基点"命令,AutoCAD 提示:

输入基点:

在此提示下在图形上指定一点,即可为图形指定新基点。

六、编辑属性

1.编辑属性定义

创建属性后,在属性定义与块相关联之前(只定义了属性但没定义块时),用户可以修改属性定义中的属性标记、提示和默认值。编辑属性定义的方法有以下两种:

(1)通过如图 9-9 所示的"编辑属性定义"对话框修改属性标记、提示和默认值。打开"编辑属性定义"对话框的方式如下:

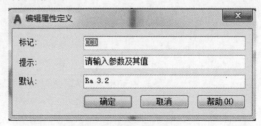

图9-9　"编辑属性定义"对话框

①菜单栏:【修改】→【对象】→【文字】→【编辑】。

②键盘输入:DDEDIT↙或 TEXTEDIT↙。

执行上述任一操作后,AutoCAD 提示:

选择注释对象或[放弃(U)]:

在该提示下选择属性定义标记或者直接双击已定义属性,AutoCAD打开"编辑属性定义"对话框。

(2)通过"特性"选项板修改。启动"特性"选项板,其中的"文字"区域中列出了属性定义的标记、提示、默认值、字高和旋转角度等项目,用户可在其中进行修改。

2.编辑块的属性

若属性已被创建为块,可通过如图9-10所示的"增强属性编辑器"对话框编辑属性值及属性的其他特性。打开"增强属性编辑器"对话框的方式如下:

(1)功能区面板:〖默认〗→〖块〗→〖 ⬧・〗→〖单个〗或者〖插入〗→〖块〗→〖编辑属性〗→〖ⓖ・单个〗。

(2)键盘输入:EATTEDIT✓。

(3)菜单栏:【修改】→【对象】→【属性】→【单个】或者【修改】→【对象】→【文字】→【编辑】。

(4)工具栏:〖修改Ⅱ〗→〖ⓖ〗。

执行上述任一操作后,AutoCAD提示"选择块",用户选择要编辑的图块或者直接双击已创建的属性块,AutoCAD打开"增强属性编辑器"对话框。

"增强属性编辑器"对话框有三个选项卡:"属性"、"文字选项"和"特性"选项卡,它们有如下功能:

"属性"选项卡列出当前块对象中各个属性的标记、提示和值。选中某一属性,用户就可以在"值"文本框中修改属性的值,如图9-10(a)所示。

"文字选项"选项卡用于修改属性文字的一些特性,如文字样式、字高、旋转等。该选项卡中各选项的含义与"文字样式"对话框中同名选项含义相同,如图9-10(b)所示。

"特性"选项卡用于修改属性文字的图层、线型和颜色等,如图9-10(c)所示。

(a)"属性"选项卡　　　　　　(b)"文字选项"选项卡　　　　　　(c)"特性"选项卡

图9-10　"增强属性编辑器"对话框

3.利用"块属性管理器"对话框编辑属性

用户通过"块属性管理器"对话框,可以有效地管理当前图形中所有块的属性,并能进行编辑。

(1)启动"块属性管理器"对话框的方式

①功能区面板:〖默认〗→〖 块・〗→〖🖳〗或者〖插入〗→〖块定义〗→〖🖳〗。

②键盘输入:BATTMAN✓。

③菜单栏:【修改】→【对象】→【属性】→【块属性管理器】。

④工具栏:〖修改Ⅱ〗→〖🖼〗。

执行上述任一操作后,AutoCAD弹出"块属性管理器"对话框,如图9-11所示。在此对话框中用户可对块属性进行编辑。

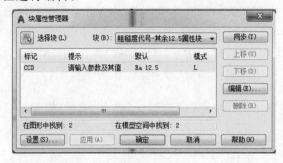

图9-11　"块属性管理器"对话框

(2)"块属性管理器"对话框常用选项的功能

"选择块"按钮🖼:通过此按钮选择要操作的块。单击该按钮,AutoCAD切换到绘图窗口,并提示"选择块:",用户选择块后,AutoCAD又返回"块属性管理器"对话框。

"块"下拉列表框:用户也可通过此下拉列表选择要操作的块。该下拉列表中显示当前图形中所有具有属性的图块名称。

【同步】按钮:用户修改某一属性定义后,单击此按钮,更新所有块对象中的属性定义。

【上移】按钮:在属性列表中选中一属性行,单击此按钮,则该属性行向上移动一行。

【下移】按钮:在属性列表中选中一属性行,单击此按钮,则该属性行向下移动一行。

【删除】按钮:删除属性列表中选中的属性定义。

【编辑】按钮:单击此按钮,打开"编辑属性"对话框,如图9-12所示。该对话框有三个选项卡:"属性"、"文字选项"和"特性"选项卡,这些选项卡的功能与"增强属性管理器"对话框中同名选项卡的功能相同。

【设置】按钮:单击此按钮,弹出"块属性设置"对话框,如图9-13所示。在该对话框中,用户可以设置在"块属性管理器"对话框的属性列表中显示的内容。

图9-12　"编辑属性"对话框

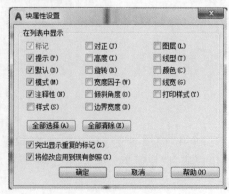

图9-13　"块属性设置"对话框

七、属性显示控制

执行"属性显示"的方式如下：

(1)功能区面板：〖默认〗→〖 块 ▾ 〗→〖 🏷 ▾ 〗→〖保留属性显示/显示所有属性/隐藏所有属性〗或者〖插入〗→〖 块 ▾ 〗→〖保留属性显示/显示所有属性/隐藏所有属性〗

(2)键盘输入：ATTDISP ✓。

(3)菜单栏：【视图】→【显示】→【属性显示】→【普通】、【开】或【关】。

利用功能区面板和菜单栏启动命令可直接设置属性的可见性。从键盘输入 ATTDISP ✓ 后，AutoCAD 提示：

输入属性的可见性设置[普通(N)/开(ON)/关(OFF)]＜普通＞：

其中，"普通(N)"选项表示将按定义属性时规定的可见性模式显示各属性值；"开(ON)"选项将会显示出所有属性值，与定义属性时规定的属性可见性无关；"关(OFF)"选项则不显示所有属性值，与定义属性时规定的属性可见性无关。

八、沉孔尺寸的标注方法

以图 9-1 中的尺寸" $\dfrac{4\times\phi 10}{\llcorner \ \phi 16 \ \underline{\text{T}}\ 10}$ "为例说明沉孔的标注方法。

首先在"默认"选项卡下的"注释"面板中单击"线性"按钮 ⊢ 右侧的下拉按钮 ▾，在展开的下拉列表中单击"直径"按钮 ◌，选择圆后输入 M ✓，在尺寸线的位置显示光标及公称尺寸 $\phi 10$，这时在自动标注数字 $\phi 10$ 前输入"4×"，移动光标至自动标注数字后，回车另起一行，输入"空格％％C16空格10"，再分别在绘图区任意位置处和放置尺寸线的位置处单击。之后用"分解"命令分解尺寸，用"移动"命令把尺寸文字移动到合适位置。然后用"多段线"命令在 $\phi 16$ 前的空格处画上"⌐"，在 $\phi 16$ 后的空格处画上"⊤"。也可以用"直径"命令标注"4×$\phi 10$"后，再用"多行文字"或"单行文字"命令、"多段线"命令、"块"命令将"⌐ $\phi 16$ ⊤10"做成带属性外部块（$\phi 16$ 和 10 定义为块属性，以便在其他图形中应用），然后插入到合适位置。"多行文字"或"单行文字"命令详见任务 10。

九、基准代号的标注方法

以图 9-1 中的基准代号" Ⓐ "为例说明基准代号的标注方法。

1. 在 0 层绘制基准符号

当尺寸数字高度为"3.5"时，基准符号各部分尺寸如图 9-14(a)所示。

2. 将基准字母定义为块属性

①单击〖默认〗→〖 块 ▾ 〗→〖 🏷 〗，系统弹出如图 9-5 所示的"属性定义"对话框，在"标记"文本框中输入"JZ"，在"提示"文本框中输入"请输入基准字母"，在"默认"文本框中输入"A"，在"对正"下拉列表框中选择"正中"，在"文字样式"下拉列表框中选择"标注"，在"文字高度"文本框中输入"3.5"，在"旋转"文本框中输入"0"，其他采用默认值。

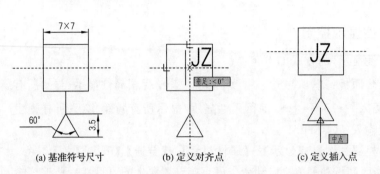

(a) 基准符号尺寸   (b) 定义对齐点   (c) 定义插入点

图 9-14   创建基准符号属性块

②单击【确定】按钮,返回绘图区域,在基准符号正方形正中心位置单击,如图 9-15(b)所示,确定属性的位置,完成块属性的定义。

3. 将基准代号创建成外部块

①单击〖插入〗→〖块定义〗→〖创建块〗→〖写块〗,系统弹出如图 9-4 所示的"写块"对话框;

②在"源"选项区域选择"对象"单选按钮,指定通过选择对象方式确定所要定义块的来源;

③单击"对象"选项区域的"选择对象"按钮,返回绘图区域,选择已定义属性的基准符号,回车,返回对话框;

④单击"基点"选项区域的"拾取点"按钮,返回绘图区域,拾取如图 9-15(c)所示基准符号最下方的中点,作为块插入时的基点;

⑤在"文件名和路径"下拉列表框中(或单击其右侧按钮）设置块的保存路径、确定块名,本任务中块的保存路径为"E:\机械图块",块名为"JZ";

⑥单击【确定】按钮,关闭对话框,完成外部块的定义。

4. 插入基准代号

单击〖默认〗→〖块〗→〖库中的块〗命令,系统弹出如图 9-6(a)所示的"块"选项板;在"插入选项"区域中,选中"插入点"复选框,并在"比例"下拉列表中选择"统一比例";单击"浏览"按钮,系统弹出如图 9-7 所示的"为块库选择文件夹或文件"对话框,找到并选择外部块文件"JZ"后单击【打开】按钮,移动光标至绘图区,当捕捉到尺寸 $\phi 125$ 的箭头与尺寸界线的接触点时单击,系统弹出如图 9-8 所示的"编辑属性"对话框,单击【确定】按钮完成基准代号插入。

5. 编辑"JZ"块的属性

在绘图区双击"JZ"图标后,AutoCAD 弹出如图 9-9 所示的"增强属性编辑器"对话框,从中可对块属性进行编辑。如果"基准字母"不是需要的字母"A",如为"B",则在"值"文本框中输入"B";如果"基准字母"没有水平放置,则在"文字选项"选项卡的"旋转"文本框中输入"0"。

十、表面粗糙度代号的标注方法

以图9-1中的"⟋⟍ Ra 6.3"为例说明表面粗糙度代号的标注方法。

1. 在0层绘制表面粗糙度符号

当尺寸数字高度为"3.5"时，表面粗糙度符号各部分尺寸如图9-15(a)所示。

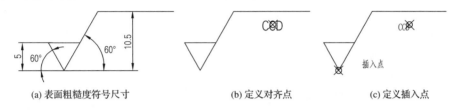

(a) 表面粗糙度符号尺寸　　　(b) 定义对齐点　　　(c) 定义插入点

图9-15　将表面粗糙度代号创建为属性块

2. 将表面粗糙度的评定参数及其值定义为块属性

首先单击〖默认〗→〖 块 ▾ 〗→〖🏷〗，系统弹出如图9-5所示的"属性定义"对话框，在"标记"文本框中输入"CCD"，在"提示"文本框中输入"请输入表面粗糙度的评定参数及其值"，在"默认"文本框中输入"Ra 3.2"，在"对正"下拉列表中选择"正中"，在"文字样式"下拉列表中选择"标注"，在"文字高度"文本框中输入"3.5"，在"旋转"文本框中输入"0"，其他采用默认值。然后单击【确定】按钮，返回绘图区域，在图9-15(b)所示的表面粗糙度符号上水平线的中点正下方3 mm处单击，确定属性的位置，完成块属性的定义。

3. 创建带属性的外部块

①单击〖插入〗→〖块定义〗→〖创建块 ▾〗→〖📦写块〗，系统弹出如图9-4所示的"写块"对话框；

②在"源"选项区域选择"对象"单选按钮，指定通过选择对象方式确定所要定义块的来源；

③单击"对象"选项区域的"选择对象"按钮🔲，返回绘图区域，选择已定义属性的表面粗糙度代号，回车，返回对话框；

④单击"基点"选项区域的"拾取点"按钮🔲，返回绘图区域，拾取如图9-15(c)所示表面粗糙度代号最下方的交点，作为块插入时的基点；

⑤在"文件名和路径"下拉列表框中(或单击其右侧按钮⎕⎕)设置块的保存路径、确定块名，本任务中块的保存路径为"E:\机械图块"，块名为"CCD"；

⑥单击【确定】按钮，关闭对话框，完成带属性的外部块的定义。

4. 插入表面粗糙度代号

单击〖默认〗→〖块〗→〖📥〗→〖库中的块〗，系统弹出如图9-6所示的"块"选项板，在"插入选项"区域中，选中"插入点"复选框、"旋转"复选框、"重复放置"复选框，并在"比例"下拉列表中选择"统一比例"，然后在浏览显示区单击要插入的外部块"CCD"，移动光标至绘图区标题栏上方合适位置处单击，再水平移动光标，出现追踪线时单击，即可将该图块按指定的旋转角度插入到插入点。在绘图区图样的其他插入点重复上述操作，可继续插入该图块，按 Esc 键取消插入块命令。

5.编辑"CCD"块的属性

在绘图区双击"表面粗糙度代号"后,AutoCAD弹出如图 9-10 所示的"增强属性编辑器"对话框。在"值"文本框中将"$Ra\ 3.2$"改为"$Ra\ 6.3$"即可。

其他表面粗糙度代号直接用"插入块"的方法标注后进行编辑即可。

任务实施

第 **1** 步:根据零件的结构形状和大小确定表达方法、比例和图幅。本任务采用 1∶1 比例、A3 图纸、横装。

第 **2** 步:打开相应的样板文件

打开任务 8 中创建的"A3 横装"样板文件。用"另存为"命令指定路径保存图形文件,文件名为"轮盘类零件图.dwg"。

第 **3** 步:设置作图环境

在状态栏上依次单击激活【极轴追踪】、【对象捕捉】、【对象追踪】及【线宽】按钮功能,关闭【捕捉】【栅格】按钮功能;设置"对象捕捉"的特征点为端点、中点、圆心、象限点、切点及交点等。

第 **4** 步:绘制视图

(1)绘制左视图。使用"直线""圆""阵列"等命令和"追踪"等辅助功能绘制左视图及剖切符号,如图 9-16 所示。

(2)绘制主视图。使用"直线""镜像""倒角"等命令和"对象捕捉"等辅助工具绘制主视图,如图 9-17 所示。

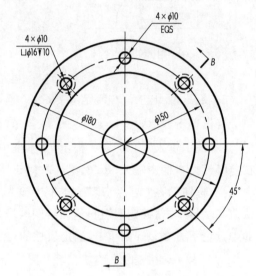

图 9-16　绘制左视图及剖切符号

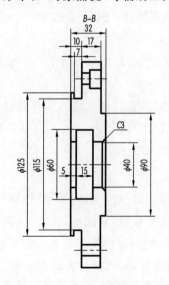

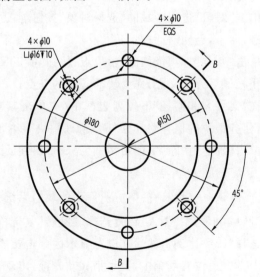

图 9-17　绘制主视图

(3)将主视图改画成剖视图,并绘制剖面符号,如图 9-18 所示。

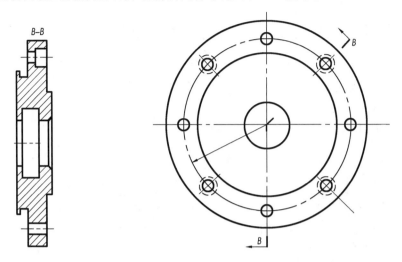

图 9-18　绘制剖面符号

第 **5** 步:标注尺寸及公差,如图 9-19 所示。关于标注尺寸详见任务 7 和本任务知识储备八,公差标注详见任务 7,基准代号的标注详见本任务知识储备九。

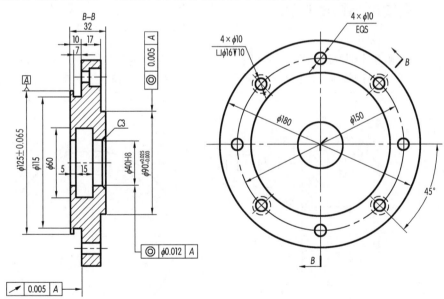

图 9-19　标注尺寸及公差

第 **6** 步:标注表面粗糙度,如图 9-20 所示。表面粗糙度的标注详见本任务知识储备十。
第 **7** 步:保存图形文件。

沉孔尺寸的标注　　　基准代号的标注　　　表面粗糙度的标注

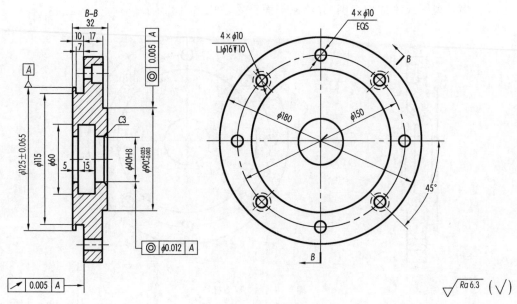

图 9-20　标注表面粗糙度

任务检测与技能训练

选择合适图幅和比例绘制如图 9-21 和图 9-22 所示的轮盘类零件图。要求:布图匀称,图形正确,线型符合国家标准规定,标注尺寸、公差和表面粗糙度,但不填写"技术要求"及标题栏。

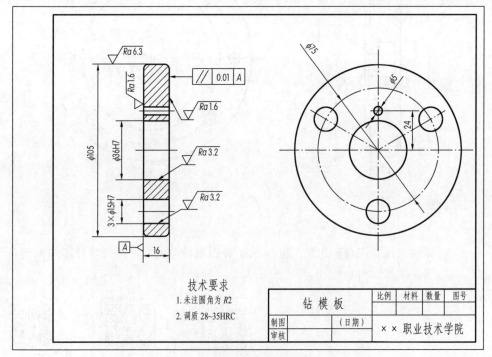

图 9-21　轮盘类零件图(2)

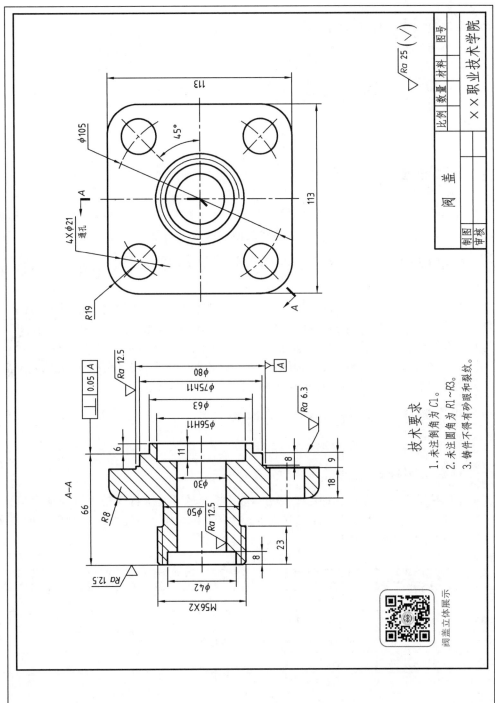

技术要求
1. 未注倒角为 C1。
2. 未注圆角为 R1~R3。
3. 铸件不得有砂眼和裂纹。

图 9-22 轮盘类零件图 (3)

阀盖立体展示

任务 10

叉架类零件图的绘制

任务描述

选择 A3 图幅和合适比例绘制如图 10-1 所示的叉架类零件图。要求：布图匀称，图形正确，线型符合国家标准规定，标注尺寸、公差和表面粗糙度，填写标题栏及"技术要求"。

任务目标

学生通过绘制如图 10-1 所示的叉架类零件图，掌握叉架类零件图的绘制方法和尺寸与公差的标注方法，重点掌握文字的输入与编辑方法；能选择合适的命令与方法绘制和标注叉架类零件图，熟练应用文字功能书写"技术要求"和填写"标题栏"，及时完成任务检测与技能训练，达到正确率 90% 以上，按时完成率 90% 以上；培养严谨、一丝不苟的工匠精神和责任担当的职业素养。

素养提升

知识储备

一、创建文字样式

文字是机械图样中不可缺少的组成部分，文字样式是对文字特性的一种描述，包括字体、高度、宽度比例、倾斜角度以及排列方式等。AutoCAD 为用户提供了一种默认的文字样式，样式名称为 Standard，其具体属性见表 10-1。

表 10-1　　　　　　　　　　　　　　Standard 属性

设置	默认	说明
样式名	Standard	名称最长为 255 个字符
字体名	Txt. shx	与字体相关联的文件（字符样式）
大字体	非	用于非 ASCII 字符集（如汉字）的特殊形定义文件
高度	0	字符高度
宽度比例	1	延展或压缩字符
倾斜角度	0	倾斜字符
反向	否	反向字符
倒置	否	倒置字符
垂直	否	垂直或水平放置字符

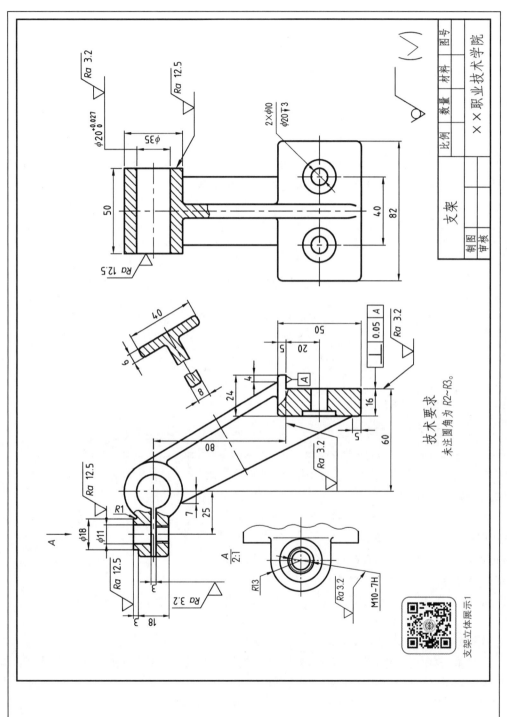

图10-1 叉架类零件图(1)

在输入文字时,可以使用 AutoCAD 提供的默认文字样式进行输入,但在机械图样中所标注的文字往往需要采用不同的文字样式,因此,在注写文字之前首先应创建所需的文字样式。

1. 启动"文字样式"对话框

执行"文字样式"命令的方式如下:

(1)功能区面板:〖默认〗→〖 注释 ▾ 〗→〖 A, 〗或者〖注释〗→〖文字〗→〖 ↘ 〗。

(2)键盘输入:STYLE↙或 ST↙。

(3)菜单栏:【格式】→【文字样式】。

(4)工具栏:〖样式〗→〖 A, 〗或〖文字〗→〖 A, 〗。

执行"文字样式"命令后,弹出"文字样式"对话框,如图 10-2 所示,在该对话框内不但可以创建新的文字样式,也可以修改或删除已有的文字样式。

图 10-2　"文字样式"对话框

2. 新建文字样式

单击"文字样式"对话框中的【新建】按钮,可弹出"新建文字样式"对话框,如图 10-3 所示,在"样式名"文本框中输入文字样式的名称(如"文字样式")后单击【确定】按钮,返回"文字样式"对话框,这时,在"文字样式"对话框的"样式"列表框中已经增加了"文字样式"样式名。

图 10-3　"新建文字样式"对话框

3. 设置新文字样式的属性

在"字体"选项区域中,单击"字体名"下拉列表框右侧的下拉按钮 ▾,打开"字体名"下拉列表,从中选择"gbenor.shx",如图 10-4 所示。"＊.shx"字体是 Autodesk 公司开发的一种用线画来描述字符轮廓的字体。它具有占内存空间小、打印速度快的特点。它分为小字体和大字体,小字体用于标注西文,大字体用于标注亚洲语言文字。

选择"使用大字体"复选框,可创建支持汉字等大字体的文字样式,此时"大字体"下拉列表框被激活,从其下拉列表中选择"gbcbig.shx",如图 10-5 所示。如果遇到中、英文字体

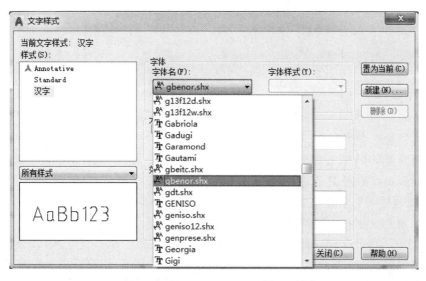

图 10-4　"字体名"下拉列表

高度和宽度不一致的问题时，用户可以在"SHX 字体"下拉列表中选择"gbenor. shx(控制英文直体)"或"gbeitc. shx(控制英文斜体，中文直体)"来解决，如图 10-6 所示。

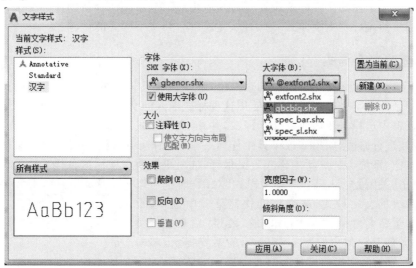

图 10-5　"大字体"下拉列表

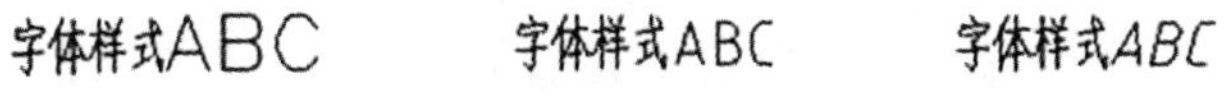

字体样式ABC　　　　字体样式ABC　　　　字体样式ABC

(a) 选择 simple.shx 字体　　　(b) 选择 gbenor.shx 字体　　　(c) 选择 gbeitc.shx 字体

图 10-6　协调中、英文字体高度和宽度的一致

在"大小"选项区域中，"高度"文本框用于指定文字高度。文字高度的默认值为 0，表示字高是可变的；如果输入某一高度值，文字高度就为固定值。

在"效果"选项区域中，各选项用于控制文字的效果。如颠倒、宽度因子、反向、倾斜角度等，通过相应的复选框和文本框来进行设置，同时在左下角的预览框中显示效果，如图 10-7 所示。

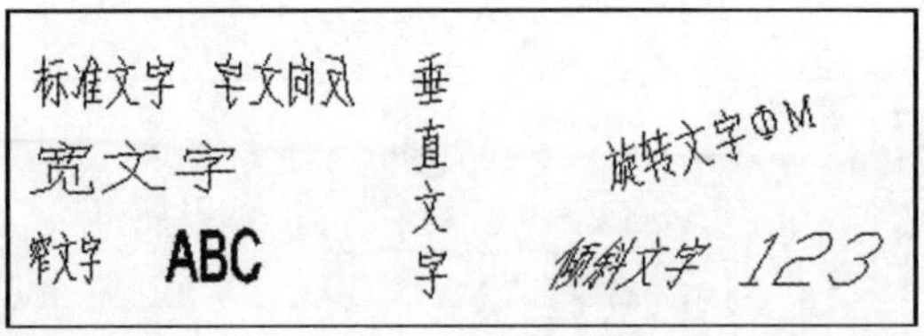

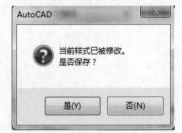

图 10-7　字体效果

在具体设置时应注意:

①倾斜角度:用于设置字符向左右倾斜的角度,以 Y 轴正向为角度的 0 值,顺时针为正。字符倾斜角度的范围必须在$-85°\sim85°$之间。按照国家标准输入"15",使文本倾斜$75°$。该选项与输入文字时"旋转角度"的区别在于,"倾斜角度"是指字符本身的倾斜度,"旋转角度(R)"是指文字行的倾斜度,如图 10-7 右边所示。

②宽度因子:用于设置字体宽度。如将仿宋体改设为长仿宋体,其宽度因子应设置为 0.67。

③设置颠倒、反向、垂直效果可应用于已输入的文字,而高度、宽度因子和倾斜角度效果只能应用于新输入的文字。"颠倒"和"反向"只适合于单行文字。垂直功能对"True Type"字体不可用。

预览框用来显示字体的设置效果。

如果完成了上述的文字样式设置,单击【应用】按钮,系统保存新创建的文字样式。然后单击【关闭】按钮,退出"文字样式"对话框,完成一个新文字样式的创建。

二、修改文字样式

在"文字样式"对话框的"样式"列表框中,显示所有已创建的文字样式。用户可以随时修改某一种已建文字样式,并将所有使用这种样式输入的文字特性同时进行修改,方法是在"样式"列表框中选择需要修改的文字样式,并在"文字样式"对话框的"字体"选项区域和"效果"选项区域进行修改,如果修改了其中任何一项,对话框中的【应用】按钮就会被激活。单击【应用】按钮,系统会将更新的样式定义保存,同时更新所有使用这种样式输入的文字的特性,然后单击【关闭】按钮,退出"文字样式"对话框;也可以右击需要修改的文字样式,从弹出的快捷菜单中选择【重命名】命令,重命名并修改了"字体"或"效果"后单击【关闭】按钮,屏幕上会弹出如图 10-8 所示的系统提示,单击【是】按钮就可以保存当前样式的修改并退出对话框。

三、设置当前文字样式

在输入文字时,都是使用当前文字样式进行输入的。

图 10-8　文字样式修改的系统提示

所以用户应当在文字输入之前,将要使用的文字样式置为当前样式。设置当前样式的方法有以下几种:

(1)在"文字样式"对话框的"样式"列表框中选择样式名,然后单击【置为当前】按钮,之后单击【关闭】按钮。

(2)单击〖默认〗→〖注释▾〗→〖"文字样式"下拉列表框〗→〖需要置为当前的文字样式〗或者〖注释〗→〖文字〗→〖"文字样式"下拉列表框〗→〖需要置为当前的文字样式〗

(3)单击〖样式〗工具栏中"文字样式"下拉列表框,从弹出的下拉列表中选择需要的文字样式作为当前样式,如图 10-9 所示。

图 10-9　〖样式〗工具栏

（4）在执行 TEXT 或 MTEXT 命令时，在命令行选择"样式（S）"选项，通过输入样式名来设置当前样式。

四、单行文字

AutoCAD 提供了两种文字输入的方式：单行文字输入和多行文字输入。所谓的单行文字输入，并不是用该命令每次只能输入一行文字，而是输入的文字，每一行单独作为一个实体对象来处理。相反，多行文字输入就是不管输入几行文字，AutoCAD 都把它作为一个实体对象来处理。

1. 单行文字的输入

单行文字的每一行就是一个单独的整体，不可分解，只能具有整体特性，不能对其中的字符设置另外的格式。单行文字除了具有当前使用文字样式的特性外，还具有的特性包括内容、位置、对齐方式、字高、旋转角度。执行"单行文字"命令的方式如下：

（1）功能区面板：〖默认〗→〖注释〗→〖　文字　〗→〖Ａ单行文字〗或〖注释〗→〖文字〗→〖多行文字〗→〖Ａ单行文字〗。

（2）键盘输入：TEXT↙或 DTEXT↙。

（3）菜单栏：【绘图】→【文字】→【单行文字】。

（4）工具栏：〖文字〗→〖Ａ〗。

执行"单行文字"命令的操作如下：

命令：**TEXT**↙　　　　　　　　　　　　　　　//启动"单行文字"命令
当前文字样式："工程字"当前文字高度：2.5000　//显示当前文字样式信息
指定文字的起点或[对正(J)/样式(S)]：**单击一点**//指定文字起点
指定高度＜2.5000＞：**5**↙　　　　　　　　　//输入文字高度
指定文字的旋转角度＜0＞：↙　　　　　　　　//输入文字旋转角度
TEXT：**未注圆角 R2**↙　　　　　　　　　　//输入所需文字并回车
TEXT：　　　　　　　　　　　　　　　　　//转行继续输入所需文字，
　　　　　　　　　　　　　　　　　　　　　或回车两次结束命令

在命令行提示"指定文字的起点或[对正(J)/样式(S)]："时，如果输入 J↙，选择"对正(J)"选项，可以用来指定文字的对齐方式；如果输入 S↙，选择"样式(S)"选项，可以用来指定文字的当前输入样式。下面详细介绍各选项的使用。

（1）"对正(J)"选项

在命令行提示"指定文字的起点或[对正(J)/样式(S)]："时，如果输入 J↙，命令行提示：

输入选项[对齐(A)/布满(F)/居中(C)/中间(M)/右对齐(R)/左上(TL)/中上(TC)/右上(TR)/左中(ML)/正中(MC)/右中(MR)/左下(BL)/中下(BC)/右下(BR)]：

其中各选项的含义分别为：

● 对齐(A)：将文字限制在指定基线的两个端点之间。输入 A↙后，命令行会提示指定文字基线的第一个端点和第二个端点，输入的文字正好嵌入在指定的两个端点之间，文字的倾斜角度由指定的两个端点决定,高度由系统计算得到,而不需用户来指定,注意文字的高宽比保持不变,叉号表示指定的端点,如图 10-10 所示。

● 布满(F):将文字限制在指定基线的两个端点之间,与"对齐(A)"不同的是,需要用户指定文字高度,字符的宽度因子由系统计算得到,如图 10-11 所示。

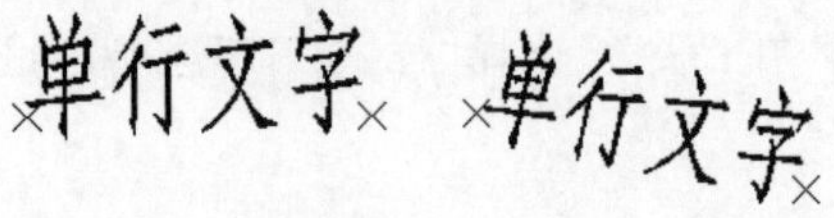

图 10-10　对齐方式 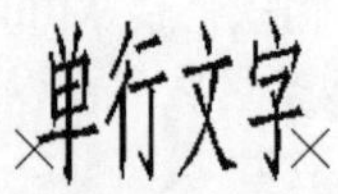　　　　　　　　　　图 10-11　布满方式

● 居中(C):以指定点为中心点对齐文字,需要用户指定基线的中心点、文字高度和旋转角度,如图 10-12 所示。

● 中间(M):文字基线的水平中点与文字高度的垂直中点重合,需要用户指定文字的中间点、文字高度和旋转角度,如图 10-13 所示。

图 10-12　居中方式 　　　　　　　　　　图 10-13　中间方式

● 右对齐(R):在基线上以指定点为基准右对齐文字,需要用户指定文字的右端点、文字高度和旋转角度,如图 10-14 所示。

● 左上(TL):以指定点作为文字的顶部左端点,并且以该点为基准左对齐文字,需要用户指定文字的左上点、文字高度和旋转角度,如图 10-15 所示。

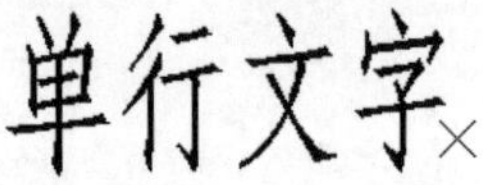

图 10-14　右对齐方式 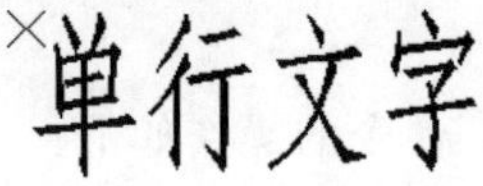　　　　　　　　　图 10-15　左上方式

● 中上(TC):以指定点作为文字顶部中点,并且以该点为基准居中对齐文字,需要用户指定文字的中上点、文字高度和旋转角度,如图 10-16 所示。

● 右上(TR):以指定点作为文字的顶部右端点,并且以该点为基准右对齐文字,需要用户指定文字的右上点、文字高度和旋转角度,如图 10-17 所示。

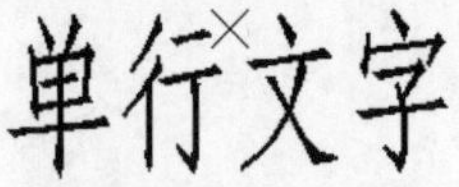

图 10-16　中上方式 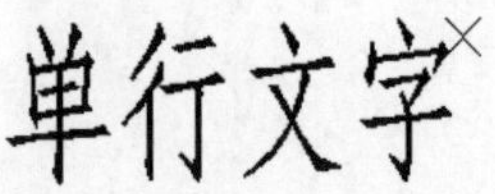　　　　　　　　　　图 10-17　右上方式

● 左中(ML):以指定点作为文字高度上的中点,并且以该点为基准左对齐文字,需要用户指定文字的左中点、文字高度和旋转角度,如图 10-18 所示。

● 正中(MC):以指定点作为文字高度上的中点,并且以该点为基准居中对齐文字,需要用户指定文字的中间点、文字高度和旋转角度,如图 10-19 所示。"中间(M)"选项与"正中(MC)"选项不同,"中间(M)"选项使用的中点是所有文字包括下行文字在内的中点,而"正中(MC)"选项使用大写字母高度的中点。

● 右中(MR):以指定点作为文字高度上的中点,并且以该点为基准右对齐文字,需要用户指定文字的右中点、文字高度和旋转角度,如图 10-20 所示。

单行文字　　　单行文字

图 10-18　左中方式 　　　　　　　图 10-19　正中方式

● 左下（BL）：以指定点作为文字的基线，并且以该点为基准左对齐文字，需要用户指定文字的左下点、文字高度和旋转角度，如图 10-21 所示。

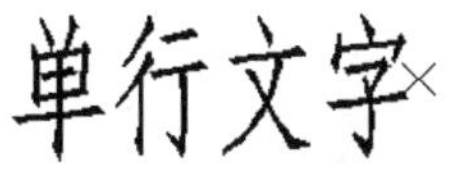

单行文字　　　单行文字

图 10-20　右中方式 　　　　　　　图 10-21　左下方式

● 中下（BC）：以指定点作为文字的基线，并且以该点为基准居中对齐文字，需要用户指定文字的中下点、文字高度和旋转角度，如图 10-22 所示。

● 右下（BR）：以指定点作为文字的基线，并且以该点为基准右对齐文字，需要用户指定文字的右下点、文字高度和旋转角度，如图 10-23 所示。

单行文字　　　单行文字

图 10-22　中下方式 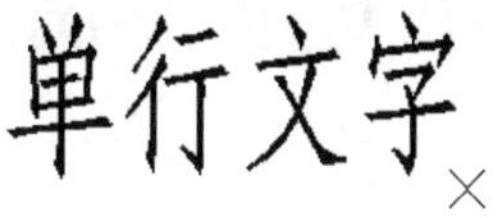　　　　　　　图 10-23　右下方式

文字的对正方式还可以在"特性"选项板中进行调整。

（2）"样式（S）"选项

在命令行提示"指定文字的起点或［对正（J）/样式（S）］："时，如果输入 S↙，命令行提示：

输入样式名或［?］＜样式 4＞：　　　//输入样式名或回车默认括号中的文字样式

也可以事先将需要的文字样式设置为当前样式

在输入单行文字时，为了使得文字的定位和对齐更为方便、精确，可以使用"对象捕捉"功能对其进行捕捉。单行文字具有两个特殊点：对齐点和定位点。当在"草图设置"对话框的"对象捕捉"选项卡中选择"插入点"捕捉方式时，可以捕捉到单行文字的对齐点，根据选用的对象方式该点的位置有所不同，文字的对齐点如上述"对正（J）"选项中所述；当选择"节点"捕捉方式时，可以捕捉到单行文字的定位点，它始终位于文字基线的左端点。

2.特殊符号的输入

在使用单行文字输入时，常常需要输入一些特殊符号，如直径符号"ϕ"、角度符号"°"等。根据当前文字样式所使用的字体不同，特殊符号的输入分为用"True Type"字体输入特殊字符和用"∗.shx"字体输入特殊字符两种情况。

（1）用"True Type"字体输入特殊字符

"True Type"字体是 Windows 提供的一种字体。如果当前的文字样式使用的是"True Type"字体，就可以使用 Windows 提供的软键盘进行输入。任选一种输入法，例如智能 ABC 输入法，系统弹出如图 10-24 所示的输入法状态条。在"软键盘"按钮▦上单击鼠标右键，弹出键盘快捷菜单，如图 10-25 所示。例如选择"希腊字母"，就会出现如图 10-26 所示的希腊字母软键盘，软键盘的用法与硬键盘一样，在需要的字母键上单击，就可以输入对应的字母。

图 10-24　输入法状态条 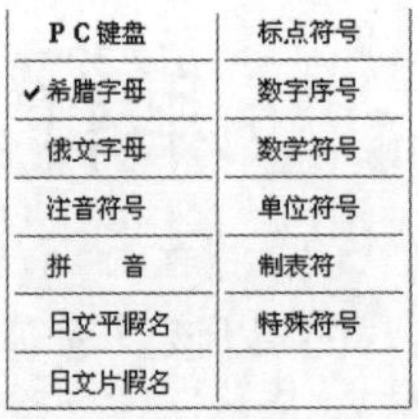　　图 10-25　键盘快捷菜单 　　图 10-26　希腊字母软键盘

（2）用"∗.shx"字体输入特殊字符

如果当前文字样式使用的字体是"∗.shx"字体，并且勾选了如图 10-5 所示的"使用大字体"复选框，依然可以使用上述软键盘进行输入；如果没有勾选"使用大字体"复选框，就不能用上述方法输入特殊字符，因为输入的字符 AutoCAD 系统不承认，显示为"？"。这时可以使用 AutoCAD 提供的控制码输入，控制码由两个百分号（％％）后紧跟一个字母构成。表11-2列出了 AutoCAD 中常用的控制码。

表 10-2　　　　　　　　　　　　　　AutoCAD 中常用的控制码

控制码	功能
％％o	加上划线
％％u	加下划线
％％d	度符号
％％p	正、负符号
％％c	直径符号
％％％	百分号

3. 单行文字的编辑

用户既可以编辑已输入单行文字的内容，也可以修改单行文字对象的特性。

（1）编辑单行文字的内容

对单行文字的编辑有以下几种方法：

①单击【修改】→【对象】→【文字】→【编辑】命令，这时命令行提示"选择注释对象或［放弃（U）/模式（M）］："，用拾取框选择要进行编辑的单行文字，该文字高亮显示，重新填写需要的文字，然后连续回车两次，结束编辑操作。如果回车一次，则命令行还会继续提示"选择注释对象或［放弃（U）/模式（M）］："，此时可以连续执行多个文字对象的编辑操作。

②在命令行输入 DDEDIT↙或 ED↙后，命令行提示"选择注释对象或［放弃（U）/模式（M）］："，后面的操作方法与上述相同。

③在绘图区选中单行文字对象，单击鼠标右键，在弹出的快捷菜单中单击【编辑】命令，此时命令行的操作方法同上。

④双击单行文字对象，该文字也会高亮显示，重新填写需要的文字，然后连续回车两次结束编辑。但是这种方法与前三种方法不同的是，每次只能编辑一个单行文字对象。

（2）修改单行文字特性

①通过"特性"选项板来修改文字的样式、高度、对正方式等特性。方法是选中文字对象，单击鼠标右键选择快捷菜单中的【特性】命令，屏幕上将弹出"特性"选项板，在选项板中修改对象的特性。同时单击"特性"选项板"文字"列表中的"内容"，还可以对文字内容进行编辑。

②激活状态栏上的"快捷特性"按钮 ▦ 后单击单行文字对象,或者单击单行文字对象后再单击鼠标右键,从弹出的快捷菜单中选择【快捷特性】命令,打开如图10-27所示的"快捷特性"选项板,从中进行编辑。

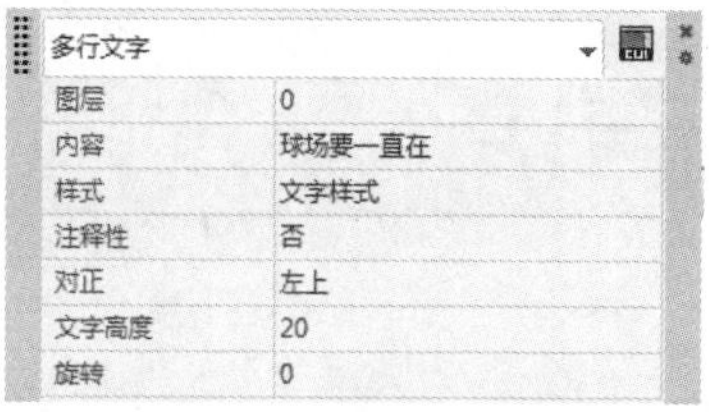

图 10-27 "快捷特性"选项板

五、多行文字

多行文字可以包含任意多个文本行和文本段落,并可以对其中的部分文字设置不同的文字格式。整个多行文字作为一个对象处理,其中的每一行不再为单独的对象。但是多行文字可以使用 EXPLODE 命令进行分解,分解之后的每一行将重新作为单个的单行文字对象。"多行文字"命令用于输入内部格式比较复杂的多行文字。

1. 多行文字的输入

执行"多行文字"命令的方式如下:

(1)功能区面板:〖默认〗→〖注释〗→〖 A 〗或〖注释〗→〖文字〗→〖 A 〗。

(2)键盘输入:MTEXT ✓ 或 MT ✓。

(3)菜单栏:【绘图】→【文字】→【多行文字】。

(4)工具栏:〖绘图〗→〖 A 〗或〖文字〗→〖 A 〗。

执行"多行文字"命令后,AutoCAD 提示:

指定第一角点:

在此提示下指定一点作为第一角点后,AutoCAD 继续提示:

指定对角点或[高度(H)/对正(J)/行距(L)/旋转(R)/样式(S)/宽度(W)/栏(C)]:

如果响应默认选项,即指定另一角点的位置。指定的两个角点是文字输入编辑框的对角点,AutoCAD 弹出如图10-28所示的"文字编辑器"选项卡和下面的标尺及文字输入编辑框。用户可在文字输入编辑框输入和编辑要标注的文字,并通过"文字编辑器"选项卡及其面板进行相关标注设置。它类似于 Word 的文字编辑工具,用户对它的使用应该比较熟悉,这里不多赘述。

单击"文字编辑器"选项卡下"关闭"面板上的"关闭文字编辑器"按钮 ✔,或者在文字输入编辑框外的绘图区任意位置处单击,即可完成多行文字的输入和编辑。

2. 多行文字的编辑

多行文字的编辑方法如下:

①单击【修改】→【对象】→【文字】→【编辑】命令,这时命令行提示"选择注释对象或[放弃(U)/模式(M)]:",用拾取框选择要进行编辑的多行文字,屏幕将弹出如图10-28所示的"文字编辑器"选项卡及其面板和下面的标尺与文字输入编辑框,在文字输入编辑框中可以重新填写需要的文字,然后单击"文字编辑器"选项卡下"关闭"面板上的"关闭文字编辑器"按钮 ✔,或者在文字输入编辑框外的绘图区任意位置处单击。这时,命令行仍提示"选择注释对象或[放弃(U)/模式(M)]:",用户可连续执行多行文字对象的编辑操作,如果不再编辑,按 Esc 键结束文字编辑。

②在命令行输入命令 DDEDIT ✓ 或 ED ✓,命令行的提示与操作同上。

③在绘图区选中多行文字对象,单击鼠标右键,在弹出的快捷菜单中单击【编辑多行文字】命令,命令行的提示与操作依然同上。

图 10-28　"文字编辑器"选项卡及其面板和标尺及文字输入编辑框

④双击多行文字对象，也可以用同样的方法来编辑文字。但是这种方法只能执行一次编辑操作，如果要编辑其他多行文字对象需要重新双击对象。

⑤单击多行文字对象，在"快捷特性"选项板中编辑。

六、注释性文字

AutoCAD 2021 可以将文字、尺寸、几何公差、块、属性、引线等指定为注释性对象。

1. 注释性文字样式

用于定义注释性文字样式的命令也是 STYLE，其定义过程与文字样式的创建过程类似。执行 STYLE 命令后，在打开的"文字样式"对话框中按创建文字样式的过程设置文字样式，然后选中"注释性"复选框。选中该复选框后，会在"样式"列表框中的对应样式名前显示图标，表示该样式属于注释性文字样式。

2. 标注注释性文字

用 DTEXT 或 MTEXT 命令标注文字时，只要将对应的注释性文字样式设为当前样式，然后按前面介绍的方法标注即可。注释性文字的编辑方法也与其他文字的编辑方法相同。

任务实施

第 1 步：根据零件的结构形状和大小确定表达方法、比例和图幅。本任务采用 1：1 比例、A3 图纸、横装。

第 2 步：打开相应的样板文件。打开任务 8 中创建的"A3 横装"样板文件。用"另存为"命令指定路径保存图形文件，文件名为"支架类零件图. dwg"。

第 3 步：设置作图环境

在状态栏上依次单击激活【正交】、【对象捕捉】及【对象追踪】按钮功能，关闭【捕捉】、【栅格】按钮功能；设置"对象捕捉"的特征点为端点、中点、圆心、象限点、切点及交点等。

第 4 步：绘制视图

(1)绘制支架工作部分的视图

使用"直线""圆""圆角"等命令和"正交""追踪"等辅助工具绘制支架工作部分的视图，使用"多重引线"或"多段线"命令绘制投射方向符号，使用"单行文字"或"多行文字"命令书写字母"A"，如图 10-29 所示。

(2)绘制支架支承部分的视图

向左移动 A 向视图，使用"直线""圆""圆角"等命令和"正交""追踪"等辅助工具绘制支架支承部分的视图，如图 10-30 所示。

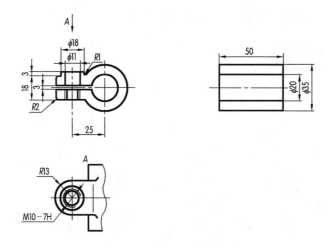

图 10-29　支架工作部分的视图

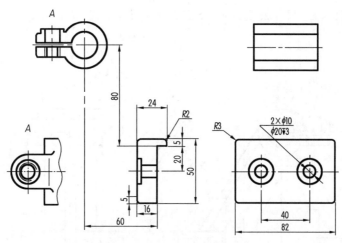

图 10-30　支架支承部分的视图

（3）绘制支架连接部分的视图

关闭【正交】按钮功能，使用"直线""偏移""圆角"等命令和"对象捕捉""追踪"等辅助工具绘制支架连接部分的视图，如图 10-31 所示。

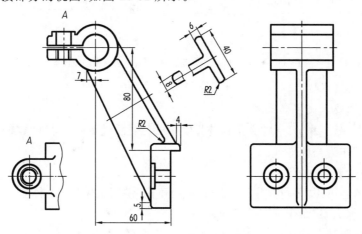

图 10-31　支架连接部分的视图

（4）使用"样条曲线"和"图案填充"命令绘制剖面符号（图10-32）

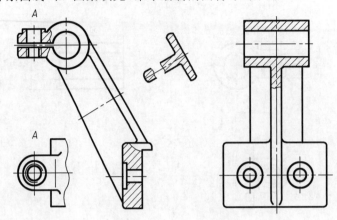

图10-32　绘制剖面符号

第5步：标注尺寸、尺寸公差、几何公差及表面粗糙度代号，并将 A 向视图放大两倍，如图10-33所示。

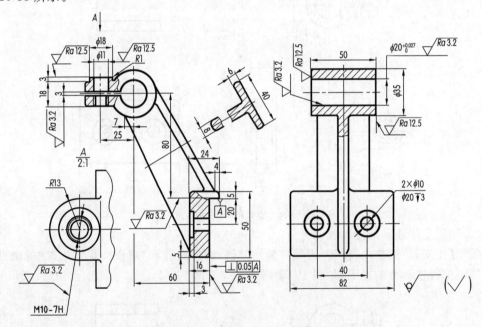

图10-33　标注尺寸、尺寸公差、几何公差及表面粗糙度代号

第6步：书写技术要求。

（1）设置技术要求文字样式

单击〖默认〗→〖 注释 ▾ 〗→〖"文字样式"下拉列表框〗→〖汉字〗，将已建的文字样式"汉字"作为当前样式。

微课

书写技术要求

（2）书写技术要求内容

技术要求内容可用"多行文字"命令书写，也可用"单行文字"命令书写，具体操作如下。

①使用"多行文字"命令书写技术要求

命令：单击〖默认〗→〖注释〗→〖 A 〗　　　　　　// 执行"多行文字"命令

当前文字样式:汉字 文字高度:3.5　　　　　　　　//系统提示

指定第一角点:**单击注写文字左上角点**　　　　//在绘图区中要注写文字处指定第一角点

指定对角点或[高度(H)/对正(J)/行距(L)/旋转(R)/样式(S)/宽度(W)/栏(C)]:**单击注写文字右下角点**　　　　　　　//在绘图区中要注写文字处指定第二角点

执行上述操作后,AutoCAD弹出如图10-28所示的"文字编辑器"选项卡及其面板和标尺及文字输入编辑框。这时将"文字编辑器"选项卡下"样式"面板上"字高"文本框中的数字改为"7"✓后,在文字输入编辑框中输入"技术要求"✓,再设置字高为"5"✓后,输入"未注圆角为 $R2\sim R3$ ",关闭"文字编辑器"选项卡,完成技术要求的书写。

②使用"单行文字"命令书写技术要求

命令:〖**默认**〗→〖**注释**〗→〖**A** 单行文字〗

　　　　　　　　　　　　　　　　　　　//执行"单行文字"命令

当前文字样式:汉字 文字高度:3.5　　　　　　　//系统提示

指定文字的起点或[对正(J)/样式(S)]:**单击书写文字左下角点**

　　　　　　　　　　　　　　　　　　　//在绘图区指定文字起点

指定高度 <3.5000>:**5**✓　　　　　　　　//输入文字高度

指定文字的旋转角度 <0>:✓　　　　　　　//输入文字旋转角度

text:**技术要求**✓　　　　　　　　　　　//输入所需文字

text:**未注圆角为 $R1\sim R3$ 。**✓　　　　　//另起一行输入所需文字

text:✓✓　　　　　　　　　　　　　　//回车结束文字输入,再回车结束
　　　　　　　　　　　　　　　　　　　　"单行文字"命令

激活状态栏上的"快捷特性"按钮后单击"技术要求",或者单击"技术要求"后再单击鼠标右键,从弹出的快捷菜单中选择【快捷特性】命令,打开如图10-27所示的"快捷特性"选项板,将"高度"文本框中的"5"改为"7"后回车,关闭"快捷特性"选项板,移动"技术要求"至合适位置,结果如图10-1所示。

第7步:填写标题栏

标题栏可用"多行文字"命令填写,也可用"单行文字"命令填写,操作如下。

(1)使用"多行文字"命令填写标题栏

命令:〖**注释**〗→〖**文字**〗→〖**多行文字**〗

微课
填写标题栏

　　　　　　　　　　　　　　　　　　　//执行"多行文字"命令

当前文字样式:汉字 文字高度:3.5　　　　　　　//系统提示

指定第一角点:**单击图 10-34 中的 A 点或 B 点**　//指定第一角点

指定对角点或[高度(H)/对正(J)/行距(L)/旋转(R)/样式(S)/宽度(W)/栏(C)]:**J**✓或单击"对正(J)"　　　　　　　　　　//选择"对正(J)"选项

输入对正方式[左上(TL)/中上(TC)/右上(TR)/左中(ML)/正中(MC)/右中(MR)/左下(BL)/中下(BC)/右下(BR)] <左上(TL)>:**MC**✓或单击"正中(MC)"
　　　　　　　　　　　　　　　　　　　//选择"正中(MC)"选项

指定对角点或[高度(H)/对正(J)/行距(L)/旋转(R)/样式(S)/宽度(W)/栏(C)]:
单击图 10-34 中的 B 点或 A 点　　　　//指定第二角点

　　执行上述操作后,AutoCAD 弹出"文字编辑器"选项卡及其面板和如图 10-28 所示的标尺及文字输入编辑框。这时从"文字编辑器"选项卡下"插入"面板上"列"下拉列表中选择"不分栏","样式"面板上"字高"文本框中的数字改为"7"✓后,在文字输入编辑框中输入"支架"后关闭文字编辑器,完成标题栏中名称单元格的内容填写。

　　用同样的方法书写其他单元格的内容或者复制后编辑并移动夹点,结果如图 10-34 所示。

　　(2)使用"单行文字"命令填写标题栏

　　命令:单击〖注释〗→〖文字〗→〖单行文字〗

　　　　　　　　　　　　　　　　　　　　　　　　// 执行"单行文字"命令

　　当前文字样式:汉字 文字高度:3.5　　　　　　// 系统提示

　　指定文字的起点或[对正(J)/样式(S)]:**J**✓**或单击"对正(J)"**

　　　　　　　　　　　　　　　　　　　　　　　　// 选择"对正(J)"选项

　　输入选项[对齐(A)/布满(F)/居中(C)/中间(M)/右对齐(R)/左上(TL)/中上(TC)/右上(TR)/左中(ML)/正中(MC)/右中(MR)/左下(BL)/中下(BC)/右下(BR)]:**MC**✓**或单击"正中(MC)"**　　　　　　　　　　　　　// 选择"正中(MC)"选项

　　指定文字的中间点:**捕捉并单击图 10-34 所示 AB 直线的中点**

　　　　　　　　　　　　　　　　　　　　　　　　// 确定文字的中间点

　　指定高度 <3.5000>:**7**✓　　　　　　　　　// 输入文字高度

　　指定文字的旋转角度 <0>:✓　　　　　　　　　// 输入文字旋转角度

　　text:**支架**✓　　　　　　　　　　　　　　　// 输入所需文字

　　text:✓✓　　　　　　　　　　　　　　　　　　// 回车结束文字输入,再回车结束
　　　　　　　　　　　　　　　　　　　　　　　　　"单行文字"命令

　　用同样的方法书写其他单元格的内容或者复制后编辑,结果如图 10-34 所示。

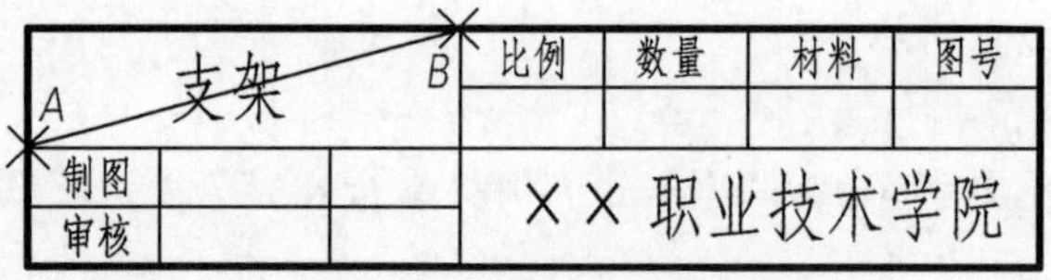

图 10-34　标题栏及文字填写

第 8 步:保存图形文件。

任务检测与技能训练

　　1.选择合适图幅和比例绘制如图 10-35 所示的叉架类零件图。要求:布图匀称,图形正确,线型符合国家标准规定,标注尺寸、公差和表面粗糙度,填写标题栏及"技术要求"。

　　2.选择合适图幅和比例绘制如图 10-36 所示的叉架类零件图。要求:布图匀称,图形正确,线型符合国家标准规定,标注尺寸、公差和表面粗糙度,填写标题栏及"技术要求"。

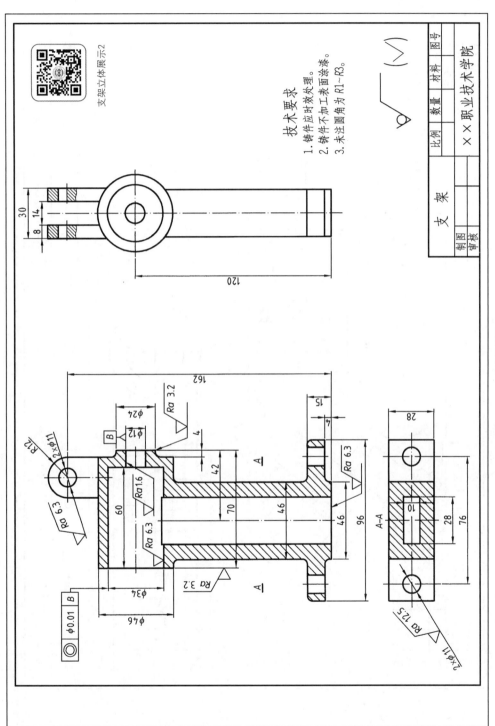

图 10-35　叉架类零件图(2)

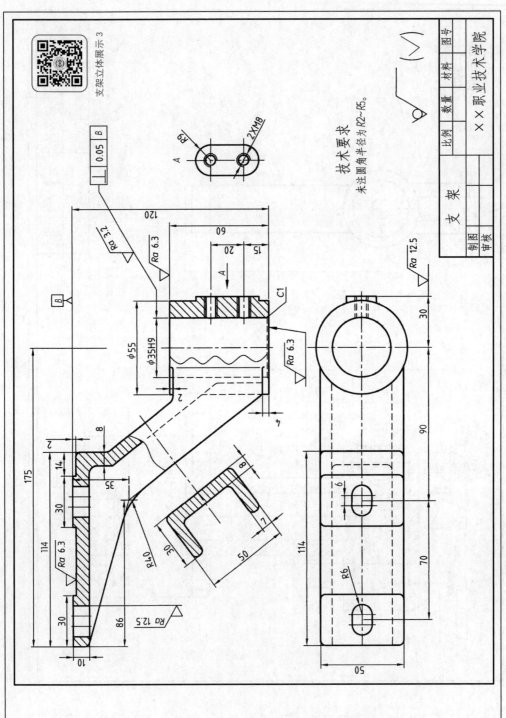

图 10-36　叉架类零件图 (3)

支架立体展示 3

技术要求

未注圆角半径为 R2～R5。

× × 职业技术学院

支　架

比例　数量　材料　图号

制图
审核

任务 11

箱体类零件图的绘制

任务描述

选择 A2 图幅和 1∶1 的比例绘制如图 11-1 所示的箱体类零件图。要求：布图匀称，图形正确，线型符合国家标准规定，标注尺寸、公差和表面粗糙度，书写"技术要求"，使用"表格"命令绘制标题栏并填写文字信息。

任务目标

学生通过绘制如图 11-1 所示的箱体类零件图，掌握箱体类零件图的绘制方法，巩固尺寸、公差和表面粗糙度代号的标注方法及文字的输入与编辑方法，重点掌握"表格样式""绘制表格""编辑表格"等命令的使用方法；能选择合适的命令与方法绘制箱体类零件图，正确标注尺寸、公差、表面粗糙度代号和填写"技术要求"及标题栏，熟练使用"表格""文字"命令绘制与填写装配图明细栏，及时完成任务检测与技能训练，达到正确率 90% 以上，按时完成率 90% 以上；培养勇于面对困难、迎难而上的品格。

素养提升

知识储备

一、创建表格样式

表格是一个在行和列中包含数据的对象。表格的外观由表格样式控制，用户可以使用默认表格样式 Standard，也可以创建自己的表格样式，具体步骤如下：

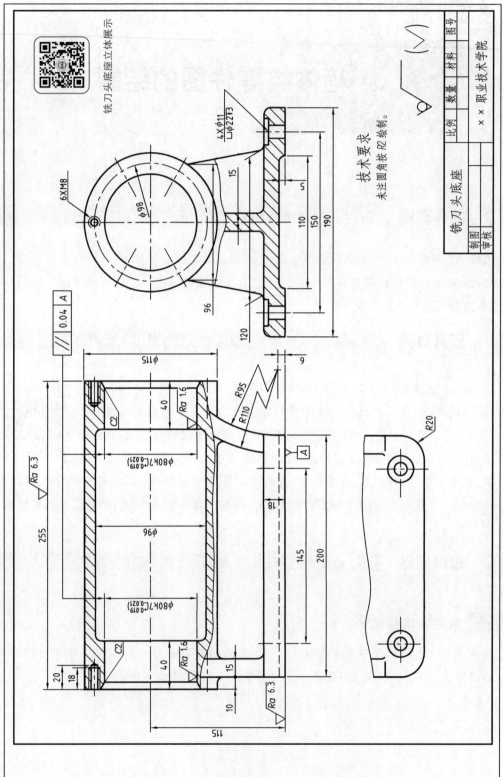

图11-1 箱体类零件图(1)

1.执行"表格样式"命令

执行"表格样式"命令的方式如下：

(1)功能区面板：〖默认〗→〖 注释 ▾ 〗→〖▦〗或者〖注释〗→〖表格〗→〖 ↘ 〗。

(2)键盘输入：TABLESTYLE↙。

(3)菜单栏：【格式】→【表格样式】。

(4)工具栏：〖样式〗→〖▦〗。

执行"表格样式"命令后，系统弹出"表格样式"对话框，如图 11-2 所示。其中，"样式"列表框中列出了满足条件的表格样式；"预览"框中显示出表格的预览图像；【置为当前】按钮用于将在"样式"列表框中选中的表格样式设置为当前样式；【删除】按钮用于删除在"样式"列表框中选中的表格样式；【新建】按钮用于新建表格样式；【修改】按钮用于修改已有的表格样式。

2.命名新建表格样式

单击【新建】按钮，系统弹出如图 11-3 所示的"创建新的表格样式"对话框，在"新样式名"文本框中输入新的表格样式名称，如"明细栏"。

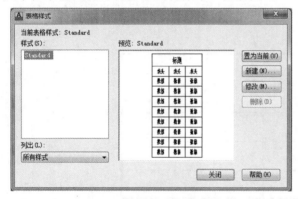

图 11-2　"表格样式"对话框　　　　　　　图 11-3　"创建新的表格样式"对话框

3.设置新建表格样式

单击【继续】按钮，系统弹出"新建表格样式：明细栏（新的表格样式名称）"对话框，如图 11-4 所示。

图 11-4　"新建表格样式：明细栏（新的表格样式名称）"对话框

通过该对话框可以指定表格方向和单元样式,还可以对表格进行参数设置,下面介绍对话框中各部分的功能。

(1)起始表格:使用户可以在图形中指定一个表格作为样例来设置此表格样式的格式,单击"选择起始表格"按钮🖳,进入绘图区,可以在绘图区选择表格录入。"删除起始表格"按钮🖳与"选择起始表格"按钮🖳的作用相反。

(2)表格方向:在"表格方向"下拉列表中选择"向上"或"向下"选项。"向上"选项用于创建由下而上读取的表格,列标题行和标题行都在表格的底部,而"向下"选项的作用正好相反。

(3)单元样式:在"单元样式"下拉列表中有"数据"、"表头"、"标题"、"创建新单元样式"和"管理单元样式"五个选项,前三个选项分别用于设置表格的数据特性、列标题和表标题的外观。当用户需要创建新的单元样式时,可以在"单元样式"下拉列表中选择"创建新单元样式"或单击"创建新单元样式"按钮🖳进行创建。此外,用户可通过在"单元样式"下拉列表中选择"管理单元样式"或单击"管理单元样式"按钮🖳进行单元样式管理。AutoCAD 表格的各部分名称如图 11-5 所示。

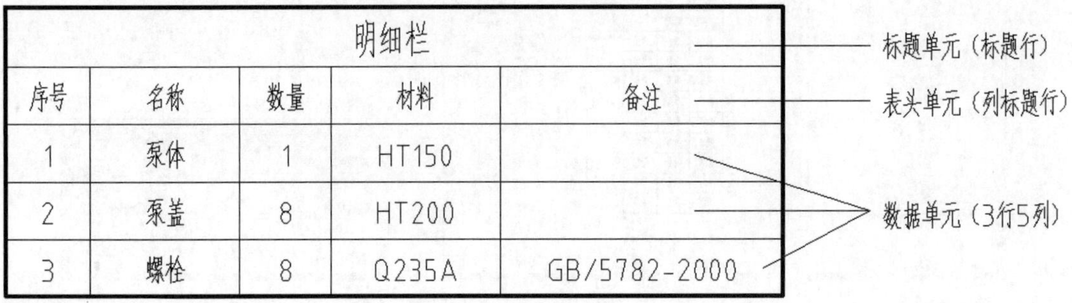

明细栏					← 标题单元(标题行)
序号	名称	数量	材料	备注	← 表头单元(列标题行)
1	泵体	1	HT150		
2	泵盖	8	HT200		← 数据单元(3行5列)
3	螺栓	8	Q235A	GB/5782-2000	

图 11-5　AutoCAD 表格的各部分名称

(4)"常规"选项卡:用于选择当前单元格的样式。

填充颜色:设置表格区域的颜色。

"对齐":为单元格内容指定一种对齐方式。

"格式":设置表格中各行的数据类型和格式。单击🔲按钮以显示"表格单元格式"对话框,从中可以进一步定义格式选项。

"类型":将单元格样式指定为"标签"或"数据",在包含起始表格的表格样式中插入默认文字时使用。

"页边距"—"水平":指定单元格中的文字与单元格左、右边框之间的距离。

"页边距"—"垂直":指定单元格中的文字与单元格上、下边框之间的距离。

"创建行/列时合并单元"复选框:用于将使用当前单元样式创建的所有新行或列合并到一个单元格中,可以通过选择该复选框在表格的顶部创建标题行。

(5)"文字"选项卡:用于设置文字的样式、高度、颜色、角度等特性。

"文字样式":指定文字样式。在"文字样式"下拉列表中选择文字样式,或单击🔲按钮打开"文字样式"对话框以创建新的文字样式。

"文字高度"：指定文字高度。此选项仅在选定文字样式的文字高度为 0 时可用(默认文字样式 Standard 的文字高度为 0)。如果选定的文字样式指定了固定的文字高度,则此选项不可用。

"文字颜色"：指定文字颜色。在"文字颜色"下拉列表中选择一种颜色或者单击"选择颜色"选项,系统将弹出"选择颜色"对话框,从中指定需要的颜色。

"文字角度"：设置文字角度。默认的文字角度为 0°。可以输入 $-359°$ 至 $+359°$ 之间的任何角度。

(6)"边框"选项卡：用于设置表格边框的显示特性,如线宽、颜色等。

"线宽"：设置要用于显示边界的线宽。如果使用加粗的线宽,需要修改单元边距才能看到文字。

"线型"：设置线型以应用于指定边框。在"线型"下拉列表中选择标准线型"ByBlock"、"ByLayer"或"Continuous(连续)",或者选择"其他"选项加载自定义线型。

"颜色"：指定颜色以应用于显示的边界。在"颜色"下拉列表中选择一种颜色或者单击"选择颜色"选项,系统将弹出"选择颜色"对话框,从中指定需要的颜色。

"双线"复选框：指定选定的边框是否为双线型。可以通过在"间距"文本框中输入值来更改行距。

"边框"按钮：包括"所有边框"、"外边框"、"内部边框"、"底部边框"、"左边框"、"顶部边框"、"右边框"和"无边框"按钮。单击按钮可以将设置的"边框"特性应用到选定的相应边框。

(7)"单元样式预览"框：显示当前表格样式设置效果的样例。

4.完成表格样式的创建

单击【确定】按钮,返回"表格样式"对话框,单击【置为当前】和【关闭】按钮,完成表格样式的创建。

二、创建表格

利用"表格"命令可以将空白的表格插入到图形的指定位置。执行"表格"命令的方式如下：

(1)功能区面板：〖默认〗→〖注释〗→〖▦〗或者〖注释〗→〖表格〗→〖▦〗。

(2)键盘输入：TABLE↙或 TB↙。

(3)菜单栏：【格式】→【表格】。

(4)工具栏：〖绘图〗→〖▦〗。

执行"表格"命令后,系统弹出如图 11-6 所示的"插入表格"对话框,各选项的含义如下：

(1)表格样式：用于指定要插入表格的样式。通过单击下拉列表框右边的▣按钮,用户可以创建新的表格样式。

图 11-6 "插入表格"对话框

(2)插入选项:用于指定插入表格的方式。

选择"从空表格开始"单选按钮,可以创建手动填充数据的空表格。

选择"自数据链接"单选按钮,可以利用外部电子表格中的数据创建表格。

选择"自图形中的对象数据(数据提取)"单选按钮,将启动"数据提取"向导,可以从图形中的对象(包括块与属性)提取特性数据和图形信息,并利用提取的数据创建表格。

(3)插入方式:用于指定插入表格的位置。

选择"指定插入点"单选按钮,可以在绘图窗口中的某点插入固定大小的表格。如果表格样式将表格的方向设置为由下而上读取,则插入点位于表格的左下角。如果表格样式将表格的方向设置为由上而下读取,则插入点位于表格的左上角。指定表格插入点的位置,可以使用定点设备,也可以在命令提示下输入坐标值。

选择"指定窗口"单选按钮,可以在绘图窗口中通过指定表格两对角点的方式创建任意大小的表格。指定表格两对角点的位置,可以使用定点设备,也可以在命令提示下输入坐标值。选定此单选按钮时,行数、列数、列宽和行高取决于窗口的大小以及列和行的设置。

(4)列和行设置:用于指定插入表格的行、列数目及大小,其中"行高"是指按照文字行高指定表格的行高,最小行高为一行。

(5)设置单元样式:可以分别将第一行、第二行和其他行的样式设置成标题、表头或数据样式,也可以将所有行均设置为数据或其他选项。

按照表格的需要设置完"插入表格"对话框后,单击对话框中的【确定】按钮,在绘图区指定插入点,这时会在当前位置按照表格设置插入一个表格,且插入后 AutoCAD 弹出"文字编辑器"选项卡及其面板,同时将表格中的第一个单元格加亮显示,如图 11-7 所示,此时可输入对应的文字。输入文字时,可以利用 Tab 键或 ←、→、↑、↓ 键在各单元格之间进行切换,以便在各单元格中输入文字。单击"文字编辑器"选项卡面板上的"关闭文字编辑器"按钮 ✓,或在表格外的绘图屏幕上单击,将关闭"文字编辑器"选项卡及其面板,完成表格的绘制。

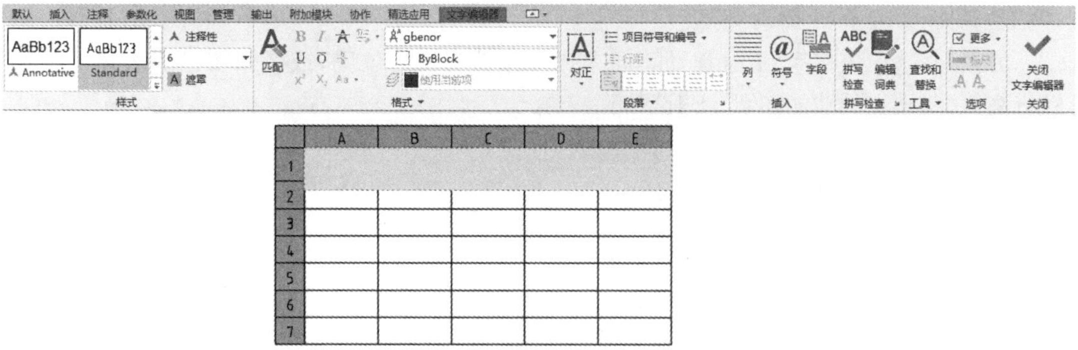

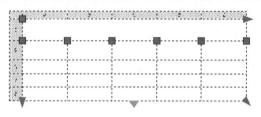

图 11-7　"文字编辑器"选项卡及其面板与表格

三、编辑表格

用户既可以修改已创建表格中的数据,也可以修改已有表格,如更改行高、列宽、合并单元格等。

1. 选择表格与单元格

要选择表格,可直接单击表格线或利用选择窗口选择整个表格,如图 11-8 所示。

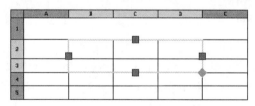

图 11-8　选择表格

要选择单个单元格,可直接在该单元格内单击。

要选择多个单元格,可在单元格内单击并在多个单元格上拖动,或者按住 Shift 键并在另一个单元格内单击,可以同时选中这两个单元格以及它们之间的所有单元格,如图 11-9 所示。

图 11-9　选择多个单元格

2. 编辑表格数据

编辑表格数据的方法很简单,双击绘图屏幕中已有表格的某一单元格,AutoCAD 会弹出"文字编辑器"选项卡及其面板,并将表格显示成编辑模式,同时将所双击的单元格突出显示。在编辑模式修改表格中的各数据后,单击"文字编辑器"选项卡面板上的"关闭文字编辑器"按钮 ✔,即可完成表格数据的修改。选择一个单元格后,按 F2 键也可以编辑该单元格文字。要删除单元格中的内容,可首先选中单元格,然后按 Delete 键删除。

3. 调整表格的行高与列宽

方法一：选中表格后，通过拖动不同夹点可移动表格的位置，或者修改已有表格的列宽和行高，这些夹点的功能如图 11-10 所示。

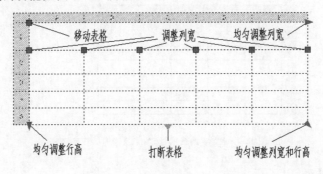

图 11-10　表格各夹点的不同功能

要保持表格的宽度不变，只更改与所选夹点相邻的列宽时，左右拖动中间夹点即可；要更改列宽而让表格按比例更改时，在左右拖动中间夹点时按住 Ctrl 键。

方法二：选择对应的单元格，AutoCAD 会在该单元格的四条边上各显示出一个夹点，同时弹出"表格单元"选项卡及其面板，通过拖动夹点，就能改变对应行的高度或对应列的宽度，通过"表格单元"选项卡及其面板插入或删除行与列等，如图 11-11 所示。

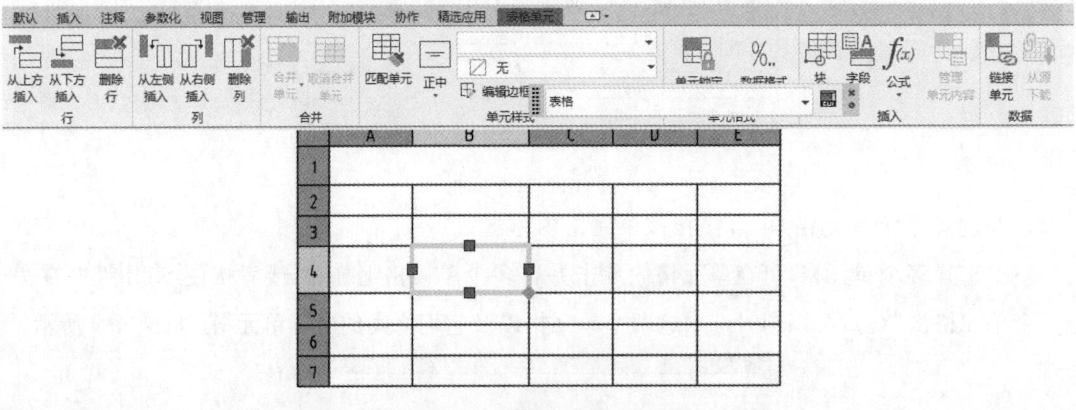

图 11-11　调整表格的行高与列宽

方法三：选中表格后单击鼠标右键，可从弹出的快捷菜单中选择【均匀调整行大小】或【均匀调整列大小】命令来均匀调整表格的行高与列宽，如图 11-12 所示。

图 11-12　均匀调整表格的行高与列宽

方法四：通过"特性"选项板调整表格的行高与列宽。

4.插入或删除行和列,合并或取消合并单元格

选择单元格后,可以单击鼠标右键,然后使用快捷菜单上的命令来插入或删除列和行、合并相邻单元格或进行其他修改,如图11-13所示。也可以利用"表格单元"选项卡及其面板,对表格进行各种编辑操作,如插入行、插入列、删除行、删除列以及合并单元格等。

图11-13　编辑表格

5.调整表格内容的对齐方式

要调整表格内容的对齐方式,可首先选中单元格(如果对整个表格内容进行对齐设置,应首先单击表格左上角的单元格,再按住 Shift 键,在表格右下角的单元格内单击,从而选中所有单元格),然后单击鼠标右键,从弹出的快捷菜单中选择"对齐"子菜单中的相应命令,如图11-14所示。

图11-14　表格内容的对齐

四、装配图明细栏的绘制与填写方法

以图11-15所示千斤顶装配图明细栏的绘制与填写为例,说明装配图明细栏的绘制与填写方法。

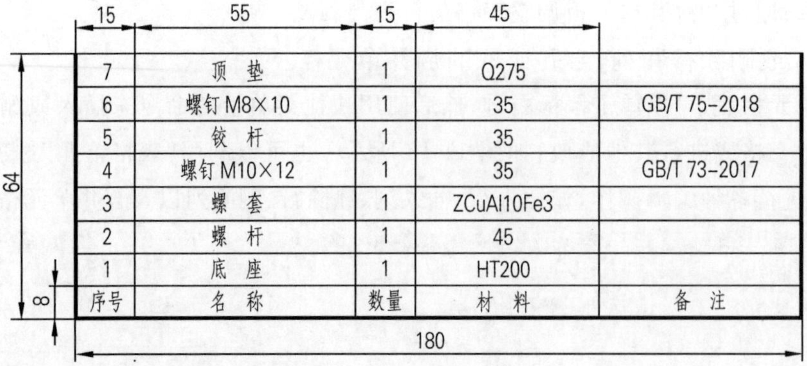

15	55	15	45	
7	顶　垫	1	Q275	
6	螺钉 M8×10	1	35	GB/T 75-2018
5	铰　杆	1	35	
4	螺钉 M10×12	1	35	GB/T 73-2017
3	螺　套	1	ZCuAl10Fe3	
2	螺　杆	1	45	
1	底　座	1	HT200	
序号	名　称	数量	材　料	备　注

图 11-15　千斤顶装配图明细栏

1. 创建明细栏表格样式

(1)单击【默认】→〖 注释▾ 〗→〖▦〗,弹出如图 11-2 所示的"表格样式"对话框。

(2)单击【新建】按钮,弹出如图 11-3 所示的"创建新的表格样式"对话框,在"新样式名"文本框中输入"明细栏"。

(3)单击【继续】按钮,弹出如图 11-4 所示的"新建表格样式:明细栏"对话框。在"表格方向"下拉列表中选择"向上",在"单元样式"下拉列表中选择"数据",然后对"常规""文字""边框"三个选项卡分别进行设置。在"常规"选项卡中,在"对齐"下拉列表中选择"正中",在"页边距"的"垂直""水平"文本框中均输入"0",不选择"创建行/列时合并单元"复选框;在"文字"选项卡中,单击▦按钮打开"文字样式"对话框,单击【新建】按钮,弹出"新建文字样式"对话框,在该对话框的"样式名"文本框中输入"文字样式"后单击【确定】按钮,返回"文字样式"对话框,在该对话框的"字体名"下拉列表中选择"gbenor.shx",勾选"使用大字体"复选框,在"大字体"下拉列表中选择大字体"gbcbig.shx",其余选项采用默认值,分别单击【置为当前】、【应用】和【关闭】按钮;在"边框"选项卡中,在"线宽"下拉列表中选择"ByLayer",再单击"无边框"按钮▦;其余选项采用默认值。

(4)在"单元样式"下拉列表中选择"表头",选择与"数据"完全相同的设置。

(5)对于"单元样式"下拉列表中的"标题"不进行设置,因为此例不需要标题行。

(6)单击【确定】按钮,返回到"表格样式"对话框,单击【置为当前】和【关闭】按钮,完成表格样式的创建。

2. 创建表格

(1)单击【默认】→〖注释〗→〖▦〗,弹出如图 11-6 所示的"插入表格"对话框,在"表格样式"下拉列表中选择"明细栏";在"插入选项"选项区域中选择"从空表格开始"单选按钮;在"插入方式"选项区域中选择"指定插入点"单选按钮;在"列和行设置"选项区域中的"列数"文本框中输入"5","列宽"文本框中输入"25","数据行数"文本框中输入"6"(加上标题行和表头行共 8 行),"行高"文本框中输入"1";在"设置单元样式"选项区域中分别将"第一行单元样式"、"第二行单元样式"和"所有其他行单元样式"设置成"表头"、"数据"和"数据"。

（2）单击【确定】按钮，在屏幕适当位置单击，以指定表格的插入点，这时生成8行5列的表格，同时弹出"文字编辑器"选项卡及其面板，并自动激活"表头"单元格，可以填入相应文字，如图 11-16 所示。

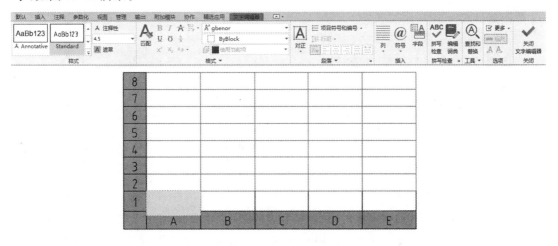

图 11-16　填写表头内容

（3）在表格外的绘图屏幕上单击，将关闭"文字编辑器"选项卡及其面板，完成明细栏的插入。

3.修改表格的行高和列宽

（1）用窗口方式（或单击左上角单元格后，按住 Shift 键再单击右下角单元格）选择所有单元格，打开"特性"选项板，在"单元高度"文本框中输入"8"，回车，如图 11-17 所示。

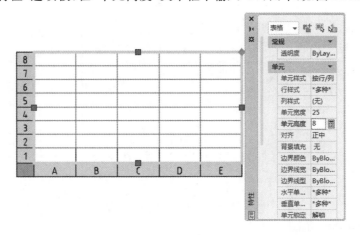

图 11-17　修改单元格行高

（2）依次在每一列单元格内单击，在"特性"选项板的"单元宽度"文本框中输入每一列的宽度值（如图 11-18 所示第二列的列宽 55）后回车。

（3）在表格外单击鼠标左键，退出选择，完成行高、列宽的修改。

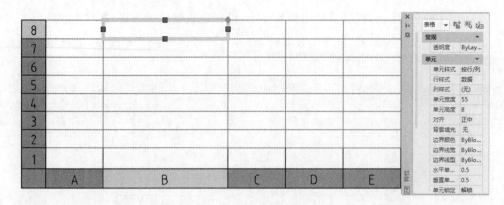

图 11-18 修改各列的宽度

4. 修改表格的边框

选择所有单元格,单击"表格单元"选项卡下"单元样式"面板上的 ⊞ 编辑边框 按钮,系统弹出"单元边框特性"对话框,在"线宽"下拉列表中选择"0.50 mm",在"线型""颜色"下拉列表中均选择"ByLayer",再单击"上边框"按钮 ⊟、"左边框"按钮 ⊡ 和"右边框"按钮 ⊡,设置表格最下边的水平线和表格两边的垂直线为粗实线,如图 11-19 所示。

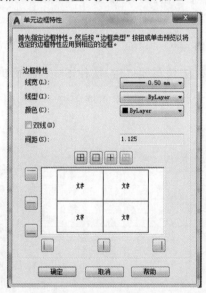

图 11-19 "单元边框特性"对话框

5. 填写明细栏

在"数据"单元格中双击,自下而上填写明细栏内容,如图 11-15 所示。

6. 保存图形文件

略。

任务实施

第 1 步：根据零件的结构形状和大小确定表达方法、比例和图幅。本任务采用 1 ∶ 1 比例、A2 留装订边图纸。

第 2 步：打开任务 8 中创建的"A3 横装"样板文件，对图框进行拉伸，建立名为"A2 横装"的样板文件，并另存为"箱体类零件图.dwg"。

第 3 步：绘制视图

(1)在状态栏上依次单击激活【极轴追踪】、【对象捕捉】及【对象追踪】按钮功能，关闭【捕捉】、【栅格】按钮功能；设置"对象捕捉"的特征点为端点、中点、圆心、象限点及交点等。

(2)绘制基准线及主视图、左视图上半部分的视图。使用"直线""圆""矩形"等命令和"正交""对象追踪"等辅助工具绘制。主视图也可用"直线"与"镜像"命令绘制，结果如图 11-20 所示。

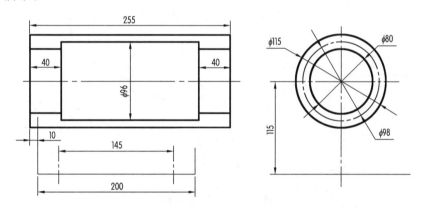

图 11-20　绘制基准线及主视图、左视图上半部分的视图

(3)绘制主视图、左视图下半部分的视图。先绘制左视图下半部分左侧的图形，用"镜像"命令复制出右侧图形，然后绘制主视图下半部分的图形，注意投影关系，结果如图 11-21 所示。

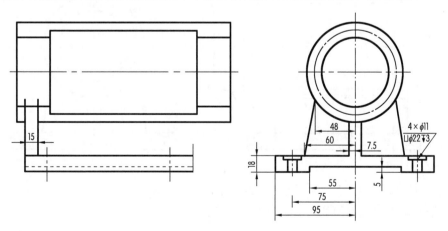

图 11-21　绘制主视图、左视图下半部分的视图

（4）作辅助线 AB，以 A 点为圆心，以 $R95$ 为半径作辅助圆，确定圆心 O。以 O 点为圆心，绘制 $R110$、$R95$ 两段圆弧，如图 11-22 所示。

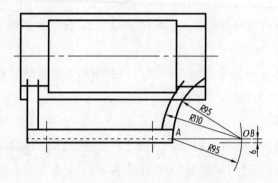

图 11-22　绘制 $R95$、$R110$ 两段圆弧

（5）绘制 M8 螺纹孔。首先用"环形阵列"命令绘制左视图螺纹孔中心线，其次用"圆"与"打断"命令绘制左视图螺纹孔，再次用"直线"与"对象追踪"工具绘制主视图右侧螺纹孔，如图 11-23 所示，最后用"镜像"命令复制出主视图左侧螺纹孔，如图 11-24 所示。

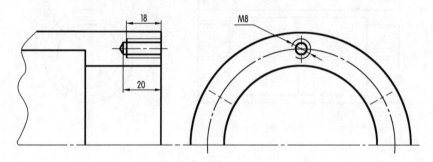

图 11-23　绘制 M8 螺纹孔

（6）绘制倒角、圆角、波浪线。用"倒角"命令绘制主视图两端倒角，用"圆角"命令绘制各处圆角，用"样条曲线"命令绘制波浪线并整理轮廓线。结果如图 11-24 所示。

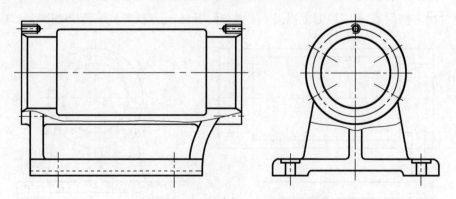

图 11-24　绘制倒角、圆角、波浪线（未注圆角按 $R2$ 控制）

（7）绘制俯视图和剖面线，结果如图 11-25 所示。

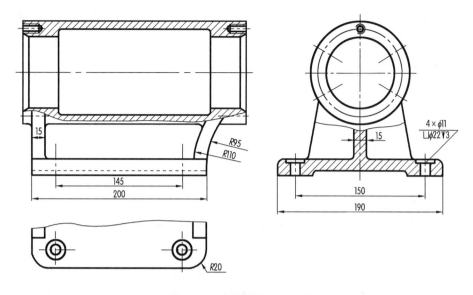

图 11-25　绘制俯视图和剖面线

第 4 步：用"表格"命令绘制并填写标题栏。

（1）创建标题栏表格样式。执行"表格样式"命令，系统弹出"表格样式"对话框，如图 11-2 所示；单击【新建】按钮，弹出如图 11-3 所示的"创建新的表格样式"对话框，在"新样式名"文本框中输入新的表格样式名称"标题栏"；单击【继续】按钮，弹出"新建表格样式：标题栏"对话框，在"表格方向"下拉列表中选择"向上""向下"均可。在"单元样式"下拉列表中选择"数据"，然后对"常规""文字""边框"三个选项卡选项分别进行设置：打开"常规"选项卡，在"对齐"下拉列表中选择"正中"，在"页边距"的"垂直""水平"文本框中均输入"0"；打开"文字"选项卡，从"文字样式"下拉列表中选择"汉字"，在"文字高度"文本框中输入"5"；打开"边框"选项卡，在"线宽"下拉列表中选择"0.50 mm"，再单击"外边框"按钮 ⊞；其余选项采用默认值。"单元样式"下拉列表中的"标题""表头"不进行设置，单击【确定】按钮，返回"表格样式"对话框，依次单击【置为当前】和【关闭】按钮，完成表格样式的创建。

（2）创建表格。创建标题栏表格的方法与创建明细栏的方法不同的是：在"插入表格"对话框中，在"表格样式"下拉列表中选择"标题栏"；在"列和行设置"选项区域的"列数"文本框中输入"7"，在"数据行数"文本框中输入"2"（加上标题行和表头行共 4 行）；在"设置单元样式"中将"第一行单元样式"、"第二行单元样式"和"所有其他行单元样式"均设置成"数据"，之后单击【确定】按钮，将光标移到图框的右下角点停留片刻，端点标记显示后向左移动光标，出现追踪虚线时输入"180"即可。

（3）修改表格的行高和列宽。选择所有单元格，打开"特性"选项板，在"单元高度"文本框中输入"8"；依次单击第一、第二、第三列的任意单元格，在"特性"选项板的"单元宽度"文本框中分别输入"20""40""20"宽度值并回车确定，在表格外单击，退出单元格选择，完成行高、列宽的修改。

（4）修改表格的边框。选择所有单元格，单击"表格单元"选项卡下"单元样式"面板上的 ⊞ 编辑边框 按钮，系统弹出"单元边框特性"对话框，在"线宽"下拉列表中选择"0.50 mm"，在"线型""颜色"下拉列表中选择"ByLayer"，再单击"外边框"按钮⊞，设置表格外边线均为粗实线，如图11-26所示。

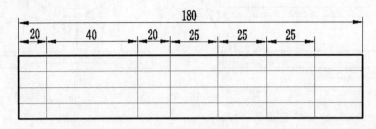

图11-26　修改表格行高、列宽及边框

（5）合并部分单元格。在第一行第一列的单元格内按住鼠标左键不放，拖动鼠标光标至第二行第三列的单元格再松开鼠标左键，表格中左上角的 6 个单元格被选中，然后单击"表格单元"选项卡下"合并"面板上的"合并单元格"按钮下拉列表中的"合并全部"命令，即将所选的 6 个单元格合并。采用同样的方法使右下角的 8 个单元格合并，如图11-27所示。

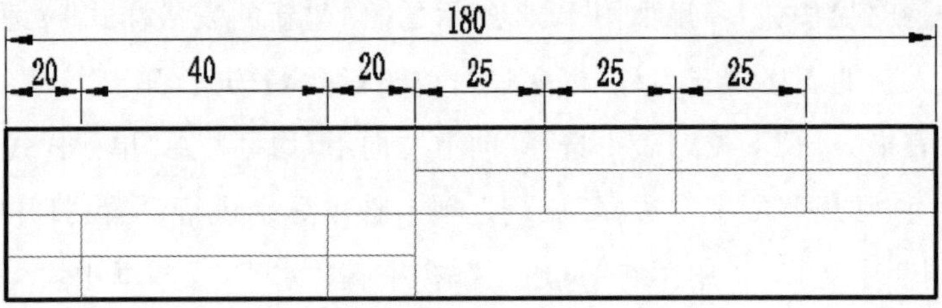

图11-27　合并单元格

（6）填写标题栏。双击要添加文字信息的单元格，从中填写标题栏中的文字内容，完成后在表格外单击，结束文字填写并关闭"表格单元"选项卡及其面板。

第 5 步：标注尺寸、公差和表面粗糙度，书写技术要求，结果如图11-1所示。

第 6 步：保存图形。

任务检测与技能训练

1.选择合适图幅和比例绘制如图11-28和图11-29所示的箱体类零件图。要求：布图匀称，图形正确，线型符合国家标准规定，标注尺寸、公差和表面粗糙度，书写"技术要求"，使用"表格"命令绘制标题栏并填写文字信息。

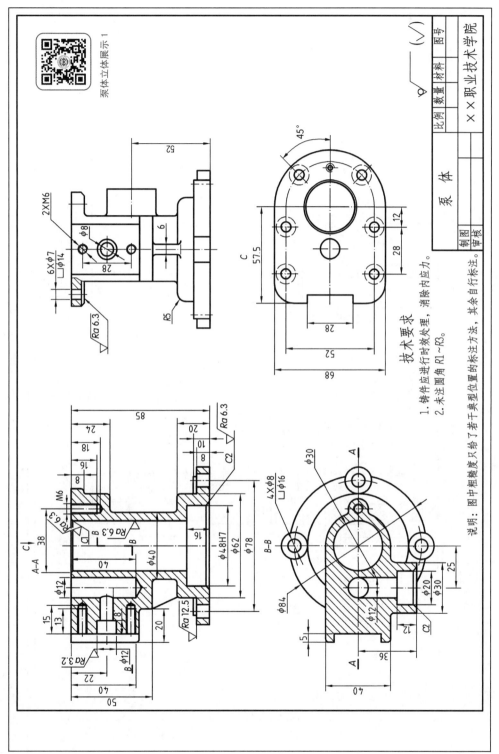

图 11-28 箱体类零件图 (2)

技术要求
1. 铸件应进行时效处理，消除内应力。
2. 未注圆角 R1~R3。

说明：图中粗糙度只给了若干典型位置的标注方法，其余自行标注。

泵体立体展示 1

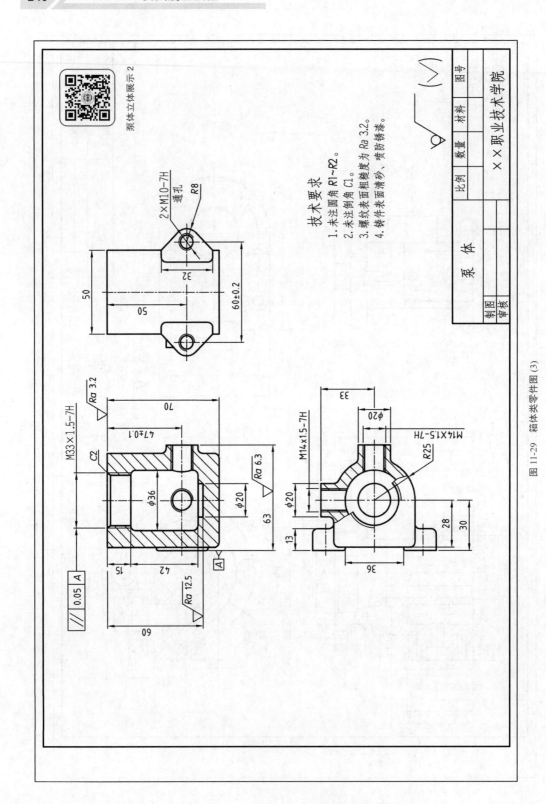

图 11-29 箱体类零件图 (3)

2. 使用“表格”命令绘制如图 11-30 和图 11-31 所示标题栏、明细栏并填写文字信息。

15	55	15	45	
15	挡圈 B32	1	35	GB/T 892-1986
14	螺栓 M6×20	1	Q235A	GB/T 5782-2016
13	键 6×20	2	45	GB/T 1096-2003
12	毡圈	2	半粗羊毛	
11	端盖	2	HT200	
10	调整环	1	35	
9	轴承 30307	2		GB/T 297-2015
8	座体	1	HT150	
7	轴	1	45	
6	螺钉 M8×20	12	Q235A	GB/T 70.1-2008
5	键 8×40	1	45	GB/T 1096-2003
4	带轮 A 型	1	HT150	
3	销 A3×12	1	35	GB/T 119.1-2000
2	螺钉 M6×20	1		GB/T 68-2016
1	挡圈 A35	1	35	GB 891-1986
序号	名　称	数量	材　料	备　注

铣刀头		班级		比例	
		学号		图号	
制图			（校名）		
审核					

128　8　32　8　180

图 11-30　“铣刀头装配图”的标题栏、明细栏

15	55	15	45	
11	螺栓	6	Q235A	GB/T 5782-2016
10	销	2	Q235A	GB/T 119.1-2000
9	齿轮	2	45	
8	从动轴	1	45	
7	密封填料	1	石棉	
6	主动轴	1	45	
5	填料压盖	1	Q235A	
4	压盖螺母	1	HT150	
3	泵体	1	HT200	
2	垫片	1	密封纸	
1	泵盖	1	HT200	
序号	名　称	数量	材　料	备　注

齿轮泵		班级		比例	
		学号		图号	
制图			（校名）		
审核					

96　8　32　8　180

图 11-31　“齿轮泵装配图”的标题栏、明细栏

任务 12

装配图的绘制

任务描述

如图 12-1 所示为千斤顶装配图,试根据图 12-2 所示千斤顶的各零件图进行"拼装"。要求:图形正确,线型符合国家标准规定,标注尺寸和零件序号,填写标题栏和明细栏。

任务目标

学生通过"拼装"如图 12-1 所示的千斤顶装配图,掌握利用"设计中心""块""工具选项板""复制粘贴"等功能"拼装"装配图视图的方法,装配图的尺寸和零件序号的标注方法,巩固明细栏和标题栏的绘制、文字填写及其编辑方法;能按照制图规范和装配图所需的零件图或示意图,熟练绘制装配图及完成后面的任务检测与技能训练,达到正确率 90% 以上,按时完成率 90% 以上;培养专注、坚持的工匠精神和严谨细致的职业素养。

素养提升

知识储备

一、AutoCAD 设计中心简介

AutoCAD 设计中心(简称设计中心)类似于 Windows 资源管理器,通过设计中心用户可以浏览、查找、预览、管理、利用和共享 AutoCAD 图形,还可以使用其他图形文件中的图层定义、块、文字样式、尺寸标注样式、布局等信息,提高图形管理和图形设计的效率。

二、"设计中心"选项板

1.打开"设计中心"选项板的命令

(1)功能区面板:〖视图〗→〖选项板〗→〖▦〗。

(2)键盘输入:ADCENTER ↙或"Ctrl+2"组合键。

(3)菜单栏:【工具】→【选项板】→【设计中心】。

(4)工具栏:〖标准〗→〖▦〗。

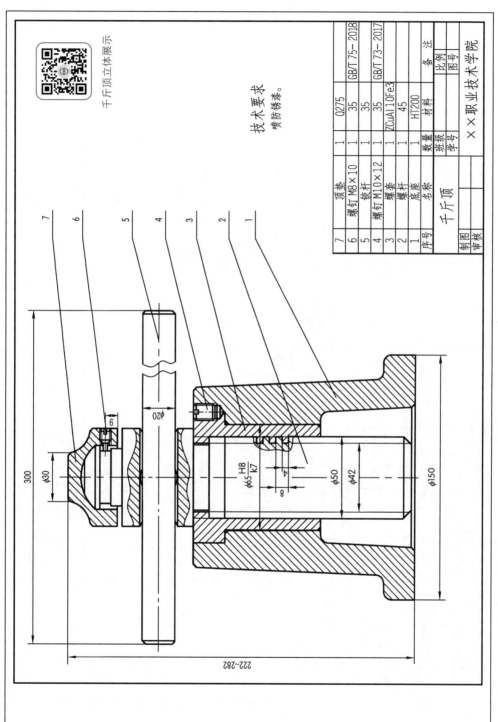

7	顶垫		1	Q275		
6	螺钉 M8×10		1	35	GB/T 75－2018	
5	铰杆		1	35		
4	螺钉 M10×12		1	35	GB/T 73－2017	
3	螺套		1	ZCuAl10Fe3		
2	螺杆		1	45		
1	底座		1	HT200		
序号	名称		数量	材料	备　注	
千斤顶			班级		比例	
			学号		图号	
制图			××职业技术学院			
审核						

技术要求

喷防锈漆。

千斤顶立体展示

图 12-1　千斤顶装配图

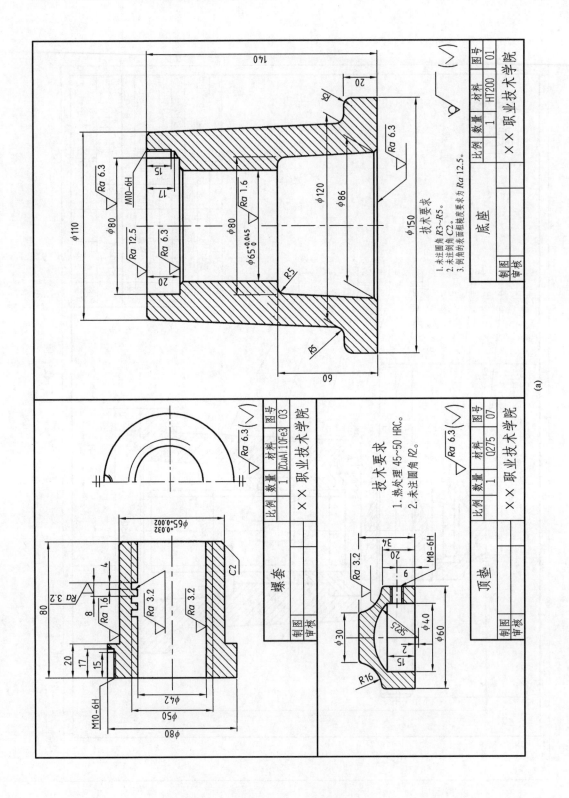

(a)

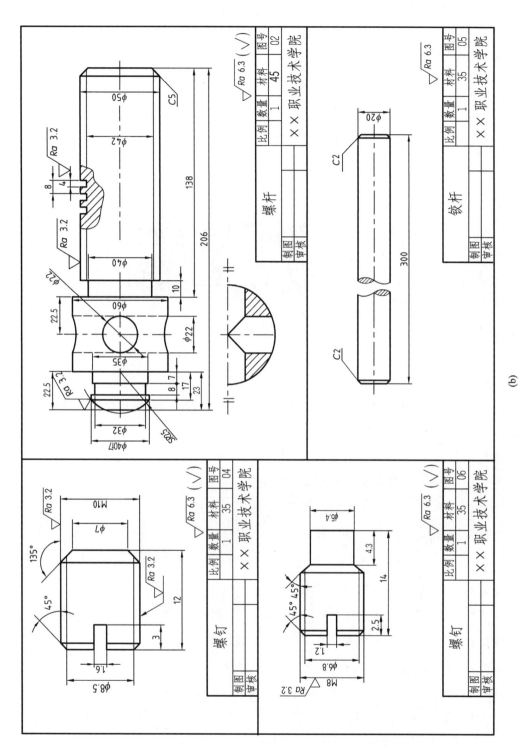

图 12-2　千斤顶零件图

（b）

螺杆　比例　数量 1　材料 45　图号 02　××职业技术学院　制图　审核

铰杆　比例　数量 1　材料 35　图号 05　××职业技术学院　制图　审核

螺钉　比例　数量 1　材料 35　图号 04　××职业技术学院　制图　审核

螺钉　比例　数量 1　材料 35　图号 06　××职业技术学院　制图　审核

执行"设计中心"命令后，打开"设计中心"选项板，如图 12-3 所示。

2."设计中心"选项板的组成

"设计中心"选项板由八个主要部分组成：按钮、选项卡、树状视图区、内容区、预览视图区、说明视图区、标题栏及目录栏。简单说明如下：

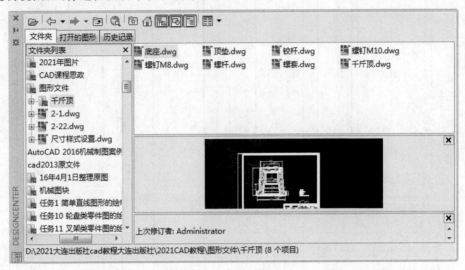

图 12-3 "设计中心"选项板

（1）按钮

位于"设计中心"选项板顶部的是一行按钮，用于设计中心的相关操作，具体名称与作用如下：

"加载"按钮 ：用于通过设计中心"加载"对话框加载图形。

"上一页"按钮 ：将当前页面上移一页面。

"下一页"按钮 ：将当前页面下移一页面。

"上一级"按钮 ：将当前目录上移一级。

"搜索"按钮 ：单击该按钮后，可以通过"搜索"对话框查找图形。

"收藏夹"按钮 ：用于在"收藏夹"文件中搜索图形。

"主页"按钮 ：将设计中心所在的目录设置为当前目录。

"树状图切换"按钮 ：控制显示或不显示树状视图窗口。

"预览"按钮 ：用于预览内容区中选中的图形文件。

"说明"按钮 ：显示图形的文字描述信息。在 AutoCAD 设计中心中不能编辑文字说明，但可以选择并复制。

"视图"按钮 ：用不同的显示方式显示内容区中的内容。

（2）选项卡

AutoCAD 设计中心有三个选项卡。其中，"文件夹"选项卡用于显示驱动器盘符、文件夹列表等。"打开的图形"选项卡用于显示当前打开的图形文件列表。单击某个图形文件，可以将图形文件的内容加载到内容区中。"历史记录"选项卡用于显示在设计中心以前打开过的文件列表。双击列表中的某个图形文件,可以在"文件夹"选项卡的树状视图中定位此图形文件并将其内容加载到内容区中。选中"历史记录"选项卡的情况下不能切换树状视图的显示状态。

(3)树状视图区

位于设计中心左侧的大区域称为树状视图区。树状视图区显示用户计算机和网络驱动器上的文件与文件夹的层次结构、所打开图形的列表、自定义内容以及上次访问过的位置的历史记录。其显示方式与 Windows 系统的资源管理器类似,为层次结构方式。双击层次结构中的某个项目可以显示其下一层次的内容;对于具有子层次的项目,则可单击该项目左侧的"加号"按钮▣ 或"减号"按钮▣来显示或隐藏其子层次。

(4)内容区

位于设计中心右上侧的大区域称为内容区。内容区显示在树状视图区中所选定"容器"的内容。容器是指设计中心可以访问的网络、计算机、磁盘、文件夹、文件或网址(URL)。根据在树状视图区中选定的容器,在内容区可以显示含有图形或其他文件的文件夹、图形中包含的命名对象(命名对象指块、布局、图层、表格样式、标注样式和文字样式等)、块图像或图标、基于 Web 的内容、由第三方开发的自定义内容等。例如,如果在"树状视图区"中选择了一个图形文件,则"内容区"中显示表示图层、块、外部参照和其他图形内容的图标。如果在"树状视图区"中选择图形的图层图标,则"内容区"中将显示图形中各个图层的图标。用户在"内容区"上单击鼠标右键,在弹出的快捷菜单中选择【刷新】命令可对"树状视图区"和"内容区"中显示的内容进行刷新,以反映其最新的变化。

(5)预览视图区

位于内容区下面,显示选定项目的预览图像。如果该项目没有保存预览图像,则为空。

(6)说明视图区

位于预览视图区下面,显示选定项目的文字说明。用户可通过"树状视图区"、"内容区"、"预览视图区"及"说明视图区"之间的分隔栏来调整其相对大小。

(7)标题栏

标题栏位于设计中心的左侧,用于控制"设计中心"选项板的尺寸、位置、外观形式和开关状态。

(8)目录栏

目录栏位于设计中心的最底部,用于显示当前所选择的文件或文件夹的具体目录地址和所包含的内容项目总数等。

三、设计中心的使用

1. 查找项目

利用 AutoCAD 设计中心的查找功能,可以根据指定条件和范围来搜索图形和其他内容(如块和图层的定义等)。

单击设计中心的"搜索"按钮 🔍 ,或在内容区或树状视图区单击鼠标右键,在弹出的快捷菜单中选择【搜索】命令,可弹出"搜索"对话框,如图12-4所示。在该对话框中的"搜索"下拉列表中给出了该对话框可查找的对象类型;在"于"文本框中显示了当前的搜索路径;完成对搜索条件的设置后,用户可单击【立即搜索】按钮进行搜索,并可在搜索过程中随时单击【停止】按钮来中断搜索操作。如果查找到了符合条件的项目,则将显示在对话框下部的搜索结果列表框中。用户可通过以下三种方式将其加载到内容区中:

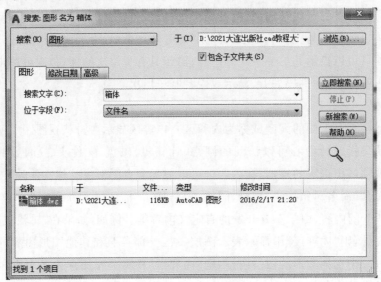

图12-4　"搜索"对话框

(1)直接双击指定的项目;

(2)将指定的项目拖到内容区中;

(3)在指定的项目上单击鼠标右键,在弹出的快捷菜单中选择【加载到内容区中】命令。

2. 使用收藏夹

AutoCAD系统在安装时,自动在Windows系统的收藏夹中创建一个名为"Autodesk"的子文件夹,并将该文件夹作为AutoCAD系统的收藏夹。在AutoCAD设计中心中可将常用内容的快捷方式保存在该收藏夹中,以便在下次调用时进行快速查找。

如果选定了图形、文件或其他类型的内容,并选择右键快捷菜单中的【添加到收藏夹】命令,就会在收藏夹中为其创建一个相应的快捷方式。

用户可通过以下三种方式来访问收藏夹,查找所需内容:

(1)单击"收藏夹"按钮；

(2)在树状视图区中选择Windows系统收藏夹中的"Autodesk"子文件夹;

(3)在内容区上单击鼠标右键,在弹出的快捷菜单中选择【收藏夹】命令。

如果用户在内容区或树状视图区中单击鼠标右键,在弹出的快捷菜单中选择【组织收藏夹】命令,将弹出Windows的资源管理器窗口,并显示AutoCAD的收藏夹内容,用户可对其中的快捷方式进行移动、复制或删除等操作。

3. 打开图形文件

对于内容区中或"搜索"对话框中指定的图形文件,用户可通过以下三种方式将其在

AutoCAD 系统中打开：

(1)在图形文件的图标上单击鼠标右键，选择右键快捷菜单中的【在应用程序窗口中打开】命令；

(2)按住 Ctrl 键，将图形文件的图标拖放到绘图区域的空白处；

(3)将图形文件的图标拖放到绘图区域以外的任何位置。

4. 共享图形资源

通过 AutoCAD 设计中心，用户可以将图形文件以及图形文件的内部资源，以块、参照、复制粘贴的形式应用到当前图形中。常用的共享形式有以下几种：

(1)插入图层、线型、文字样式、标注样式等

利用 AutoCAD 设计中心，能将已有图形中的图层、表格样式、文字样式、标注样式等添加到当前图形中，其方法是：首先打开 AutoCAD 的"设计中心"选项板，再打开"文件夹"选项卡，在"文件夹列表"中找到含有图形符号的文件，然后在内容区中找到对应的内容，直接双击指定的内容或者将它们拖至当前打开图形的绘图窗口中即可。

(2)插入块

通过设计中心，能将其他图形文件以块的方式共享到当前图形中，其方法通常有两种：

①插入块时自动换算插入比例。

通过树状视图区找到并选中包含所需要块的图形，在内容区双击对应的块图标，并找到要插入的块，将其拖至 AutoCAD 绘图窗口，即可实现块的插入，且插入时 AutoCAD 按定义块时确定的块插入单位自动转换插入比例，块的插入旋转角度为 0。

②按指定的插入点、插入比例和旋转角度插入块。

从设计中心的内容区选中要插入的块，单击鼠标右键，在弹出的快捷菜单中选择【插入为块】命令，AutoCAD 打开"插入"对话框。用户可利用该对话框确定插入点、插入比例、旋转角度等，并实现插入。

注意：将 AutoCAD 设计中心中的块或图形插入到当前图形时，块中的标注值可能会失真或丢失。

(3)附着光栅图像

附着光栅图像方法有两种：一是将要附着的光栅图像文件拖放到当前图形中；二是在图形文件上单击鼠标右键，在弹出的快捷菜单中选择【附着图像】命令。

(4)附着外部参照

将图形文件中的外部参照对象附着到当前图形文件中的方法有两种：一是将要附着的外部参照对象拖放到当前图形中；二是在图形文件上单击鼠标右键，在弹出的快捷菜单中选择【附着外部参照】命令。

(5)利用剪贴板插入对象

对于可添加到当前图形中的各种类型的对象，用户也可以将其从 AutoCAD 设计中心复制到剪贴板，然后粘贴到当前图形中。具体方法为：选择要复制的对象，单击鼠标右键，在弹出的快捷菜单中选择【复制】命令。

（6）自定义工具选项板

通过 AutoCAD 设计中心，用户可以自定义工具选项板或者将设计中心中的图形、块和图案填充添加到当前工具选项板中。具体方法如下：

①在树状视图区中选择某文件夹，然后单击鼠标右键，在弹出的快捷菜单中选择【创建块的工具选项板】命令，如图 12-5 所示。结果系统将此文件夹中的所有图形创建为新的工具选项板，如图 12-6 所示。

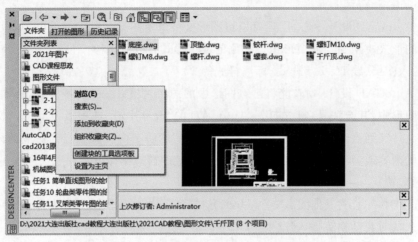

图 12-5　选择【创建块的工具选项板】命令

图 12-6　创建块的工具选项板

②在设计中心的内容区中选择需要添加到工具选项板中的图形、图块或图案，并将它们拖动到工具选项板中即可添加这些项目。

任务实施

绘制装配图视图采用两种方法：一种是直接利用绘图及图形编辑命令，按手工绘图的步骤，结合"对象捕捉""极轴追踪"等辅助绘图工具绘制装配图视图。这种方法不但作图过程繁杂，而且容易出错，只能绘制一些比较简单的装配图视图。另一种是"拼装法"。即先绘出各零件的零件图，然后将各零件以块或复制粘贴的形式"拼装"在一起，构成装配图视图。下面介绍绘制图 12-1 所示的千斤顶装配图的实施步骤。

第 1 步：根据零件的结构形状和大小确定表达方法、比例和图幅。

第 2 步：打开相应的样板文件，设置作图环境，绘制图 12-2 所示的各零件图，并分别以"底座.dwg""螺套.dwg""螺杆.dwg""顶垫.dwg""铰杆.dwg""螺钉 M8.dwg""螺钉 M10.dwg"为文件名保存在"千斤顶"的目录下。

第 3 步：采用四种"拼装法"绘制装配图视图

方法 1：基于设计中心拼装装配图视图

(1)打开"底座"文件并进行编辑

执行"设计中心"命令，打开"设计中心"选项板，在"文件夹列表"中找到"千斤顶"的存储位置，在内容区选择"底座"，单击鼠标右键，选择右键快捷菜单中的【在应用程序窗口中打开】命令，如图 12-7 所示；打开"底座"文件，如图 12-8 所示；冻结标注、图框标题栏和文字等图层，结果如图 12-9 所示；使用"另存为"命令将打开的"底座"文件另存到"千斤顶"目录中，文件名为"千斤顶装配图 1"。

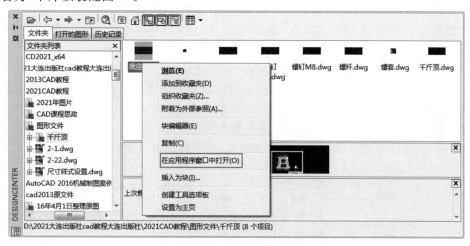

图 12-7 用"设计中心"打开底座

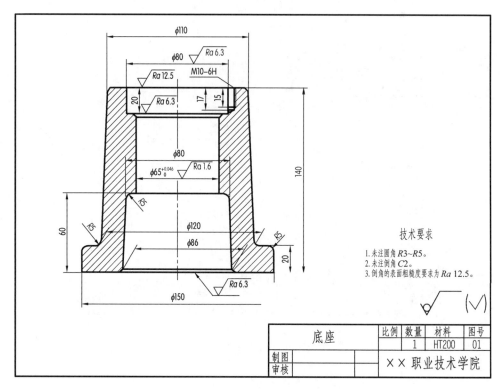

图 12-8 用"设计中心"打开的底座

（2）装配螺套

在设计中心的内容区选择"螺套"，单击鼠标右键，选择右键快捷菜单中的【插入为块】命令，如图 12-10（a）所示；同时系统弹出如图 12-10（b）所示的"插入"对话框，在"插入点"选项区域和"旋转"选项区域选择"在屏幕上指定"复选框，在"比例"选项区域选择"统一比例"复选框，单击【确定】按钮，返回绘图区域，单击命令行中"基点（B）"选项，然后向后滚动鼠标中键，出现"螺套"图形时单击图上的 A 点，移动光标将"螺套"图形移动到"底座"图形附近的合适位置时单击，激活状态栏上的【正交】功能按钮，向下移动光标使图形竖直放置时单击，从而将"螺套"的图形以块的形式插入到"千斤顶装

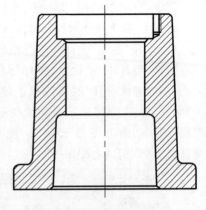

图 12-9　冻结图层后的底座

配图 1"文件中，如图 12-11 所示；用"分解"命令分解插入的螺套块，用"删除"命令删除多余视图，再用"移动"命令分别以 A 点和 B 点为基准点和目标点将"螺套"图形移动到"底座"图形上，结果如图 12-12（a）所示；删除剖面线，修剪多余图线，完成"螺套"的装配，结果如图 12-12（b）所示（本任务图中的"×"均表示基准点、目标点或插入点）。

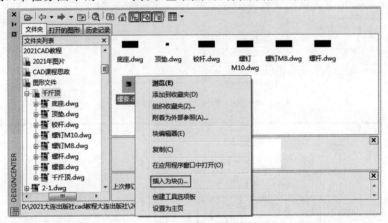

（a）"插入为块"命令

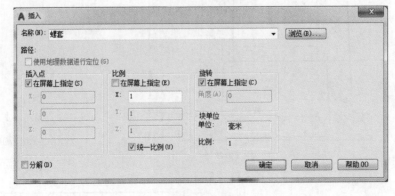

（b）"插入"对话框

图 12-10　用"设计中心"插入螺套

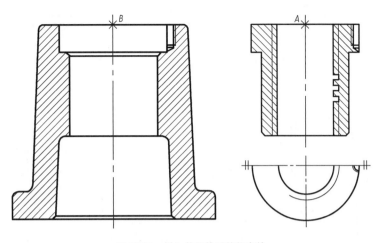

图 12-11 插入并旋转后的螺套块

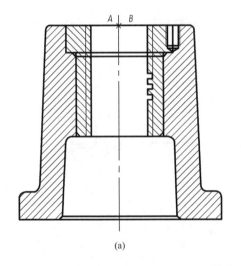

(a)

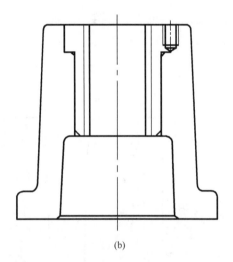

(b)

图 12-12 装配螺套

（3）装配螺杆

用装配螺套的方法插入螺杆,结果如图 12-13(a)所示;分解图块,删除、修剪多余线条,置换图层,按国家制图标准调整大、小径的图线,完成"螺杆"的装配,结果如图 12-13(b)所示。

（4）装配螺钉 M10

在"设计中心"选项板的内容区选择"螺钉 M10",单击鼠标右键,选择右键快捷菜单中的【插入为块】命令,打开如图 12-10(b)所示的"插入"对话框,在"插入点"选项区域和"旋转"选项区域均选择"在屏幕上指定"复选框,在"比例"选项区域选择"统一比例"复选框,并在"X"文本框中输入"0.2",单击【确定】按钮,返回绘图区域,使用装配螺套的方法插入螺钉 M10,如图 12-14(a)所示;分解图块,删除、修剪多余线条,按国家制图标准调整大、小径的图线并重新填充剖面线,完成"螺钉 M10"的装配,结果如图 12-14(b)所示。

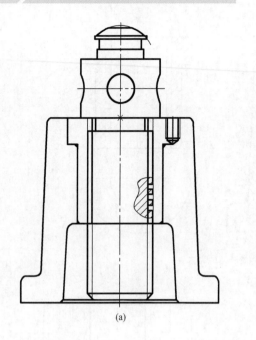
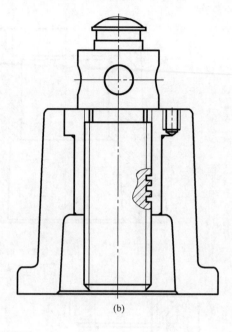

(a)　　　　　　　　　　　　　　　　　(b)

图 12-13　装配螺杆

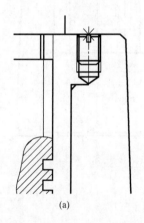
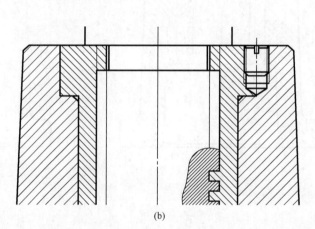

(a)　　　　　　　　　　　　　　　　　(b)

图 12-14　装配螺钉 M10

（5）装配顶垫

打开"设计中心"选项板，使用"插入为块"命令打开如图 12-10（b）所示的"插入"对话框，在"插入点"选项区域选择"在屏幕上指定"复选框，"旋转"选项区域不选择"在屏幕上指定"复选框，在"比例"选项区域选择"统一比例"复选框，其他采用默认值，单击【确定】按钮，返回绘图区域，单击命令行中的"基点（B）"选项，然后向后滚动鼠标中键，出现"顶垫"图形时单击图上的"×"点，再单击"螺杆"图上的"×"点，如图 12-15（a）所示；分解图块，删除剖面线，修剪多余线条，完成"顶垫"的装配，结果如图 12-15（b）所示。

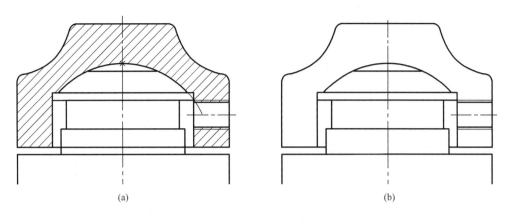

图 12-15　装配顶垫

（6）装配螺钉 M8

该操作与装配螺钉 M10 的不同之处是，将"螺钉 M8"图形移动到"底座"图形附近的合适位置单击后，向左移动光标使图形中的非螺纹部分在左侧且中心线水平放置时单击，从而将"螺钉 M8"的图形以块的形式插入到"千斤顶装配图 1"文件中，移动后如图 12-16（a）所示；分解图块，按国家制图标准调整大、小径的图线并重新填充剖面线，完成"螺钉 M8"的装配，结果如图 12-16（b）所示。

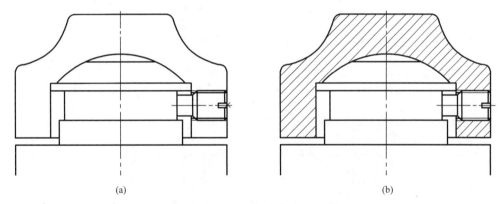

图 12-16　装配螺钉 M8

（7）装配铰杆

用装配顶垫的方法插入铰杆，结果如图 12-17（a）所示；分解图块，删除、修剪多余图线，置换图层，填充剖面线，完成"螺杆"的装配，结果如图 12-17（b）所示。

（8）保存文件，完成"千斤顶装配图 1"绘制，结果如图 12-18 所示。

方法 2：基于工具选项板拼装装配图视图

（1）使用"设计中心"创建工具选项板

打开"设计中心"选项板，在"文件夹列表"中找到"千斤顶"文件夹，单击鼠标右键，选择右键快捷菜单中的【创建块的工具选项板】命令，即可创建工具选项板，如图 12-6 所示。

（2）在工具选项板的"千斤顶"选项卡中单击"千斤顶"装配图所需的某个零件图标后再单击绘图区的合适位置，即可将这个零件图形以"块"的形式插入到绘图区，这样依次单击所需的各个零件图标，将各个零件图形以"块"的形式共享到同一个文件中，然后输入"Z↙"，再输入"A↙"，使所有图形块显示在绘图区中。

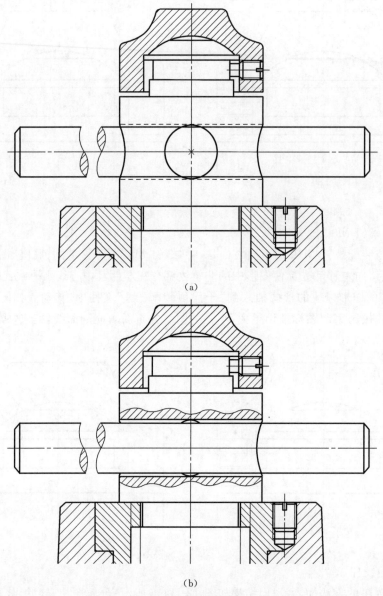

(a)

(b)

图 12-17 装配铰杆

(3)分解各图块,冻结标注、图框标题栏和文字等图层,再将零件移动到适当位置,结果如图 12-19 所示。

(4)按照装配关系,首先利用"旋转""缩放""移动"等命令,将各零件拼装在一起,然后利用"删除"和"修剪"命令删除剖面线或修剪多余图线,按国家制图标准重新填充剖面线。为保证插入准确,应充分使用"对象捕捉"和"对象追踪"功能,修改后的图形如图 12-18 所示。

(5)以"千斤顶装配图 2"为文件名保存到"千斤顶"目录中,完成"千斤顶装配图 2"的绘制。

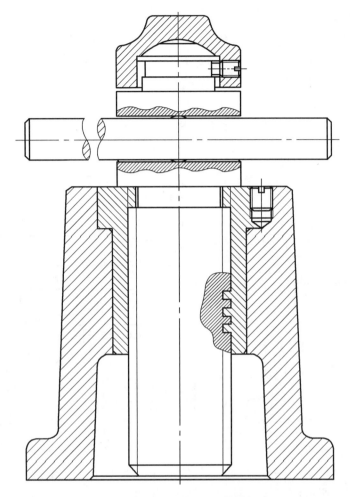

图 12-18 完成后的千斤顶装配图 1

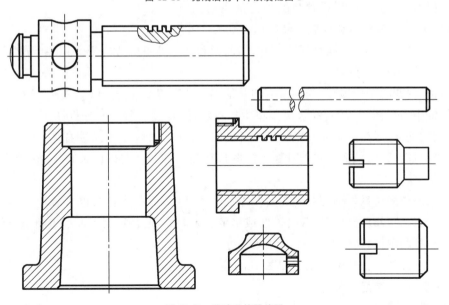

图 12-19 移动后的零件图

方法 3：基于块功能拼装装配图视图

（1）打开"底座"文件，如图 12-8 所示，冻结标注、图框标题栏和文字等图层，并将它以"底座"为文件名做成外部块，如图 12-20 所示。

（2）用同样的方法将千斤顶的所有零件做成块，组成零件图形库。千斤顶零件图形库中除底座外的零件块及插入点如图 12-21 所示。

（3）关闭除"底座"文件之外的各个零件图文件的应用窗口，并将"底座"文件以"千斤顶装配图 3"为文件名保存到"千斤顶"目录中。

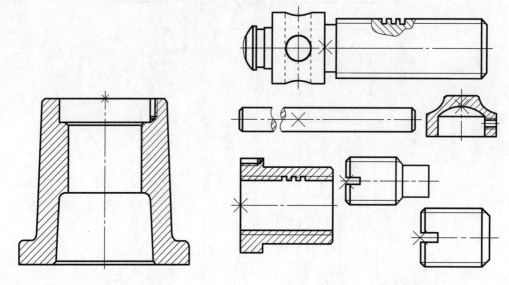

图 12-20　将底座做成块　　　　　　　　　　图 12-21　千斤顶零件图形库

（4）利用"插入块"命令，按照装配关系依次将各零件装配在一起，操作方法与方法 1 相同，结果如图 12-18 所示。

（5）保存文件，完成"千斤顶装配图 3"的绘制。

方法 4：基于复制粘贴功能拼装装配图视图

（1）打开"底座"文件，冻结标注、图框标题栏和文字等图层，以"千斤顶装配图 4"为文件名另存到"千斤顶"目录中。

（2）依次打开"千斤顶"装配图所需的其他零件的零件图，与打开的"底座"文件做同样的处理后，选中所需图形，从右键快捷菜单中执行【带基点复制】命令，捕捉图 12-21 中的"×"点为复制的基准点，然后切换到"底座"文件的窗口，在绘图区单击鼠标右键，在弹出的右键快捷菜单中选择【粘贴】命令将剪贴板上的图形粘贴到"底座"文件的窗口中，移动后的结果如图 12-22 所示。

（3）按照装配关系，首先利用"旋转""缩放""移动"等命令将各零件拼装在一起，然后利用"分解""删除""修剪"命令删除剖面线或修剪多余图线，按国家制图标准重新填充剖面线，调整大、小径的图线，结果如图 12-18 所示。

（4）保存文件，完成"千斤顶装配图 4"的绘制。

第 4 步：标注装配图尺寸

装配图一般只标注性能、装配、安装、总体尺寸和其他一些重要尺寸，如图 12-1 所示。

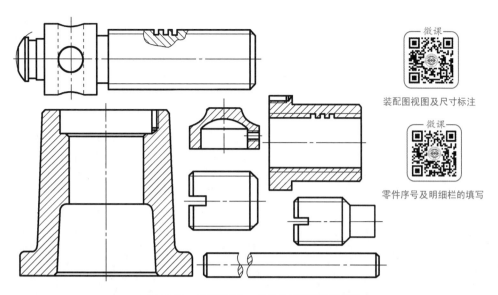

微课

装配图视图及尺寸标注

微课

零件序号及明细栏的填写

图 12-22　复制粘贴在一起的千斤顶零件图形库

第 5 步：绘制零件序号

(1)创建零件序号的多重引线样式

创建零件序号的多重引线样式的方法与任务 8 中建立标注倒角的多重引线样式的方法基本相同，不同的是在图 8-6 所示的"创建新多重引线样式"对话框的"新样式名"文本框中输入"零件序号"，在"修改多重引线样式：零件序号"对话框的"引线格式"选项卡中将箭头的符号改为"小点"。

(2)标注零件序号

标注零件序号的方法与任务 8 中标注倒角的方法相同，标注结果如图 12-1 所示。

第 6 步：绘制图框、标题栏并填写标题栏与明细栏及书写技术要求并填写标题栏。

绘制或者调用样板图或者使用"外部块"的知识创建和插入图框、标题栏；使用"表格"命令完成明细栏的创建与填写；采用"单行文字"或"多行文字"命令书写技术要求，并填写标题栏。

第 7 步：保存图形文件，完成"千斤顶装配图"的绘制。

任务检测与技能训练

1.根据图 12-23 所示的螺纹紧固件连接装配图视图尺寸和螺纹连接的比例画法，绘制装配图。要求：图形正确，线型符合国家标准规定，标注尺寸和零件序号，填写标题栏和明细栏。

2.绘制图 12-24～图 12-26 所示的各零件图，然后"拼装"成图 12-27 所示的装配图。要求：图形正确，线型符合国家标准规定，标注尺寸和零件序号，画图框、标题栏和明细栏，并填写文字。

3.绘制图 8-1、图 11-1、图 12-28 和图 12-29 所示的各零件图，选择合适图幅绘制图 12-30 所示的装配图。要求：图形正确，线型符合国家标准规定，标注尺寸和零件序号，填写标题栏和明细栏。

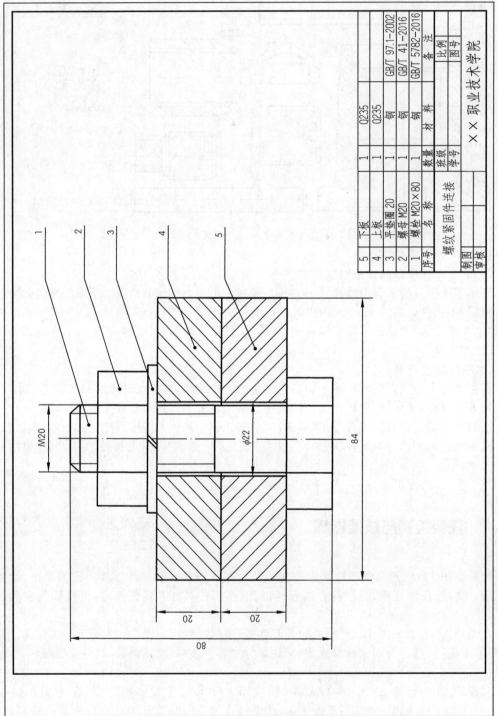

5	下板	1	Q235	
4	上板	1	Q235	
3	平垫圈 20	1	钢	GB/T 97.1—2002
2	螺母 M20	1	钢	GB/T 41—2016
1	螺栓 M20×80	1	钢	GB/T 5782—2016
序号	名　称	数量	材　料	备　注
螺纹紧固件连接		班级		比例
		学号		图号
制图			×× 职 业 技 术 学 院	
审核				

图 12-23　螺纹紧固件连接的装配图

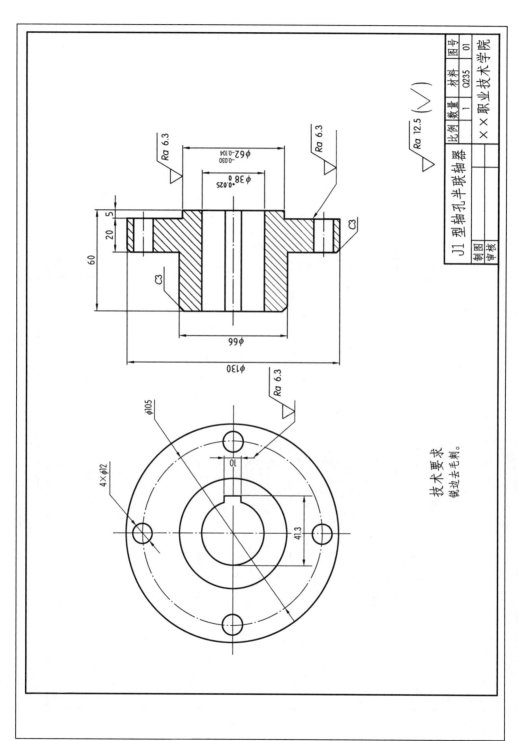

技术要求
锐边去毛刺。

图 12-24　J1 型轴孔半联轴器零件图（1）

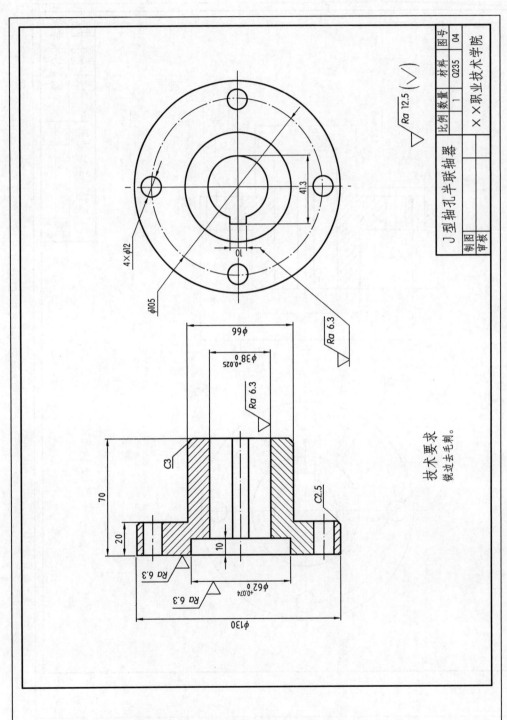

图 12-25 J1 型轴孔半联轴器零件图 (2)

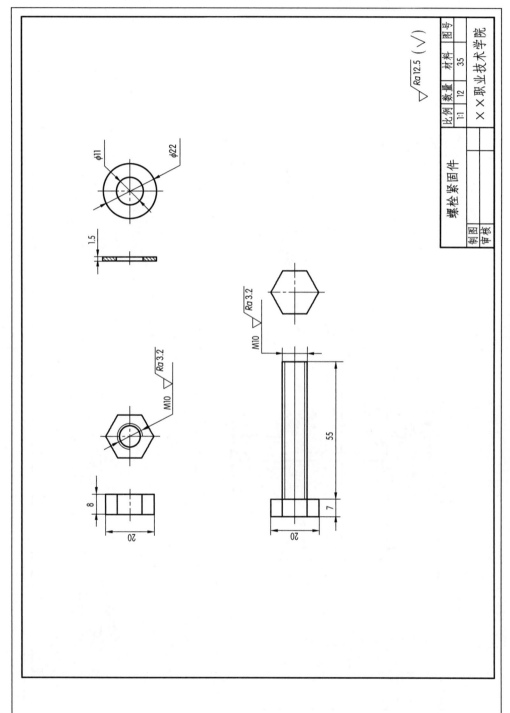

图12-26 螺母、垫片、螺栓零件图

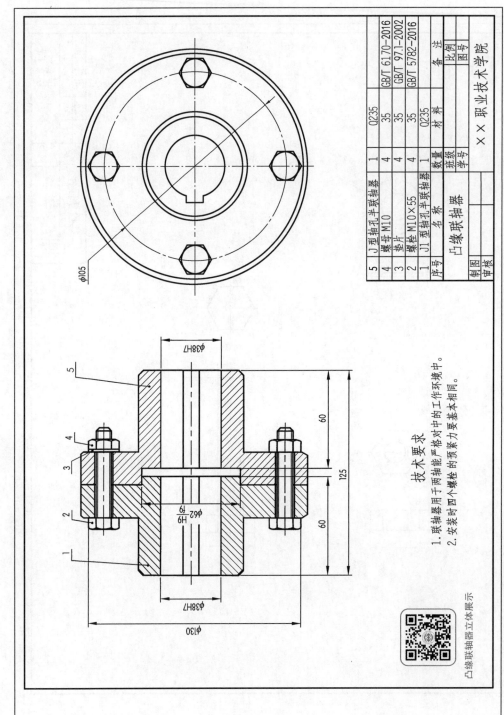

序号	名称	数量	材料	备注
5	J型轴孔半联轴器	1	Q235	GB/T 6170—2016
4	螺母 M10	4	35	GB/T 97.1—2002
3	垫片	4	35	GB/T 5782—2016
2	螺栓 M10×55	4	35	
1	J1型轴孔半联轴器	1	Q235	

凸缘联轴器

| 制图 | | 班级 | 学号 | 比例 | 图号 |
| 审核 | | | | ×× 职业技术学院 | |

φ105

$\phi 38H7$

60

125

60

$\phi 62 \frac{H9}{f9}$

$\phi 38H7$

$\phi 130$

技术要求

1. 联轴器用于两轴能严格对中的工作环境中。
2. 安装时四个螺栓的预紧力要基本相同。

凸缘联轴器立体展示

图 12-27　联轴器装配图

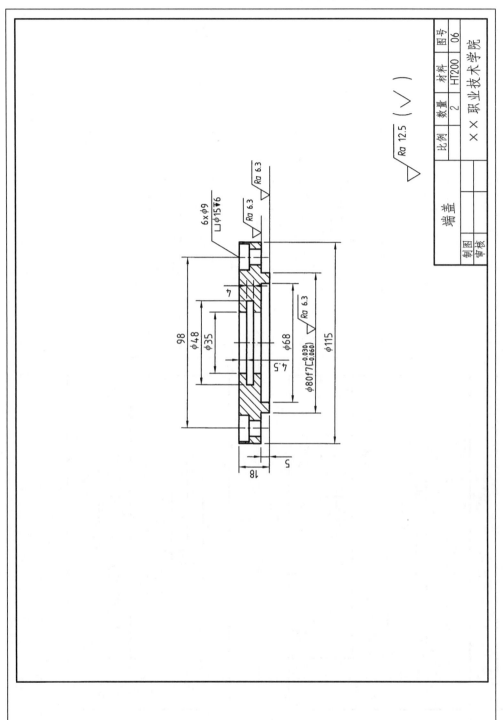

图 12-28　端盖零件图

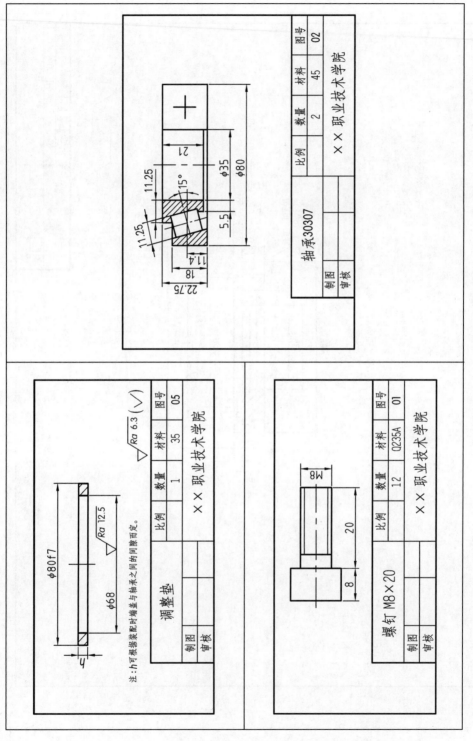

图12-29 调整垫、螺钉、承轴零件图

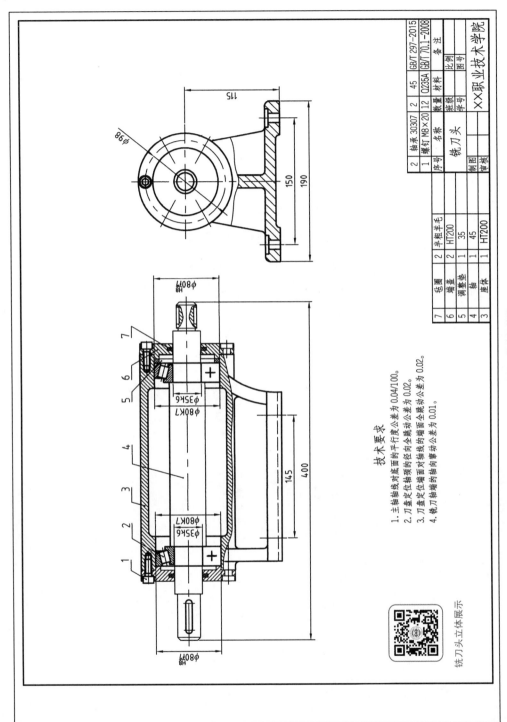

技术要求

1. 主轴轴线对底面的平行度公差为 0.04/100。
2. 刀盘定位轴颈的径向全跳动公差为 0.02。
3. 刀盘定位端面对轴线的端面全跳动公差为 0.02。
4. 铣刀轴端的轴向靠动公差为 0.01。

7			毡圈	2	半粗羊毛			
6			端盖	2	HT200			
5			调整垫	1	35			
4			轴	1	45			
3			座体	1	HT200			
2			轴承 30307	2	45			GB/T 297—2015
1			螺钉 M8×20	12	Q235A			GB/T 70.1—2008
序号			名称	数量	材料			备注

铣刀头		比例		
		图号		
制图				××职业技术学院
审核		班级		
		学号		

铣刀头立体展示

图12-30　铣刀头部分零件的装配

参 考 文 献

[1] 王技德,王艳.AutoCAD 机械制图教程[M].3 版.大连:大连理工大学出版社,2018

[2] CAD/CAM/CAE 技术联盟.AutoCAD 2020 中文版从入门到精通[M].北京:清华大学出版社,2020

[3] 刘哲.AutoCAD 实例教程[M].3 版.大连:大连理工大学出版社,2019

[4] 彭晓兰.机械制图[M].2 版.北京:高等教育出版社,2018

[5] GB/T 14689—2008.机械制图 图纸幅面和格式[S]

[6] GB/T 4457.4—2002.机械制图 图样画法 图线[S]

[7] GB/T 14665—2012.机械工程 CAD 制图规则[S]

[8] GB/T 4458.4—2003.机械制图 尺寸注法[S]

[9] GB/T 14691—1993.技术制图 字体[S]

附录

附录1　知识储备速查表

序号	任务名称	知识储备的知识点
1	任务1 简单直线图形的绘制	一、鼠标的用法 二、AutoCAD 2021的启动 三、AutoCAD 2021的退出 四、AutoCAD 2021的工作界面 五、命令的操作 六、点坐标的输入方法 七、直线命令的操作方法 八、夹点的概念与位置 九、图形对象的选择方法 十、删除命令的操作方法 十一、图形文件的操作方法
2	任务2 复杂直线图形的绘制	一、图层的设置与管理 二、修改对象属性 三、辅助绘图功能 四、设置图形单位与图形界限
3	任务3 基本几何图形的绘制	一、圆的绘制 二、圆弧的绘制 三、椭圆的绘制 四、椭圆弧命令 五、矩形命令 六、正多边形的绘制 七、捕捉自
4	任务4 均匀及对称图形的绘制	一、选择对象 二、选择循环 三、复制对象 四、镜像对象 五、偏移对象 六、移动对象 七、修剪对象 八、阵列对象 九、夹点的编辑操作

序号	任务名称	知识储备的知识点
5	任务 5 圆弧连接类图形的绘制	一、点命令 二、旋转命令 三、比例缩放命令 四、拉伸命令 五、延伸对象 六、拉长命令 七、打断命令 八、打断于点命令 九、对齐命令 十、合并命令 十一、倒角命令 十二、圆角命令 十三、分解命令
6	任务 6 三视图与剖视图的绘制	一、构造线命令 二、射线命令 三、多段线命令 四、样条曲线命令 五、图案填充命令 六、临时追踪点 七、绘制三视图常用的三种方法
7	任务 7 平面图形的尺寸标注	一、尺寸标注的类型 二、尺寸标注的步骤 三、标注样式的设置 四、尺寸标注的方法 五、编辑尺寸标注的方法
8	任务 8 轴套类零件图的绘制	一、机械样板文件的建立与调用 二、快速引线命令 三、多重引线命令 四、尺寸公差标注 五、几何公差标注
9	任务 9 轮盘类零件图的绘制	一、块的概念与特性 二、创建内部块 三、创建外部块 四、创建带属性的块 五、插入块 六、编辑属性 七、属性显示控制 八、沉孔尺寸的标注方法 九、基准代号的标注方法 十、表面粗糙度代号的标注方法
10	任务 10 叉架类零件图的绘制	一、创建文字样式 二、修改文字样式 三、设置当前文字样式 四、单行文字 五、多行文字
11	任务 11 箱体类零件图的绘制	一、创建表格样式 二、创建表格 三、编辑表格 四、装配图明细栏的绘制与填写方法
12	任务 12 装配图的绘制	一、AutoCAD 设计中心简介 二、"设计中心"选项板 三、设计中心的使用

附录 2　常用快捷命令速查表

首字母	命　令	快捷命令	功　能
A	ADCENTER	ADC	启动设计中心
	ALIGN	AL	对齐对象
	ARC	A	创建圆弧
	ARRAY	AR	阵列
	ATTDEF	ATT	定义图块属性
	ATTEDIT	ATE	编辑图块属性
B	BEDIT	BE	动态块
	BHATCH	BH	图案填充
	BLOCK	B	定义图块
	BREAK	BR	在两点间打断选定对象
C	CHAMFER	CHA	倒角
	CIRCLE	C	创建圆
	COLOR	COL	设置颜色
	COPY	CO	复制
D	DDEDIT	ED	文本编辑
	DIMALIGNED	DAL	对齐线性标注
	DIMANGULAR	DAN	角度标注
	DIMBASELINE	DBA	基线标注
	DIMCENTER	DCE	圆心标记
	DIMCONTINUE	DCO	连续标注
	DIMDIAMETER	DDI	直径标注
	DIMEDIT	DED	尺寸编辑
	DIMLINEAR	DLI	线性标注
	DIMORDINATE	DOR	坐标标注
	DIMRADIUS	DRA	半径标注
	DIMSTYLE	D	创建和修改标注样式
	DIST	DI	查询距离
	DIVIDE	DIV	等分点
	DONUT	DO	绘制填充的圆或环
	DSETTINGS	SE	打开"草图设置"对话框
E	ELLIPSE	EL	创建椭圆或椭圆弧
	ERASE	E	删除
	EXPLODE	X	将复合对象分解为部件对象
	EXTEND	EX	延伸对象
	EXTRUDE	EXT	拉伸对象
F	FILLET	F	倒圆角
H	HATCH	H	填充封闭区域或选定对象
	HATCHEDIT	HE	编辑填充图案
I	INSERT	I	插入图块
J	JOIN	J	合并对象

首字母	命　令	快捷命令	功　能
L	LAYER	LA	管理图层和图层特性
	LEADER	LEAD	引线标注
	LENGTHEN	LEN	拉长对象
	LINE	L	创建直线段
	LINETYPE	LT	加载、设置和修改线型
M	MATCHPROP	MA	特性匹配
	MIRROR	MI	创建对象的镜像副本
	MLINE	ML	绘制多线
	MOVE	M	移动对象
	MTEXT	MT	多行文本标注
O	OFFSET	O	偏移命令
	OPTIONS	OP	配置绘图系统
	OSNAP	OS	设置对象捕捉模式
P	PAN	P	实时平移
	PEDIT	PE	编辑多段线
	PLINE	PL	绘制多段线
	POINT	PO	绘制点
	POLYGON	POL	绘制正多边形
Q	QLEADER	LE	快速标注引线
R	RECTANG	REC	绘制矩形
	ROTATE	RO	旋转对象
S	SCALE	SC	按比例缩放对象
	SPLINE	SPL	绘制样条曲线
	SPLINEDIT	SPE	编辑样条曲线
	STRETCH	S	拉伸对象
	STYLE	ST	创建、修改或设置文字样式
T	TABLE	TB	绘制表格
	TABLESTYLE	TS	创建、修改或指定表格样式
	TEXT	TE	单行文本标注
	TOLERANCE	TOL	标注几何公差
	TOOLPALETTES	TP	打开工具选项板
	TRIM	TR	修剪对象
U	UNIT	UN	设置绘图环境
	UNDO	U	放弃
W	WBLOCK	W	将对象或块写入新的图形文件中
X	XLINE	XL	创建构造线
Z	ZOOM	Z	实时缩放

附录3　常用快捷键速查表

快捷命令	功　能
F1	显示帮助
F2	实现绘图窗口和文本窗口的切换
F3	控制是否实现对象自动捕捉
F4	数字化仪控制
F5	切换等轴测平面
F6	控制状态栏中坐标的显示方式
F7	栅格显示模式控制
F8	正交模式控制
F9	栅格捕捉模式控制
F10	切换"极轴追踪"
F11	对象捕捉追踪模式控制
F12	切换"动态输入"
Ctrl+A	选择图形中未锁定或未冻结的所有对象
Ctrl+B	切换捕捉模式
Ctrl+C	将选择的对象复制到剪贴板上
Ctrl+N	新建图形文件
Ctrl+O	打开图形文件
Ctrl+P	打印当前图形
Ctrl+S	保存文件
Ctrl+V	粘贴剪贴板上的内容
Ctrl+X	将所选内容剪切到剪贴板上
Ctrl+Y	取消前面的"放弃"动作
Ctrl+Z	恢复上一个动作
Ctrl+1	打开"特性"选项板
Ctrl+2	切换"设计中心"
Ctrl+3	切换"工具选项板"窗口
Delete	删除
End	跳到最后一帧

附录4　AutoCAD 应用技巧

1.对圆进行打断操作时的方向是怎样确定的？

AutoCAD 会沿逆时针方向将圆上从第一断点到第二断点之间的那段圆弧删除。

2.如何快速为平行直线作相切半圆？

用圆角 FILLET 命令，比先画相切圆然后再剪切的方法快很多。

3.如何使变得粗糙的图形恢复平滑？

有时候图形执行缩放或 ZOOM 命令后会变得粗糙，如圆变成了多边形，此时可以用重生 成命令（REGEN）来恢复平滑状态。

4.如何改变十字光标尺寸？

【▲或工具】→【选项】→"显示"→"十字光标大小"，调整就可以了。

5.如何改变拾取框的大小？

【▲或工具】→【选项】→"绘图"→"靶框大小"，调整就可以了。

6.如何改变自动捕捉标记的大小？

【▲或工具】→【选项】→"绘图"→"自动捕捉标记大小"，调整就可以了。

7.为什么"堆叠"按钮不可用？

堆叠的使用条件：一是要有堆叠符号（^、/、♯）；二是要把堆叠的内容选中后才可以操作。

8.【编辑】→【复制】命令和【修改】→【复制】命令的区别是什么？

【编辑】→【复制】命令是用于两个 AutoCAD 文件之间的复制，【修改】→【复制】命令用于一个 AutoCAD 文件内部的复制。

9.为什么有时无法修改文字的高度？

当定义文字样式时，使用的字体的高度值不为 0 时，用 DTEXT 命令输入文本时将不提示输入高度，而直接采用已定义的文字样式中的字体高度，这样输出的文本高度是不能改变的，包括使用该字体进行的标注样式。

10.镜像命令有什么操作技巧？

镜像对创建对称的图样非常有用，它可以只绘制半个对象，然后将其镜像，而不必绘制整个对象。默认情况下，镜像文字、属性及属性定义时，它们在镜像后所得的图形中不会反转或倒置。文字的对齐和对正方式在镜像图样前后保持一致。如果制图确实要反转文字，可将 MIRRTEXT 系统变量设置为 1，默认值为 0。

11.文件占用空间大，电脑运行速度慢怎么办？

当图形文件经过多次的修改，特别是插入多个图块以后，文件占用的空间会变得很大，这时电脑运行的速度也会变慢，图形处理的速度也随之变慢。此时可以通过选择【文件】→【绘图实用程序】→【清除】命令，清除无用的图块、字型、图层、标注样式、线型样式等，这样，图形文件也会随之变小。

12.为什么不能显示汉字，或输入的汉字变成了问号？

原因可能是：

(1)对应的字型没有使用汉字字体，如 GBENOR.SHX 等。

（2）当前系统中没有汉字字体文件，应将所用到的字体文件复制到 AutoCAD 的字体目录中（一般为...\FONTS\）。

（3）对于某些符号，如希腊字母等，同样必须使用对应的字体文件，否则会显示成"？"。

13．如何将自动保存的图形复原？

AutoCAD 将自动保存的图形存放到扩展名为".SV＄"的文件中，找到该文件将其改名为图形文件即可在 AutoCAD 中打开。找到该文件方法有两种：一是在"此电脑"搜索栏中输入"％TEMP％"后回车；二是单击【▲或工具】→【选项】→"文件"→"临时图形文件前的＋号"，将其中的路径复制到"此电脑"搜索栏中后回车。

14．尺寸标注后，图形中有时出现一些小的白点，却无法删除，为什么？

AutoCAD 在标注尺寸时，自动生成"Defpoints"图层，保存有关标注点的位置等信息，该层一般是冻结的。由于某种原因，这些点有时会显示出来。要删除可先将图层"Defpoints"解冻，之后再删除。但要注意，如果删除了与尺寸标注还有关联的点，将同时删除对应的尺寸标注。

15．Bylayer（随层）与 Byblock（随块）的作用是什么？

Bylayer 设置就是在绘图时把当前颜色、当前线型或当前线宽设置为 Bylayer。如果当前颜色（当前线型或当前线宽）使用 Bylayer 设置，则所绘对象的颜色（线型或线宽）与所在图层的图层颜色（图层线型或图层线宽）一致，所以 Bylayer 设置也称为随层设置。Byblock 设置就是在绘图时把当前颜色、当前线型或当前线宽设置为 Byblock。如果当前颜色使用 Byblock 设置，则所绘对象的颜色为白色（White）；如果当前线型使用 Byblock 设置，则所绘对象的线型为实线（Continuous）；如果当前线宽使用 Byblock 设置，则所绘对象的线宽为默认线宽（Default），一般默认线宽为 0.25 mm，默认线宽也可以重新设置，Byblock 设置也称为随块设置。